de Gruyter Lehrbuch

Ehrig · Pfender

Kategorien und Automaten

Kategorien und Automaten

von

Hartmut Ehrig · Michael Pfender
und Studenten der
Mathematik und Informatik

W DE G

Walter de Gruyter · Berlin · New York · 1972

 – Satz: IBM-Composer, Walter de Gruyter & Co. – Druck: Sala-Druck, Berlin – Printed in Germany

ISBN 3 11 003902 8

Vorwort

Das vorliegende Buch gibt in den Kapiteln 1, 3 und 5 eine didaktisch aufbereitete, in sich abgeschlossene Einführung in die Kategorientheorie mit ausführlich dargestellten Anwendungen auf verschiedene mathematische Grundstrukturen. Gleichzeitig wird die Automatentheorie mit kategoriellen Methoden entwickelt (Kapitel 2, 4 und 6).

Das Buch ist nach einem Seminar über Kategorien und Automaten an der Technischen Universität Berlin im Wintersemester 1970/71 entstanden.

Die Herren B. Axnick, E. Bertsch, J. Beuse, U. Brehm, G. Fromm, K. D. Kiermeier, H. J. Kreowski, W. Kühnel, B. Lorenzen, U. Pöhle, Fräulein B. Rosenthal, Herr P. Schreiber, Herr J. Schroll und Herr R. Woloszczak haben die Skripten zu den Seminarvorträgen gemeinsam mit uns überarbeitet und erweitert.

Fräulein B. Siechen danken wir herzlich für die Erstellung des Manuskriptes und dem Verlag Walter de Gruyter & Co für die gute Zusammenarbeit und die Berücksichtigung aller unserer Wünsche bei der Drucklegung.

Berlin, im Dezember 1971 *H. Ehrig* *M. Pfender*

Inhaltsverzeichnis

Einleitung

Aufgabe der Kategorietheorie ist es, Analogien von Begriffen und Konstruktionen, die in verschiedenen Teilgebieten der Mathematik auftreten, mathematisch exakt zu definieren und deren gemeinsame Eigenschaften zu erfassen. Dazu verallgemeinert man strukturierte Mengen, wie beispielsweise Gruppen und topologische Räume, zu Objekten und strukturverträgliche Abbildungen, wie etwa Homomorphismen und stetige Abbildungen, zu Morphismen einer Kategorie. Die Eigenschaften von Begriffen und Konstruktionen werden kategoriell „elementfrei" über die Existenz, Eindeutigkeit oder Kürzbarkeit geeigneter Morphismen definiert.

Anwendungsgebiete der Kategorietheorie sind bisher hauptsächlich Topologie und Algebra gewesen, darüberhinaus werden heute kategorielle Methoden in sehr vielen Disziplinen der strukturellen Mathematik mit Erfolg angewendet.

Zu diesen Gebieten gehört auch die algebraische Automatentheorie, weil eine kategorielle Behandlung von Automaten wegen ihrer schwer zu handhabenden Struktur besonders wirkungsvoll ist.

Ziel dieses Berichts ist es einerseits, die Kategorietheorie im Hinblick auf Anwendungen in der Kategorie der Automaten als eigene Theorie darzustellen und andererseits die Automatentheorie soweit wie möglich kategoriell und damit „elementfrei" zu entwickeln und die Begriffe der Automatentheorie universell zu charakterisieren.

Im ersten Kapitel werden kategorielle Grundbegriffe, wie Mono-, Epi-, Isomorphismen, Anfangs- und Endobjekte, im dritten spezielle Limes- und Colimeskonstruktionen, wie Differenzenkerne, Produkte, Kernpaare als Verallgemeinerung von Äquivalenzrelationen und Pullbacks, insbesondere Urbilder und Durchschnitte, und im fünften Kapitel werden Funktoren und Funktortransformationen bis hin zu adjungierten Funktoren entwickelt. Die eingeführten Begriffe werden dabei in der Kategorie der Mengen, der R-Moduln, die für R = Z abelsche Gruppen und für einen Körper R Vektorräume sind, und der Kategorie der topologischen Räume charakterisiert. Dieser Teil des Berichts ist in sich abgeschlossen und kann deshalb unabhängig von den anderen Kapiteln gelesen werden.

Parallel zur Definition der entsprechenden Begriffe aus der Kategorientheorie wird im zweiten, vierten und sechsten Kapitel eine algebraische Automatentheorie mit kategoriellen Methoden entwickelt. Nach einer klassischen Einführung von (Quintupel)-Automaten werden Kategorien solcher Automaten definiert, und in diesen werden universelle Konstruktionen durchgeführt, wie insbesondere

Produkt-, Urbild-, Durchschnitts- und allgemeine Faktorautomaten. Auch das Reduktions-, Minimierungs- und Äquivalenzproblem für Automaten wird mit kategoriellen Methoden gelöst. Im sechsten Kapitel werden Schaltoperationen und Zerlegungen behandelt, wobei Permutations-Reset-Zerlegungen als Verallgemeinerung der Konstruktionen in [19] und [20] durch „Überdeckungskongruenzen" definiert werden. Ausgehend von den hier erfolgten Untersuchungen wird in [2] eine weitergehende kategorielle Untersuchung von Reduktionen durchgeführt, und in [8] wird nachgewiesen, daß die Kategorie der (Quintupel)-Automaten algebraisch ist. Damit ist auch der Zusammenhang zu der universell-algebraischen Darstellung von Automaten (vgl. z. B. [14]) hergestellt.

Weitere Literatur wird in den einzelnen Kapiteln und zusammenfassend im Literaturverzeichnis angegeben.

Bei der Formulierung wird in diesem Buch weitgehend die Quantoren- und Diagrammschreibweise benutzt. Diese und andere Bezeichnungskonventionen sind zusammen mit Literatur-, Namen- und Sachverzeichnis auf den letzten Seiten zu finden.

1 Kategorien

In vielen mathematischen Theorien werden axiomatisch gewisse „Räume" eingeführt, und man untersucht in der Theorie die innere (d. h. Element-) Struktur dieser Räume und Beziehungen zwischen verschiedenen Räumen gleicher Art.

Als Beziehungen gelten dabei insbesondere „strukturverträgliche" Abbildungen zwischen solchen Räumen.

Die verschiedenen Modelle eines Axiomensystems (Räume) können als „Objekte" und die strukturverträglichen Abbildungen als „Morphismen" einer geeignet definierten „Kategorie" aufgefaßt werden. Die im folgenden zugrundegelegte axiomatische Mengenlehre sei die von Neumann-Gödel-Bernays (NGB-Mengenlehre, vgl. [7], Anhang).

Kategorielle Grundbegriffe

1.1 Definition

Eine *Kategorie* $\underline{K}$ ist eine Klasse $|\underline{K}|$ zusammen mit einer Familie $[\mathrm{Mor}\underline{K}(A,B)]_{A,B\in|\underline{K}|}$ von paarweise disjunkten Mengen und einer Familie von Abbildungen

$$\circ = [\circ_{A,B,C} : \mathrm{Mor}\underline{K}(A,B)\times\mathrm{Mor}\underline{K}(B,C) \to \mathrm{Mor}\underline{K}(A,C)]_{A,B,C\in|\underline{K}|}$$

derart, daß folgende Axiome gelten:

(Ass) $\bigwedge(A,B,C\in|\underline{K}|)\ \bigwedge(f\in\mathrm{Mor}\underline{K}(A,B))\ \bigwedge(g\in\mathrm{Mor}\underline{K}(B,C))\ \bigwedge(h\in\mathrm{Mor}\underline{K}(C,D))$
$(h\circ g)\circ f = h\circ(g\circ f)$

(Id) $\bigwedge(A\in|\underline{K}|)\ \bigvee(1_A\in\mathrm{Mor}\underline{K}(A,A))$
$[\bigwedge(B\in|\underline{K}|)\ \bigwedge(f\in\mathrm{Mor}\underline{K}(A,B))\quad f\circ 1_A = f\quad \wedge$
$\bigwedge(C\in|\underline{K}|)\ \bigwedge(g\in\mathrm{Mor}\underline{K}(C,A))\quad 1_A\circ g = g]$

1.2 Bezeichnung

$K\in|\underline{K}|$ heißt *Objekt* (von $\underline{K}$), $f\in\mathrm{Mor}\underline{K}(A,B)$, auch $A\xrightarrow{f}B$ oder $f\colon A\to B$ geschrieben, *Morphismus von* A *nach* B, A bzw. B heißt dann *Quelle* bzw. *Ziel* von f, $\circ$ heißt *Komposition* von $\underline{K}$, 1_A *Identität* von A. Für Objekte werden große, für Morphismen kleine Buchstaben verwendet.

$f \in \underline{K}$ bedeute: $\vee(A,B \in |\underline{K}|)\ f \in \mathrm{Mor}\underline{K}(A,B)$. $\mathrm{Mor}\underline{K}(A,B)$ wird manchmal durch $\underline{K}(A,B)$ abgekürzt.

1.3 Definition

Eine Kategorie $\underline{K}'$ (mit Komposition $\circ'$) heißt *Unterkategorie* einer Kategorie $\underline{K}$ (mit Komposition $\circ$), wenn gilt:

$$|\underline{K}'| \subseteq |\underline{K}|, \qquad \wedge(A,B \in |\underline{K}'|)\ \mathrm{Mor}\underline{K}'(A,B) \subseteq \mathrm{Mor}\underline{K}(A,B),$$

$$\wedge(A,B,C \in |\underline{K}'|) \quad \wedge(f \in \mathrm{Mor}\underline{K}'(A,B))\ \wedge(g \in \mathrm{Mor}\underline{K}'(B,C)) \quad g \circ' f = g \circ f,$$

d. h. $\circ'$ ist von $\circ$ „induzierte" Komposition.

Eine Unterkategorie $\underline{K}'$ von $\underline{K}$ heißt *voll*, wenn für alle $A,B \in |\underline{K}'|$ gilt: $\mathrm{Mor}\underline{K}'(A,B) = \mathrm{Mor}\underline{K}(A,B)$.

1.4 Bemerkung

Die Einführung von „Klassen" in der NGB-Mengenlehre ist eine Möglichkeit zur Vermeidung von Widersprüchen, wie sie z. B. bei der Bildung der „Menge aller Mengen" im „naiven" Sinne auftreten. Eine andere ist die Einführung von „Universen" verschiedener Stufe (vergl. [1], [9]). In NGB sind Mengen Klassen mit gewissen Eigenschaften, die so definiert sind, daß möglichst viele der üblichen Mengenoperationen widerspruchsfrei auch auf Klassen angewendet werden können.

1.5 Bemerkung

Für jedes Objekt A einer Kategorie $\underline{K}$ ist die Identität von A eindeutig bestimmt, denn falls 1_A und $1'_A$ Identitäten von A sind, dann gilt $1'_A = 1'_A \circ 1_A = 1_A$.

Umgekehrt ist A durch 1_A eindeutig bestimmt, da die Morphismenmengen disjunkt sind. Man könnte also in der Kategoriedefinition auf Objekte verzichten, an deren Stelle dann Identitäten treten.

1.6 Beispiel (Kategorie der Mengen $\underline{Me}$)

Sei $|\underline{Me}|$ die Klasse aller Mengen. Die Existenz von $|\underline{Me}|$ und die Eindeutigkeit der Definition von $|\underline{Me}|$ werden durch Sätze der Mengenlehre (NGB) gesichert. Morphismen von $\underline{Me}$: Für $A,B \in |\underline{Me}|$ sei $\mathrm{Mor}\underline{Me}(A,B)$, die Menge der Abbildungen von A nach B, d. h. der geordneten Tripel $f = (A,F,B)$, wobei F der Graph einer Abbildung von A nach B ist.

Aus der Definition von Abbildungen als Tripel folgt, daß die Morphismenmenge von $\underline{Me}$ paarweise disjunkt sind.

Morphismenkomposition in $\underline{Me}$: Die Hintereinanderausführung von Abbildungen

(Ass): ist für die Hintereinanderausführung von Abbildungen erfüllt

(Id): Für alle $A \in |\underline{Me}|$ ist die identische Abbildung $id_A : A \to A$ eine Identität zu A.

Also ist $\underline{Me}$ eine Kategorie.

1.7 Bezeichnung

Seien $f \in Mor\underline{K}(A,B)$ und $g,h \in Mor\underline{K}(C,A)$.

Dies kann man folgendermaßen als „Diagramm" darstellen:

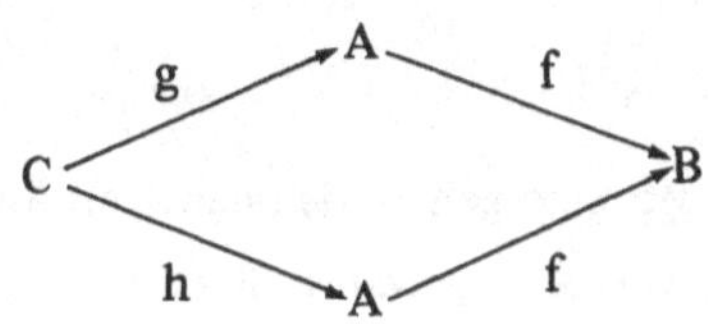

Ein solches Diagramm heißt *kommutativ*,

geschrieben

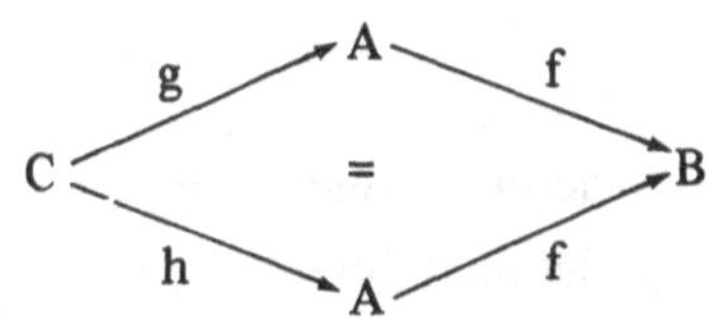

wenn tur je zwei Objekte des Diagramms der Morphismus, den man bei Komposition längs eines Weges zwischen den beiden Objekten in Richtung der Pfeile erhält, unabhängig vom durchlaufenen Weg ist, d. h. hier speziell $f \circ g = f \circ h$

Eine kategorielle Präzisierung des Begriffes „Diagramm" wird in Kapitel 4 gegeben.

1.8 Definition

$f \in Mor\underline{K}(A,B)$ heißt *Monomorphismus*, falls gilt:

$\Lambda(C \in |\underline{K}|)\ \Lambda(g,h \in Mor\underline{K}(C,A))$

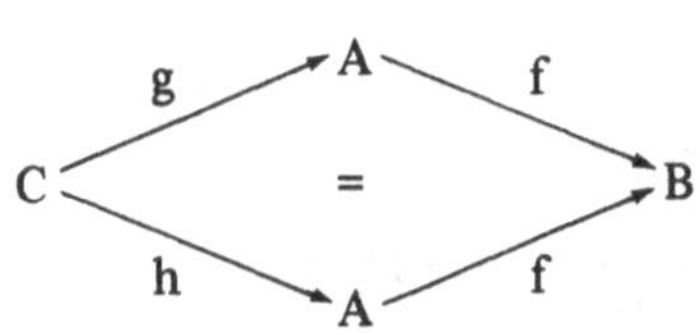

$\Rightarrow g = h$, d. h. falls f „als letzter kürzbar" ist.

$f \in \mathrm{Mor}\underline{K}(B,A)$ heißt *Epimorphismus*, falls gilt:

$\Lambda(C \in |\underline{K}|)\ \Lambda(g,h \in \mathrm{Mor}\underline{K}(A,C))$

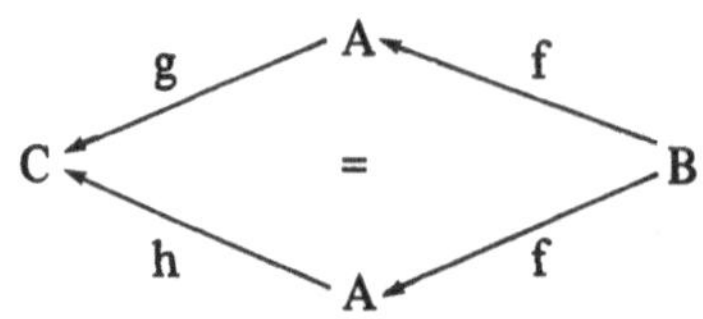

$\Rightarrow g = h$, d. h. falls f „als erster kürzbar" ist.

1.9 Beispiel

Die Monomorphismen in $\underline{Me}$ sind genau die injektiven Abbildungen.

Beweis: „$\Leftarrow$" Seien f,g,h wie oben gewählt; f sei injektiv, und es gelte $f \circ g = f \circ h$.

Für alle $c \in C$ gilt dann $f(g(c)) = f(h(c))$, aus der Injektivität von f folgt $g(c) = h(c)$, also $g = h$.

„$\Rightarrow$" Sei f Monomorphismus sowie $a,a' \in A$ mit $f(a) = f(a')$. Zu zeigen ist $a = a'$:

Für die Abbildungen

$$g\colon [\![1]\!] \to A \text{ definiert durch } 1 \mapsto a\,,$$

$$h\colon [\![1]\!] \to A \text{ definiert durch } 1 \mapsto a',$$

gilt $f \circ g = f \circ h$, also wegen f Monomorphismus $g = h$, also $a = g(1) = h(1) = a'$. q.e.d.

1.10 Beispiel

Die Epimorphismen in $\underline{Me}$ sind genau die surjektiven Abbildungen.

Beweis: „$\Leftarrow$" Sei $f: B \to A$ surjektiv und für $g: A \to C$, $h: A \to C$ gelte

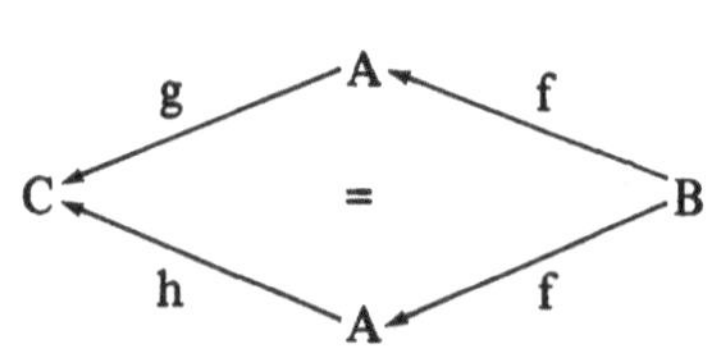

Wegen f surjektiv existiert zu jedem $a \in A$ ein $b \in B$ mit $f(b) = a$. Also gilt für alle $a \in A$ $g(a) = g(f(b)) = h(a)$, also $g = h$.

„$\Rightarrow$" Sei f Epimorphismus. Zu zeigen ist: $A \setminus f[B] = \phi$.
Widerspruchsannahme: Sei $a_0 \in A \setminus f[B] \neq \phi$.

Für $C := [\![1,2]\!]$ und die Abbildungen $g\colon A \to C$ definiert durch $a \mapsto 1$ für $a \neq a_0$ und $a_0 \mapsto 2$ sowie $h\colon A \to C$ definiert durch $a \mapsto 1$ für alle $a \in A$ gilt $g \circ f = h \circ f$ und daher nach Voraussetzung $g = h$, im Widerspruch zu $g(a_0) = 2 \neq 1 = h(a_0)$, also gilt $A \setminus f[B] = \phi$, d. h. f ist surjektiv. q.e.d.

1.11 Motivation

Es soll nun auf eine Beziehung zwischen Mono- und Epimorphismus eingegangen werden, die ihren Ausdruck in den zugehörigen Diagrammen findet. Die Diagramme in der Definition von „Monomorphismus" gehen durch „Umkehrung der Pfeilrichtungen", d. h. Vertauschung von Quelle und Ziel der entsprechenden Morphismen in die entsprechenden der Definition „Epimorphismus" über und umgekehrt. Gilt dies für zwei Begriffe, so nennt man sie „dual"; analog spricht man von dualen Sätzen.

Zur Formulierung des Dualitätsprinzips soll die zu einer Kategorie K duale Kategorie eingeführt und der Begriff „Satz über Kategorien" präzisiert werden.

1.12 Definition

Sei $\underline{K}$ Kategorie (mit Komposition $\circ$). Dann sei die *zu* $\underline{K}$ *duale Kategorie* $\underline{K}^0$ (mit Komposition $*$) definiert durch:

$$|\underline{K}^0| := |\underline{K}|, \quad \Lambda(A,B \in |\underline{K}^0|) \quad \mathrm{Mor}\underline{K}^0(A,B) := \mathrm{Mor}\underline{K}(B,A)$$

$$\mathrm{Mor}\underline{K}^0(A,B) \times \mathrm{Mor}\underline{K}^0(B,C) \ni (f^0,g^0) \mapsto g^0 * f^0 := f^0 \circ g^0 \in \mathrm{Mor}\underline{K}^0(A,C).$$

1.13 Bemerkungen

Das $\underline{K}$-Diagramm $A \xleftarrow{f} B \xleftarrow{g} C$ schreibt sich also $A \xrightarrow{f^0} B \xrightarrow{g^0} C$ in $\underline{K}^0$, wobei f^0, g^0 die als $\underline{K}^0$-Morphismen interpretierten $\underline{K}$-Morphismen f,g seien.

Beim „Interpretations"-Übergang von $\underline{K}$ nach $\underline{K}^0$ werden also die Morphismenrichtungen und die Reihenfolge bei Komposition von Morphismen umgekehrt.

Die Gültigkeit der Kategorieaxiome für $\underline{K}^0$ weist man leicht nach: die Assoziativität von „$*$" führt man auf diejenige von „$\circ$" zurück, die Identitäten von $\underline{K}$ und $\underline{K}^0$ stimmen überein.

1.14 Definition

Sei $F(\underline{K})$ eine Formel mit einer freien Variablen $\underline{K}$ im Sinne der NGB-Mengenlehre, $\underline{K}$ sei also in F nicht durch Quantoren gebunden.

Dann heißt $F = F(\underline{K})$ *Satz der Theorie der Kategorien*, wenn gilt:

$$\Lambda\underline{K}\ (\underline{K} \text{ Kategorie} \Rightarrow F(\underline{K}))$$

d. h., die Aussage $F(\underline{K})$ gilt für alle Kategorien $\underline{K}$.

Für Kategorien $\underline{K}$ heißt eine Formel $F^0(\underline{K})$ *dual* zu $F(\underline{K})$, falls gilt:

$$F^0(\underline{K}) \text{ gleichbedeutend mit } F(\underline{K}^0)$$

1.15 Bemerkung

Für eine Kategorie $\underline{K}$ gewinnt man eine zu einer Formel $F(\underline{K})$ duale Formel $F^0(\underline{K})$ dadurch, daß man die Formel $F(\underline{K}^0)$ als Aussage über die Kategorie $\underline{K}$ interpretiert. Dies gelingt dadurch, daß man die Formel $F(\underline{K}^0)$ als Aussage über Diagramme in $\underline{K}^0$ schreibt und durch Umdrehen aller Pfeile eine Aussage über Diagramme in $\underline{K}$ gewinnt.

1.16 Dualitätsprinzip

Ist $F(\underline{K})$ ein Satz der Theorie der Kategorien und ist $F^0(\underline{K})$ zu $F(\underline{K})$ duale Formel, so ist auch $F^0(\underline{K})$ ein Satz der Theorie der Kategorien, der „zu $F(\underline{K})$ duale Satz“.

Beweis: Sei $\underline{K}$ Kategorie, dann ist nach 1.12 auch $\underline{K}^0$ Kategorie. Da $F(\underline{K})$ Satz der Theorie der Kategorien ist, gilt deshalb auch $F(\underline{K}^0)$ und damit nach Definition 1.14 $F^0(\underline{K})$, also gilt:

$$\wedge \underline{K}\ (\underline{K} \text{ Kategorie} \Rightarrow F^0(\underline{K})) \qquad \text{q.e.d.}$$

1.17 Bemerkung

Bei der Dualisierung eines Satzes müssen sowohl die Voraussetzungen als auch die Behauptungen des Satzes dualisiert werden. Deshalb ist es sinnvoll, bei der Definition eines neuen Begriffes auch den dualen mit anzugeben.

Aus den Definitionen in 1.8 folgt unmittelbar, daß der Begriff „Epimorphismus“ dual zum Begriff „Monomorphismus“ ist. Oft wird der zu einem Begriff duale Begriff mit der Vorsilbe „co“ versehen.

1.18 Lemma

Seien $A \rightarrow B$ und $B \rightarrow C$ $\underline{K}$-Morphismen.

Dann gilt:

(a) Ist $g \circ f$ Monomorphismus, so ist f Monomorphismus.
(a^0) Ist $g \circ f$ Epimorphismus, so ist g Epimorphismus.
(b) Sind f und g Monomorphismen, so ist $g \circ f$ Monomorphismus.
(b^0) Sind f und g Epimorphismen, so ist $g \circ f$ Epimorphismus.

Beweis: Zur Veranschaulichung des Dualitätsprinzips wird der Beweis von (a^0) als „dualisierter“ Beweis von (a) angegeben, obwohl (a^0) nach dem Dualitätsprinzip aus (a) folgt.

Beweis von (a):
Sei $g \circ f$ Monomorphismus, d. h. $\bigwedge D \bigwedge h,k$

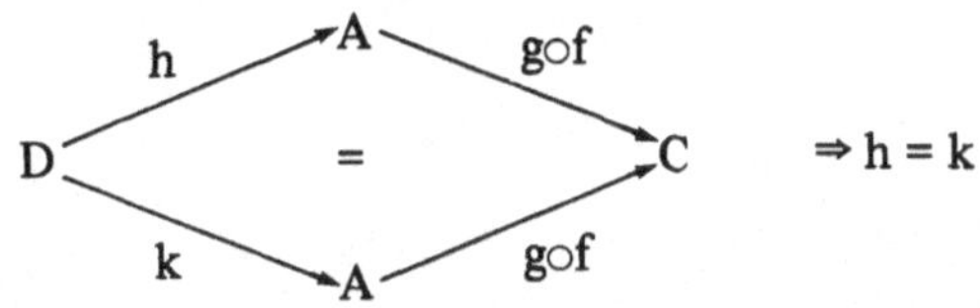

Dann gilt: $\bigwedge D \bigwedge h,k$

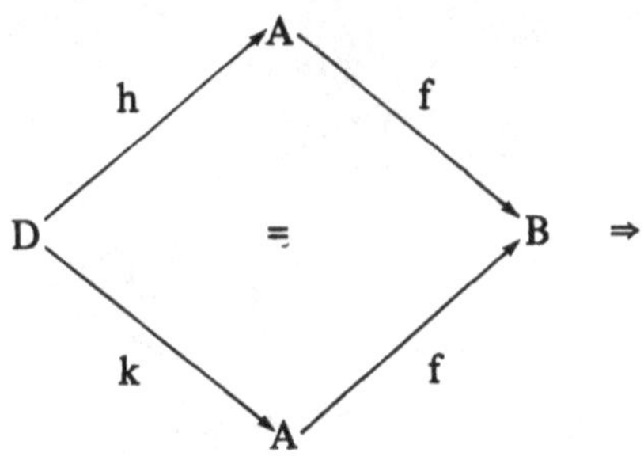

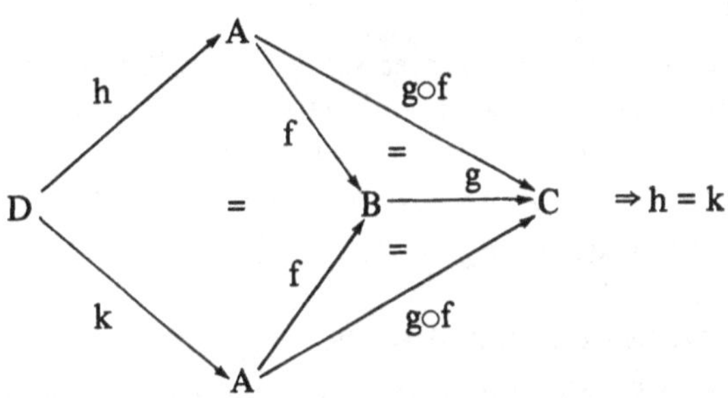

also ist f Monomorphismus.

Beweis von (a^0):
Sei $g \circ f$ Epimorphismus, d. h. $\bigwedge D \bigwedge h,k$

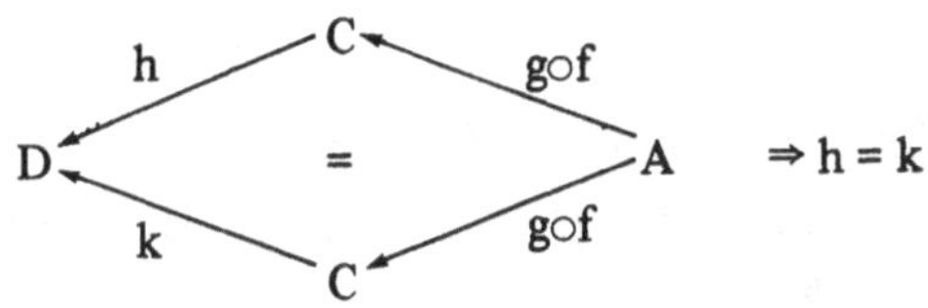

Dann gilt:

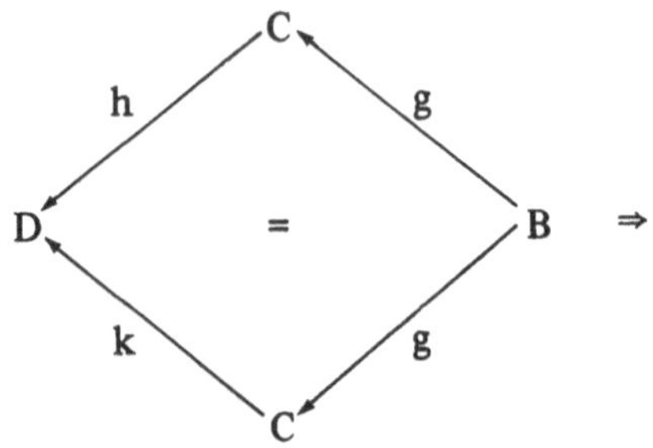

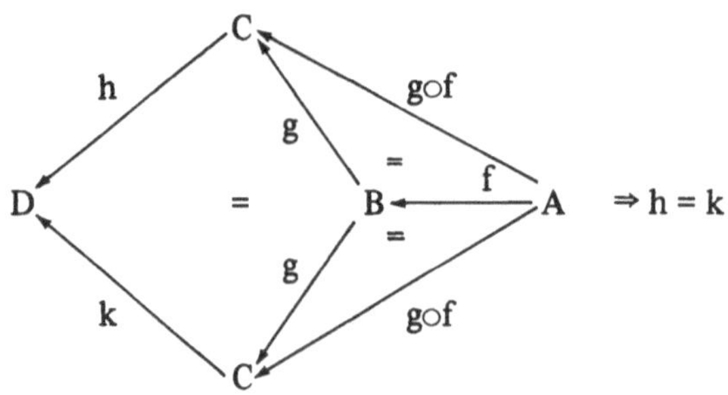

also ist g Epimorphismus.

(b) Seien f und g Monomorphismen sowie h,k mit f∘g verknüpfbare Morphismen, und es gelte $(f\circ g)\circ h = (f\circ g)\circ k$. Dann ist $f\circ(g\circ h) = f\circ(g\circ k)$, somit wegen f Monomorphismus $g\circ h = g\circ k$ und damit $h = k$, weil g Monomorphismus ist. Also ist auch f∘g Monomorphismus.

(b^0) ist die zu (b) duale Aussage. q.e.d.

1.19 Definition des Isomorphismus

Falls zu $f \in \mathrm{Mor}\underline{K}(A,B)$ ein $g \in \mathrm{Mor}\underline{K}(B,A)$ mit $f\circ g = 1_B$ und $g\circ f = 1_A$ existiert, so heißt f *Isomorphismus*; geschrieben $f : A \xrightarrow{\sim} B$.
g ist selbst Isomorphismus (trivial).

g heißt zu f *inverser* Morphismus; zwei Objekte $A,B \in |\underline{K}|$ heißen *isomorph*, $A \cong B$, wenn es einen Isomorphismus in $\mathrm{Mor}\underline{K}(A,B)$ gibt.

1.20 Lemma

Ist f ein Isomorphismus, so ist f ein Monomorphismus und ein Epimorphismus.

Beweis: Da zu f ein inverser Morphismus existiert, ist f als letzter und als erster kürzbar. q.e.d.

1.21 Bemerkung

Die Umkehrung des Lemmas gilt nicht allgemein, denn das Beispiel 1.35 ist ein Gegenbeispiel.

1.22 Bemerkungen

1. Der Begriff des Isomorphismus geht bei Dualisierung in sich selbst über: er ist *selbstdual*.

2. Der zu einem Isomorphimus $f : A \xrightarrow{\sim} B$ inverse Morphismus g ist eindeutig bestimmt. Denn sei g' ein weiterer inverser Morphismus zu f, dann gilt

$$g' = g' \circ 1_B = g' \circ (f \circ g) = (g' \circ f) \circ g = 1_A \circ g = g$$

Der zu einem Isomorphismus f inverse (Iso-) Morphismus werde mit f^{-1} bezeichnet.

1.23 Beispiel

In der Kategorie $\underline{Me}$ sind die Isomorphismen genau die bijektiven Abbildungen.

Beweis: Isomorphismen sind nach 1.20 Mono- und Epimorphismen und damit nach 1.9 und 1.10 bijektive Abbildungen. Umgekehrt existiert zu jeder bijektiven Abbildung in $\underline{Me}$ eine inverse Abbildung. q.e.d.

1.24 Bezeichnung

Für $M \in |\underline{Me}|$ sei $|M| := \text{card } M$ die Mächtigkeit von M, die für endliches M gerade die Anzahl der Elemente von M ist.

1.25 Definition

Ein Objekt A einer Kategorie $\underline{K}$ heißt

Anfangsobjekt, wenn $\bigwedge(B \in |\underline{K}|) \ |\text{Mor}\underline{K}(A,B)| = 1$,

Endobjekt, wenn $\bigwedge(B \in |\underline{K}|) \ |\text{Mor}\underline{K}(B,A)| = 1$ gilt,

Nullobjekt, wenn A Anfangs- und Endobjekt ist.

1.26 Bemerkung

Die Begriffe Anfangs- und Endobjekt sind zueinander dual. Also ist der Begriff Nullobjekt selbstdual.

In Kategorien mit Nullobjekten lassen sich Nullmorphismen definieren als Verallgemeinerung der etwa für abelsche Gruppen und Vektorräume bekannten Nullhomomorphismen.

1.27 Lemma

(a) Alle Anfangsobjekte sind untereinander isomorph.
(a^0) Alle Endobjekte sind untereinander isomorph.
(b) Enthält eine Kategorie Nullobjekte, so sind alle Anfangs-, End- und Nullobjekte untereinander isomorph.

Beweis:
(a) Seien A und B Anfangsobjekte. Dann existiert je genau ein Morphismus $f: A \to B$ bzw. $g: B \to A$. Die Verknüpfungen $f \circ g$ bzw. $g \circ f$ sind die einzigen Morphismen in $\mathrm{Mor}\underline{K}(B,B)$ bzw. $\mathrm{Mor}\underline{K}(A,A)$ und daher die Identitäten.
(a^0) ist die zu (a) duale Aussage.
(b) folgt aus (a) und (a^0). q.e.d.

1.28 Charakterisierung

der eingeführten Begriffe in der Kategorie $\underline{Me}$:

1. Anfangsobjekte: Sei $A = \phi$. Dann gilt für alle $B \in |\underline{Me}|$: $\mathrm{Mor}\underline{Me}(\phi,B) = [\![\phi_B]\!]$ Daher ist ϕ Anfangsobjekt; nach 1.27 ist es das einzige.
2. Endobjekte: In alle einelementigen Mengen führt von jeder anderen Menge genau eine Abbildung, also sind diese Endobjekte und nach 1.27 die einzigen in $\underline{Me}$.
3. Nullobjekte: Aus (1), (2) und 1.27 folgt, daß $\underline{Me}$ keine Nullobjekte besitzt.

Charakterisierung in Beispielkategorien

Außer der Kategorie $\underline{Me}$ der Mengen, die für die bisher eingeführten kategoriellen Begriffe Motivationen und Beispiele gab, werden nun die Kategorien $\underline{Gr}$ der Gruppen, ${}_R\underline{Mod}$ der R-Moduln, $\underline{Top}$ der topologischen Räume und die Kategorie $\underline{N}$ der natürlichen Zahlen – die letzte als Beispiel für eine Kategorie, die nicht aus strukturierten Mengen und strukturverträglichen Abbildungen besteht – definiert und in diesen Kategorien die eingeführten kategoriellen Begriffe charakterisiert.

1.29 Beispielkategorien

Mit der Hintereinanderausführung als Komposition und den identischen Abbildungen als Identitäten ist

1. $\underline{Gr}$ definiert durch $|\underline{Gr}| := [\![(G,\circ) \mid (G,\circ) \text{ ist Gruppe}]\!]$, $\mathrm{Mor}\underline{Gr}((G,\circ),(G',\circ')) := [\![f \in \underline{Me}(G,G') \mid f \text{ ist Gruppenhomomorphismus von } (G,\circ) \text{ nach } (G',\circ')]\!]$ Kategorie, die „Kategorie der Gruppen".

2. $_R\underline{Mod}$ definiert durch

$|_R\underline{Mod}| := [\![(A,+,*)|(A,+,*)$ ist R-Modul$]\!]$,

$Mor_R\underline{Mod}((A,+,*),(A',+',*')) := [\![f \in Me(A,A')|f$ ist R-Modul-Homomorphismus von $(A,+,*)$ nach $(A',+',*')]\!]$ ist Kategorie, die „Kategorie der R-Moduln". Dabei ist R unitärer Ring.

Für $R := \mathbf{Z}$ ist $_R\underline{Mod}$ (bis auf Isomorphie) die Kategorie der abelschen Gruppen und Gruppenhomomorphismen zwischen abelschen Gruppen, falls R Körper ist, so ist $_R\underline{Mod}$ die Kategorie der R-Vektorräume und R-Vektorraum-Homomorphismen.

3. $\underline{Top}$ definiert durch
$|\underline{Top}| := [\![(X,\mathbf{O}) \mid X \in \underline{Me}, \mathbf{O}$ ist Topologie auf $X]\!]$,
$Mor\underline{Top}((X,\mathbf{O}),(X',\mathbf{O}')) := [\![f \in \underline{Me}(X,X') \mid f$ ist stetig bezüglich $\mathbf{O}$ und $\mathbf{O}']\!]$
ist Kategorie, die „Kategorie der topologischen Räume".

4. $\underline{N}$ definiert durch $|\underline{N}| := \mathbb{N}$

$$\underline{N}(n,n') = \begin{cases} [\![(n,n')]\!] & \text{falls } n/n' \text{ („teilt")} \\ \phi & \text{sonst} \end{cases}$$

mit $Mor\underline{N}(n,n') \times Mor\underline{N}(n',n'') \ni ((n,n'),(n'n'')) \mapsto (n,n'') \in Mor\underline{N}(n,n'')$
ist Kategorie mit (n,n) $(n \in |\underline{N}|)$ als Identitäten, die „Kategorie der natürlichen Zahlen".

Alle Morphismen von $\underline{N}$ sind Monomorphismen und Epimorphismen, da die Morphismenmengen aus je höchstens einem Element bestehen, nur die Identitäten sind Isomorphismen, 1 ist das einzige Anfangsobjekt, Endobjekte existieren in $\underline{N}$ nicht, O ist Endobjekt in der Kategorie $\underline{N}_0$, die wie $\underline{N}$ mit $\mathbb{N}_0$ statt $\mathbb{N}$ definiert ist.

Beweis: 1. bis 3.: Die Hintereinanderausführung von Gruppenhomomorphismen bzw. R-Modulhomomorphismen bzw. stetigen Abbildungen ist – wie man in der jeweiligen Theorie zeigt – Gruppen- bzw. R-Modulhomomorphismus bzw. stetige Abbildung. Die identischen Abbildungen sind für 1. bis 3. Homomorphismen bzw. stetig (trivial). q.e.d.

1.30 Tabelle

In der folgenden Tabelle werden für die bisher eingeführten Beispielkategorien und die Kategorie $\underline{Graph}$ der gerichteten Graphen, die in einem eigenen Abschnitt (ab 1.37) untersucht wird, die Objekte und Morphismen angegeben und die bisher eingeführten kategoriellen Begriffe charakterisiert. Diese Charakterisierungen werden – außer der der Epimorphismen in $\underline{Gr}$ – anschließend bewiesen.

Die Kategorie $\underline{Graph}$ wird hier eingeführt, weil gerichtete Graphen zur Darstellung von Automaten dienen.

Bez.	Objekte	Morphismen	Identitäten
Me	Mengen	Mengenabbildungen	Identische Abbildungen
Gr	Gruppen	Gruppenhomomorphismen	s.o.
$_R$Mod	Moduln über einem Ring mit 1	R-Modulhomomorphismen	s.o.
Top	Topologische Räume	Stetige Abbildungen	s.o.
Graph	Graphen	Graphenmorphismen	s.o.
N bzw. N_0	natürliche Zahlen	$\text{Mor}\,\underline{N}(a,b) = \begin{cases} [\![(a,b)]\!] \Leftrightarrow a/b \\ \phi \text{ sonst} \end{cases}$	(a,a)

Bez.	Monomorphismen	Epimorphismen	Isomorphismen
Me	Injektive Abbildungen	Surjektive Abbildungen	Bijektive Abbildungen
Gr	Injektive Gruppenhomomorphismen	Surjektive Gruppenhomomorphismen	Bijektive Gruppenhomomorphismen
$_R$Mod	Injektive R-Modulhomomorphismen	Surjektive R-Modulhomomorphismen	Bijektive R-Modulhomomorphismen
Top	Injektive stetige Abbildungen	Surjektive stetige Abbildungen	Homöomorphismen
Graph	Injektive Graphenmorphismen	Surjektive Graphenmorphismen	Bijektive Graphenmorphismen
N bzw. N_0	Alle Morphismen	Alle Morphismen	Identitäten

Bez.	Anfangsobjekt	Endobjekt	Nullobjekt
$\underline{Me}$	ϕ	$[\![a]\!]$	keine
$\underline{Gr}$	Null-Gruppe	Null-Gruppe	Null-Gruppe
$_R\underline{Mod}$	Null-Modul	Null-Modul	Null-Modul
$\underline{Top}$	$(\phi,[\![\phi]\!])$	$(a,[\![\phi,[\![a]\!]]\!])$	keine
$\underline{Graph}$	$\phi \overset{\phi_\phi}{\underset{\phi_\phi}{\rightrightarrows}} \phi$	$[\![a]\!] \overset{1_{[\![a]\!]}}{\underset{1_{[\![a]\!]}}{\rightrightarrows}} [\![a]\!]$	keine
$\underline{N}$ bzw. $\underline{N_0}$	1	keine bzw. 0	keine

1.31 Charakterisierung von Monomorphismen

In den Kategorien $\underline{Gr}$, $_R\underline{Mod}$, $\underline{Top}$ sind – wie in $\underline{Me}$ – die Monomorphismen genau die injektiven Morphismen, d. h. Morphismen, die als Abbildungen injektiv sind.

Beweis: „$\Leftarrow$": Alle injektiven Morphismen sind als letzte kürzbar, also Monomorphismen. Man zeigt dies für alle hier angegebenen Kategorien wie in $\underline{Me}$ (Beispiel 1.9)

„$\Rightarrow$": Sei $f:A\to B$ Monomorphismus und seien $a,a'\in A$ beliebig mit $f(a) = f(a')$. Zu zeigen: $a = a'$

1. $\underline{Gr}$: Sei $C := \langle a\cdot a'^{-1}\rangle$ die von $a\cdot a'^{-1}$ erzeugte Untergruppe von A.

   Für $g\in Mor\underline{Gr}(C,A)$, definiert durch $g(x) = x$ für alle $x\in C$, $h\in Mor\underline{Gr}(C,A)$, definiert durch $h(x) = e_A$ für alle $x\in C$, gilt $f\circ g = f\circ h$, also nach Voraussetzung $g = h$ und damit $g(a\cdot a'^{-1}) = a\cdot a'^{-1} = h(a\cdot a'^{-1}) = e_A$, folglich $a = a'$.

2. $_R\underline{Mod}$: Man betrachtet den von $a-a'$ erzeugten Untermodul $\langle a-a'\rangle$ und schließt wie bei $\underline{Gr}$.

3. $\underline{Top}$: Da jeder einelementige topologische Raum diskrete (und indiskrete) Topologie trägt, ist jede Abbildung von einem einelementigen in einen anderen topologischen Raum stetig. Deshalb läßt sich der Beweis wie für $\underline{Me}$ führen. q.e.d.

1.32 Charakterisierung von Epimorphismen

In den Kategorien Me, Gr, ${}_R$Mod, Top sind die Epimorphismen genau die surjektiven Morphismen.

Beweis: „⇐“ Alle surjektiven Morphismen sind als erste kürzbar, also Epimorphismen. Man zeigt dies für alle hier angegebenen Kategorien wie in Me (siehe Beispiel 1.10).

„⇒“ Sei $f:B \to A$ Epimorphismus.

Zu zeigen: $A \setminus f[B] = \phi$

Widerspruchsannahme: Es existiert ein $a_0 \in A \setminus f[B] \neq \phi$

1. Gr: Der Beweis ist umfangreicher, siehe z. B. [7], S. 18, Beispiel.
2. ${}_R$Mod: Da $f[B] \in |{}_R\text{Mod}|$ gilt für $A \xrightarrow{nat} A/_{f[B]}$
$A \ni x \overset{nat}{\mapsto} x + f[B] \in A/_{f[B]}$ und für den Nullhomomorphismus
$A \ni x \overset{o}{\mapsto} f[B] = 0_{A/_{f[B]}} \in A/_{f[B]}$

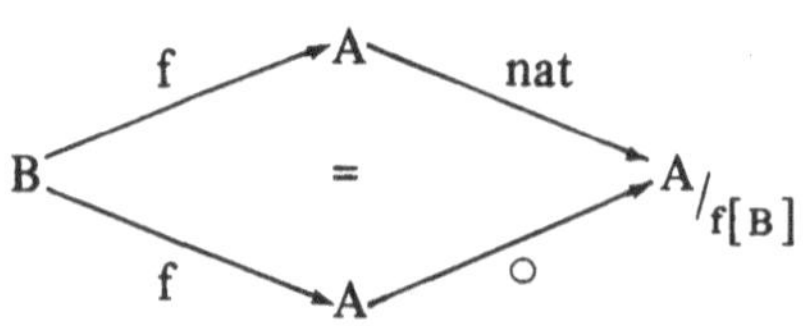

, wegen f Epimorphismus

also $nat = o$ und damit $nat(a_0) = a_0 + f[B] = 0_{A/_{f[B]}} = f[B]$
im Widerspruch zur Annahme $a_0 \notin f[B]$.

3. Top: Man versieht im Beweis von Beispiel 1.10 C mit der indiskreten Topologie $[\![\phi, C]\!]$. Dann sind die dort definierten Abbildungen stetig und der Beweis läßt sich für Top ebenso wie für Me durchführen. q.e.d.

1.33 Bemerkung

Nicht in allen Abbildungskategorien sind alle Monomorphismen injektiv und alle Epimorphismen surjektiv (vgl. [7] 1.5).

1.34 Charakterisierung von Isomorphismen

In den Kategorien Me, Gr und ${}_R$Mod sind die Isomorphismen genau die bijektiven Morphismen. In der Kategorie Top sind die Isomorphismen genau die bijektiven und in beiden Richtungen stetigen Abbildungen (Homöomorphismen).

Beweis: Alle Isomorphismen sind nach Lemma 1.20 in den vorliegenden Kategorien bijektive Abbildungen. Unter Ausnahme von Top ist in allen diesen

Kategorien die Umkehrabbildung zu einem bijektiven Morphismus (vgl. zugehörige Theorien) Morphismus und daher jeder bijektive Morphismus Isomorphismus. In Top ist für Homöomorphismen (nach Definition) die Umkehrabbildung ebenfalls stetig. q.e.d.

1.35 Beispiel

Beispiel eines bijektiven Morphismus, der nicht Isomorphismus ist.

In Top ist $(A,\mathbf{P}(A)) \xrightarrow{id_A} (A,[\![\phi,A]\!])$ für $|A| \geqslant 2$

bijektive stetige Abbildung, aber nicht Homöomorphismus.

1.36 Charakterisierung von Anfangs-, End- und Nullobjekten

In den Kategorien Gr und ${}_R$Mod sind die Anfangs-, End- und Nullobjekte genau die einelementigen Gruppen bzw. Moduln. Die eindeutig bestimmten Homomorphismen aus diesen und in diese Objekte sind jeweils die Homomorphismen, die alle Elemente auf das 1 bzw. O-Element bzw. das einzige Element abbilden.

In der Kategorie Top ist $(\phi,[\![\phi]\!])$ Anfangsobjekt. Alle einelementigen topologischen Räume $([\![a]\!], \mathbf{P}([\![a]\!]) = ([\![a]\!],[\![\phi,[\![a]\!]]\!])$ sind Endobjekte. Nullobjekte existieren nicht.

1.37 Definition

Eine Menge E zusammen mit einer Menge V und zwei Abbildungen $q,z\colon E \to V$ („Quelle“ und „Ziel“) heißt *gerichteter Graph*, geschrieben $G = (E,V,q,z)$ oder

$$G = E \overset{q}{\underset{z}{\rightrightarrows}} V.$$

E heißt Menge der „Kanten“, V Menge der „Knoten“ von G.

1.38 Bemerkung

In der Literatur wird ein gerichteter Graph G auch definiert als eine Menge E zusammen mit einer Menge V und einer Abbildung $\Delta\colon E \to V \times V$. Die beiden Definitionen sind äquivalent, denn bei Vorgabe von q und z definiere man Δ durch $\Delta(e) = (q(e),z(e)) \in V \times V$, bei Vorgabe von Δ setze man $q := pr_1 \circ \Delta$, $z := pr_2 \circ \Delta$.

1.39 Beispiel

Besonders anschaulich ist die Darstellung eines Graphen als „geometrischer Graph“.

Sei z. B. $G = E \overset{q}{\underset{z}{\rightrightarrows}} V$ gegeben durch $E = [\![e_1, \ldots, e_5]\!]$, $V = [\![v_1, \ldots, v_6]\!]$

$q : e_1 \mapsto v_1,\ e_2 \mapsto v_2,\ e_3 \mapsto v_3,\ e_4 \mapsto v_2,\ e_5 \mapsto v_4$

$z : e_1 \mapsto v_2,\ e_2 \mapsto v_3,\ e_3 \mapsto v_3,\ e_4 \mapsto v_4,\ e_5 \mapsto v_2.$

Dann läßt sich G folgendermaßen darstellen:

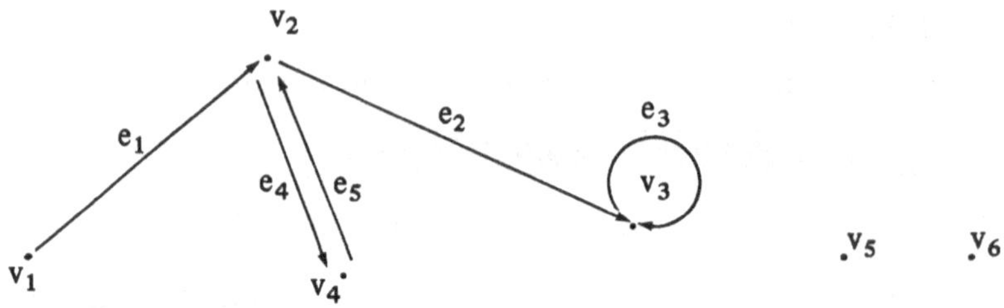

e_3 ist „Schleife" $(q(e_3) = z(e_3))$, v_5 und v_6 „isolierte Knoten" $(v_5, v_6 \notin \text{Bild}(q) \cup \text{Bild}(z))$. Umgekehrt ergeben sich E,V,q,z von G eindeutig aus dieser Darstellung.

1.40 Definition

Seien $G = E \underset{z}{\overset{q}{\rightrightarrows}} V$, $G' = E' \underset{z'}{\overset{q'}{\rightrightarrows}} V'$ Graphen.

$f = (f_E, f_V)$ mit $f_E \in \underline{Me}(E,E')$, $f_V \in \underline{Me}(V,V')$ heißt *Graphenmorphismus* von G nach G', geschrieben $f : G \to G'$, falls gilt:

$$\begin{array}{ccc} E & \overset{q}{\underset{z}{\rightrightarrows}} & V \\ {\scriptstyle f_E}\downarrow & = & \downarrow{\scriptstyle f_V} \\ E' & \overset{q'}{\underset{z'}{\rightrightarrows}} & V' \end{array}, \text{ d. h. } \begin{array}{ccc} E & \xrightarrow{q} & V \\ {\scriptstyle f_E}\downarrow & = & \downarrow{\scriptstyle f_V} \\ E' & \xrightarrow{q'} & V' \end{array} \wedge \begin{array}{ccc} E & \xrightarrow{z} & V \\ {\scriptstyle f_E}\downarrow & = & \downarrow{\scriptstyle f_V} \\ E' & \xrightarrow{z'} & V' \end{array}$$

1.41 Satz

Die Klasse $|\underline{Graph}|$ der gerichteten Graphen zusammen mit den unter 1.42 definierten Graphenmorphismen und komponentenweiser Komposition bildet eine Kategorie $\underline{Graph}$, die *Kategorie der Graphen*.

Beweis: Die Komposition von $\underline{Graph}$ sei definiert durch:

$\text{Mor}\underline{\text{Graph}}(G,G') \times \text{Mor}\underline{\text{Graph}}(G',G'') \ni ((f_E, f_V),(f'_E, f'_V)) \mapsto (f'_E \circ f_E, f'_V \circ f_V).$

Es gilt $(f'_E \circ f_E, f'_V \circ f_V) \in Mor\underline{Graph}(G,G'')$, denn wegen

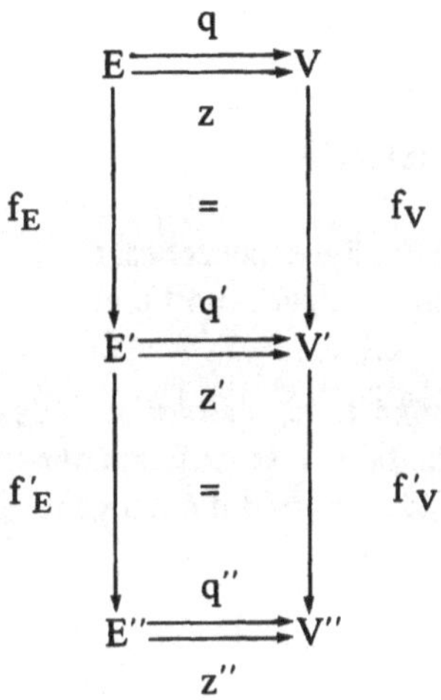

gilt:

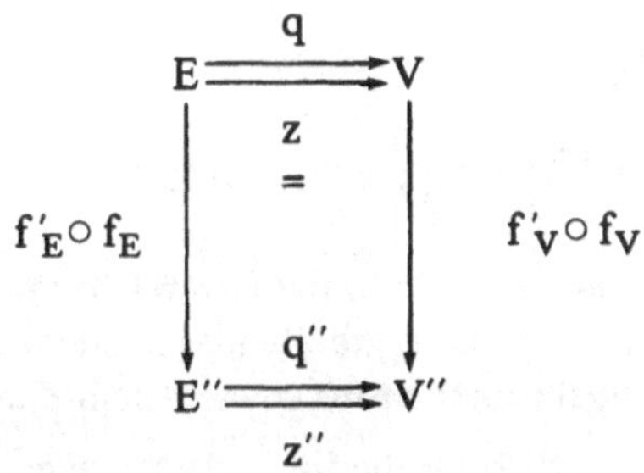

Die Komposition ist assoziativ, da sie in den Komponenten einzeln als (assoziative) Komposition in $\underline{Me}$ durchgeführt wird. Aus demselben Grund ist $(1_E, 1_V)$ Identität von G bezüglich $\circ$. q.e.d.

1.42 Bemerkung

Die Charakterisierungen der Mono-, Epi-, Isomorphismen, Anfangs- und Endobjekte in 1.31 für $\underline{Graph}$ sind leicht nachzuweisen, werden aber im folgenden nicht benötigt.

2 Automaten

Definition von Automaten und Beispiele

Unter einem Automaten versteht man in der Technik ein kybernetisches, d. h. informationsverarbeitendes System. Es besteht aus einer Eingabe- und einer Ausgabevorrichtung sowie einem Zustandsteil.

Wesentlich für die folgende mathematische Betrachtung ist, daß das vorliegende System sequentiell arbeitet. Darunter versteht man die taktweise Aufeinanderfolge von Eingaben, die jeweils genau eine Zustandsänderung und die Ausgabe eines Signals zur Folge haben.

Schema:

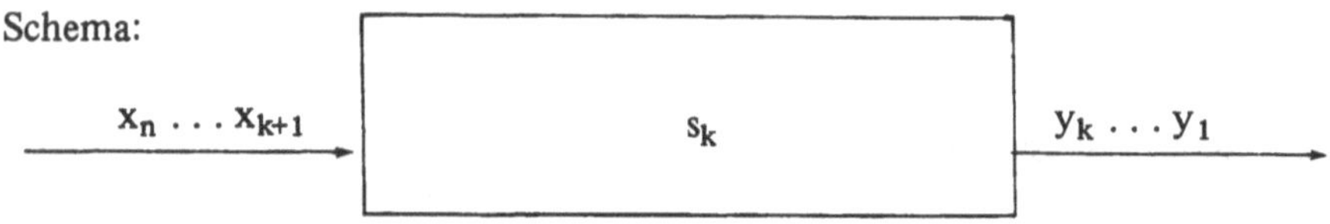

System nach Eingabe von $x_1, \ldots, x_k$

Dabei sind die $x_{k+1}, \ldots, x_n$ Eingabesymbole, die $y_1, \ldots, y_k$ Ausgabesymbole, s_k ist der momentane „Zustand“. Die Ausgabe darf nur von dem jeweiligen Zustand und der Eingabe abhängen.

2.1 Definition

Unter einem [*endlichen*] *Automaten* versteht man ein 5-tupel $A = (I,O,S,\delta,\lambda)$, wobei

I [endliche] Menge („Eingabesymbole“),
O [endliche] Menge („Ausgabesymbole“),
S [endliche] Menge („Zustände“),
$\delta : I \times S \to S$ eine Abbildung („Überführungsfunktion“),
$\lambda : I \times S \to O$ eine Abbildung („Ausgabefunktion“) ist,

auch $O \xleftarrow{\lambda} I \times S \xrightarrow{\delta} S$ geschrieben.

2.2 Bezeichnung

Um n verschiedene Automaten eindeutig bezeichnen zu können, schreibt man auch für $k = 1, \ldots, n : A_k = (I_k,O_k,S_k,\delta_k,\lambda_k)$.

Entsprechend wird mit A' der Automat $A' = (I',O',S',\delta',\lambda')$ bezeichnet.

2.3 Bemerkung

Die Eingabe- und Ausgabesymbole nennt man auch Buchstaben der Eingabe- und Ausgabealphabete I und O. Somit beschreibt die Funktion δ den Übergang des Automaten von einem Zustand in einen anderen bei Eingabe eines Buchstaben des Alphabets I. Analog regelt die Abbildung λ die Zuordnung zwischen eingegebenem Buchstaben und auszudruckendem Buchstaben in Abhängigkeit vom momentanen Zustand des Systems.

2.4 Definition

Seien A und A' [endliche] Automaten.

A' heißt *Unterautomat* von A, wenn $I' \subseteq I$, $O' \subseteq O$, $S' \subseteq S$ und $\bigwedge((x,s) \in I' \times S')[\delta(x,s) = \delta'(x,s) \wedge \lambda(x,s) = \lambda'(x,s)]$, d. h. wenn mit „$\subseteq$" als Inclusionsabbildung

$$\begin{array}{ccccc} O' & \xleftarrow{\ \lambda'\ } & I' \times S' & \xrightarrow{\ \delta'\ } & S' \\ \downarrow \subseteq & = & \downarrow \subseteq \times \subseteq & = & \downarrow \subseteq \\ O & \xleftarrow{\ \lambda\ } & I \times S & \xrightarrow{\ \delta\ } & S \end{array}$$

gilt.

2.5 Motivation

Um das Verhalten von Automaten bei Eingabe ganzer Buchstabenfolgen (sog. Wörter) zu beschreiben, werden die Begriffe „Monoid" und „freies Monoid" eingeführt.

2.6 Definition

Eine Halbgruppe mit neutralem Element heißt *Monoid*.

2.7 Definition

Für eine Menge I sei das von I frei erzeugte Monoid I^* definiert durch

$$I^* = [\![x_n \ldots . x_1 \mid x_k \in I \text{ für } 1 \leqslant k \leqslant n,\ n \in N]\!] \mathbin{\dot{\cup}} [\![\square]\!]$$

mit dem Hintereinanderschreiben von Wörtern $\neq \square$ als Komposition . und dem „leeren Wort" $\square$ als neutralem Element (I^* besteht aus den „Wörtern" über I).

2.8 Bemerkung und Definition

Gleichheit zweier Wörter im freien Monoid ist gegeben durch formale Gleichheit.

Für $w \in I^*$ heißt $\ell(w) := \begin{cases} 0 \text{ falls } w = \square \\ n \text{ falls } w = x_n \ldots x_1 \end{cases}$ *Länge* des Wortes w,

wobei $\square$ in $x_n \ldots x_1$ nicht auftreten darf.

2.9 Bemerkung

Der Begriff „frei erzeugt" in Definition 2.7 wird in Kapitel 5 kategoriell definiert.

2.10 Definition

(Fortsetzung der Abbildungen δ und λ auf die Monoide)

Sei A [endlicher] Automat.

Dann werden zwei Abbildungen

$\delta^* : I^* \times S \to S, \quad \lambda^* : I^* \times S \to O^*$

durch folgende beiden Rekursionsschemata definiert:

(i) $\delta^*(\square,s) = s, \quad \lambda^*(\square,s) = \square \quad (s \in S)$

(ii) $\delta^*(x.w,s) = \delta(x,\delta^*(w,s))$

$\lambda^*(x.w,s) = \lambda(x,\delta^*(w,s))\,\lambda^*(w,s) \quad (x \in I, s \in S, w \in I^*)$

2.11 Bemerkung

δ^* und λ^* sind wohldefiniert, da aus $x.w = x.w'$ $w = w'$ folgt, denn zunächst gilt $\ell(w) = \ell(x.w)-1 = \ell(w')$, also für $w = \square$ auch $w' = \square$ und sonst $x.x_n \ldots x_1 = x.x'_n \ldots x'_1$, also $\bigwedge(i \in [1,n])\, x'_i = x_i$, also in jedem Fall $w = w'$.

2.12 Bezeichnung

Für die weitere Formulierung führen wir die folgenden Bezeichnungen ein:

$w\delta^*s := \delta^*(w,s)$ und $w\lambda^*s := \lambda^*(w,s)$ für $w \in I^*$, $s \in S$.

2.13 Bemerkung

Es gilt:

$$\begin{array}{ccccc} O & \xleftarrow{\quad\lambda\quad} & I \times S & \xrightarrow{\quad\delta\quad} & S \\ \big\downarrow & \subseteq \quad = & \big\downarrow & \subseteq \quad = & \big\downarrow 1_S \\ O^* & \xleftarrow{\quad\lambda^*\quad} & I^* \times S & \xrightarrow{\quad\delta^*\quad} & S \end{array}$$

d. h. $\delta^*/_{I \times S} = \delta$ und $\lambda^*/_{I \times S} = \lambda$.

In Definition 2.10 wurde ein Rekursionsschema zur Abspaltung des letzten Buchstabens eines Eingabewortes angegeben. Das folgende Lemma liefert die Möglichkeit, ein ganzes Teilwort abzuspalten.

2.14 Lemma

Sei A ein [endlicher] Automat; dann gelten für beliebige $w, v \in I^*$ und $s \in S$ die nachstehenden Beziehungen:

(i) $(v.w)\delta^*s = v\delta^*(w\delta^*s)$

(ii) $(v.w)\lambda^*s = v\lambda^*(w\delta^*s).w\lambda^*s$

Beweis: Induktion über die Länge von v: Sei $\ell(v) = 0$: Dann ist $v = \Box$.

Es gilt: $(\Box w)\delta^*s = w\delta^*s = \Box\delta^*(w\delta^*s)$

und $(\Box w)\lambda^*s = w\lambda^*s = \Box\lambda^*(w\delta^*s)\, w\lambda^*s$

Sei $\ell(v) = 1$: Hier gilt die Behauptung nach 2.10 (ii).

Induktionsschritt: Sei $\ell(v) \geqslant 2$. Dann ist $v = xv'$ mit $x \in I$, $v' \in I^*$.

Dann gilt:

(i) $(v.w)\delta^*s = (x.v'.w)\delta^*s = x\delta(v'.w\delta^*s)$ (2.10 (ii))
$= x\delta(v'\delta^*(w\delta^*s))$ (Induktionsvoraussetzung)
$= x.v'\delta^*(w\delta^*s)$ (2.10 (ii))
$= v\delta^*(w\delta^*s)$

(ii) $(v.w)\lambda^*s = (x.v'.w)\lambda^*s = x\lambda((v'.w)\delta^*s)\,(v'.w)\lambda^*s$ (2.10 (ii))
$= x\lambda(v'\delta^*(w\delta^*s)).v'\lambda^*(w\delta^*s).w\lambda^*s$ (Induktionsvoraussetzung)
$= (x.v')\lambda^*(w\delta^*s).w\lambda^*s$ (2.10 (ii))
$= v\lambda^*(w\delta^*s).w\lambda^*s$ q.e.d.

2.15 Bemerkung

Die Abbildung λ^* ist *längentreu*, d. h. $\ell(w\lambda^*s) = \ell(w)$ für $s \in S$, $w \in I^*$ beliebig (trivial, vollständige Induktion nach $\ell(w)$).

2.16 Bemerkung

In Kapitel 1 wurden Graphen eingeführt. Sie liefern uns eine Möglichkeit der Darstellung abstrakter Automaten, die besonders geeignet ist, die Arbeitsweise anschaulich zu beschreiben.

2.17 Definition

(zur Bezeichnungsweise vgl. 1.37)
Sei A ein [endlicher] Automat. Dann heißt der gerichtete Graph

$G_A = (V,E,q,z) := (S, I{\times}S, pr_S, \delta)$, auch $I{\times}S \overset{pr_S}{\underset{\delta}{\rightrightarrows}} S$ geschrieben, *Zustandsgraph* von A.

2.18 Bemerkung

Die Knoten von G_A sind die Zustände von A. Die Pfeile von G_A indiziert mit den Eingabesymbolen stellen die Zustandsänderungen von A dar. Eine eindeutige Darstellung eines Automaten erhält man durch Angabe seines Zustandsgraphen und Angabe von $\lambda : I{\times}S \to O$. Letzteres erreicht man dadurch, daß man die Pfeile des Zustandsgraphen neben dem Eingabe- auch mit dem Ausgabesymbol indiziert.

Die eigentlich erforderliche Angabe von O erfolgt nur bei nichtsurjektivem λ.

2.19 Beispiele

1. Sei $I = O = S = Z_2 = [\![0,1]\!]$
   und $\delta(a,b) = a$; $\lambda(a,b) = b$ für $a,b \in [\![0,1]\!]$ beliebig.
   Zustandsgraph mit Ausgabe:

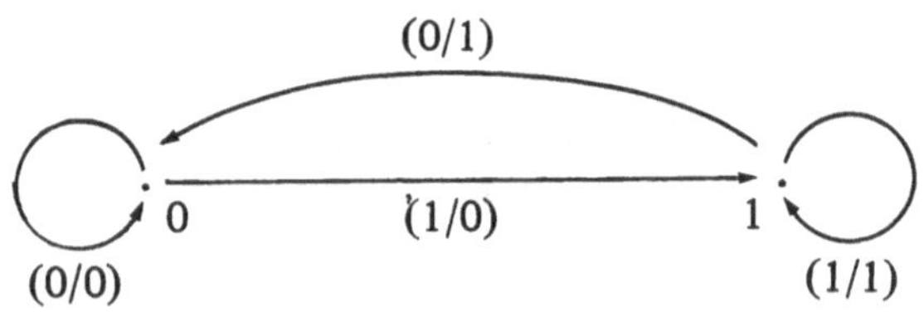

   Dieser elementare Automat bewirkt eine „Verzögerung", d. h. ein Eingabewort wird mit einem Takt Verzögerung – nach der Ausgabe des Anfangszustandes – ausgegeben.

   Logisches Zeichen für diesen Verzögerungsautomaten:

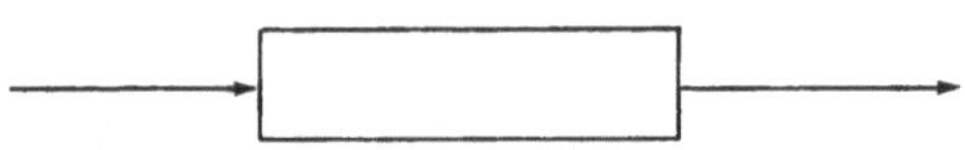

2. Sei $I = Z_2$, $O = Z_2 \times Z_2$, $S = [\![s]\!]$
   und $\delta(x,s) = s$ sowie $\lambda(x,s) = (x,x)$ für $x \in I$ beliebig.
   Zustandsgraph mit Ausgabe:

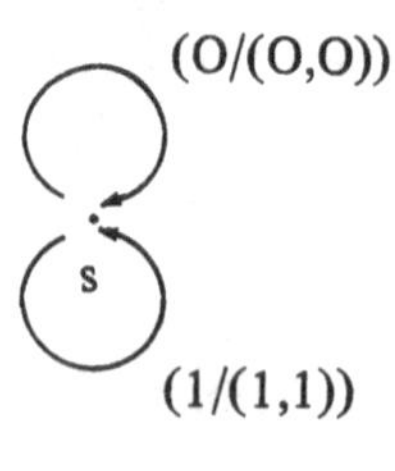

Logisches Zeichen für diesen „Diagonal"-Automaten:

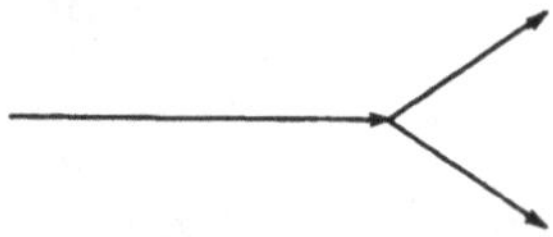

3. Sei $I = Z_2 \times Z_2$, $O = Z_2$, $S = [\![s]\!]$
$\delta((x,y),s) = s$ und $\lambda((x,y),s) = x \cdot y$ für alle $(x,y) \in Z_2 \times Z_2$
(Multiplikation in Z_2!)

Zustandsgraph mit Ausgabe:

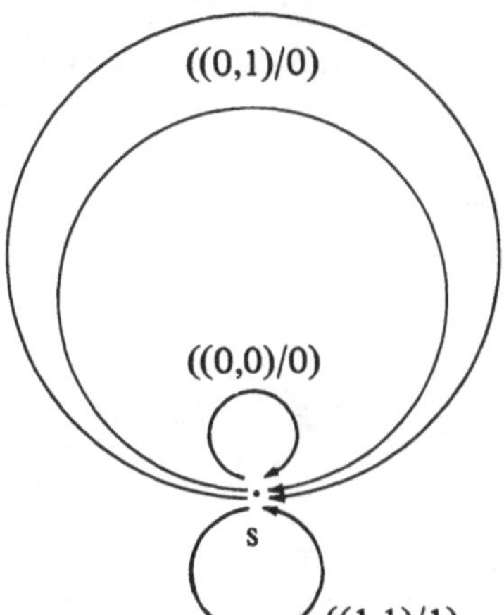

Logisches Zeichen für diese „Und"-Schaltung:

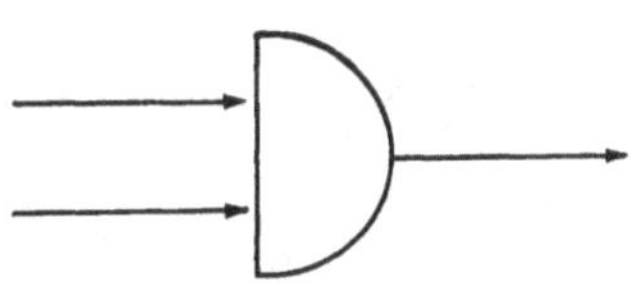

4. Sei $I = Z_2 \times Z_2$, $O = Z_2$, $S = [\![s]\!]$

$$\delta((x,y),s) = s \text{ und } \lambda((x,y),s) = \begin{cases} 0 & \text{falls } x=y=0 \\ 1 & \text{sonst} \end{cases}$$

Zustandsgraph mit Ausgabe:

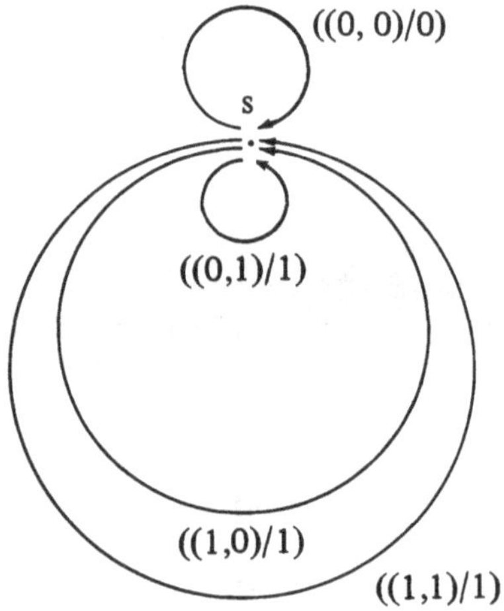

Logisches Zeichen für diese „Oder"-Schaltung:

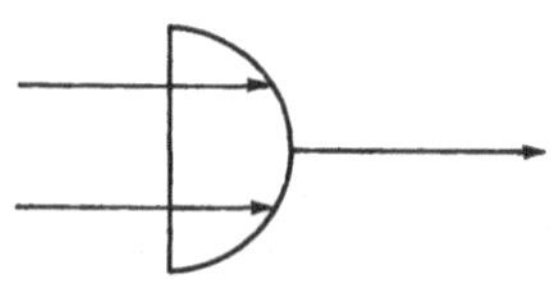

5. Sei $I = O = Z_2$, $S = [\![s]\!]$
   $\delta(x,s) = s$ und $\lambda(x,s) = x+1$ für $x \in I$ (Addition in Z_2)

   Zustandsgraph mit Ausgabe:

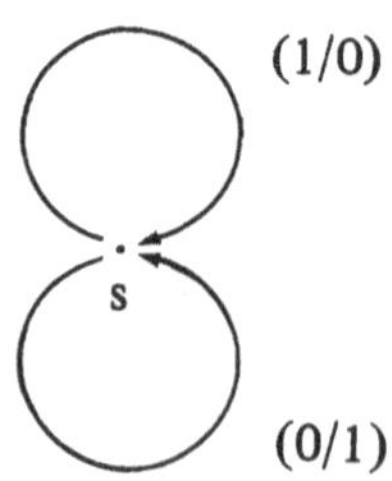

Logisches Zeichen für diesen „Negations"-Automaten:

6. Sei $I = [\![1]\!]$, $O = [\![O,1]\!]$, $S = [\![1,2,\ldots,n]\!]$

Überführungsfunktion: $\delta(1,k) = \begin{cases} k+1 & \text{für } 1 \leq k \leq n-1 \\ 1 & \text{für } k=n \end{cases}$

Ausgabefunktion: $\lambda(1,k) = \begin{cases} O & \text{für } 1 \leq k \leq n-1 \\ 1 & \text{für } k=n \end{cases}$

Zustandsgraph mit Ausgabe:

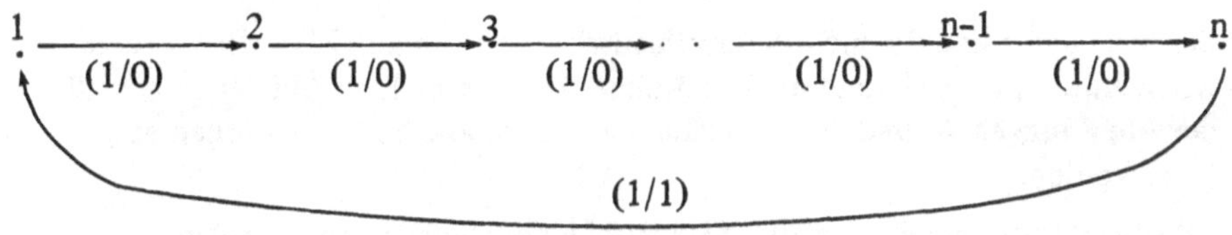

Für diesen Automaten gilt:

$\lambda(1,\delta^*(1^{k-1},1)) = \begin{cases} 1 & \text{falls } n\ k \text{ teilt} \\ O & \text{sonst} \end{cases}$

Begründung:
Die natürliche Zahl $k-1$ läßt sich wie folgt darstellen:

$k-1 = p \cdot n + r$ mit $O \leq r < n$; $p,r \in N \cup [\![o]\!]$

Dann sieht man unmittelbar aus dem Zustandsgraphen, daß

$\delta^*(1^{k-1},1) = \delta^*(1^r,1) = r+1$, d. h. $\lambda(1,\delta^*(1^{k-1},1)) = \lambda(1,r+1) =$

$= \begin{cases} 1 & \text{falls } r+1 = n \\ O & \text{sonst} \end{cases}$ (wo $k-1 = p \cdot n+r$)

$= \begin{cases} 1 & \text{falls } k = p \cdot n+n = (p+1) \cdot n \\ O & \text{sonst} \end{cases}$

$= \begin{cases} 1 & \text{falls } n\ k \text{ teilt} \\ O & \text{sonst} \end{cases}$ q.e.d.

Diese Eigenschaft drückt man auch folgendermaßen aus:
„A stellt die durch n teilbaren Zahlen dar“ oder „A zählt modulo n“.

2.20 Bemerkung

Es ist hier nicht möglich, auf andere Automaten-Definitionen näher einzugehen. Wir können nur einen kurzen Überblick über weitere Möglichkeiten geben, eine gute Übersicht befindet sich in [21].

Der oben eingeführte Automat ist das Modell, das Mealy 1955 eingeführt hat. Es stellt ein vollständiges, deterministisches System dar. Das bedeutet: δ und λ sind Abbildungen, definiert auf $I \times S$. Also:

1. Der Automat „reagiert“ auf jede mögliche Konfiguration (x,s) von Eingabe und Zustand.

2. Das Ergebnis ist durch Eingabe und Zustand eindeutig bestimmt. Spezialfälle davon sind Moore-Automaten und Medwedew-Automaten. Beim Moore-Automaten ist die Ausgabe explizit nur vom Folgezustand abhängig, während der Medwedew-Automat ein reines Transitionssystem ist, d. h. ein Automat ohne Ausgabealphabet O und ohne Ausgabeabbildung λ. (Technisch ist dies sinnvoll, wenn der Zustand z. B. abgelesen werden kann.)

Die Forderung nach Determiniertheit kann auch entfallen.

Beispiele dafür sind die nichtdeterministischen Automaten [21], die stochastischen Automaten [21] und die Relationen-Automaten [11], bei denen anstelle der Abbildungen δ und λ Wahrscheinlichkeitsmaße bzw. Relationen eingeführt werden.

Alle diese Automatentypen sind Spezialfälle der allgemeineren „Turing-Maschine".

Eilenberg und Wright [14] bemühen sich neuerdings um einen universell-algebraischen Ansatz für die Automatentheorie.

Kategorie der Automaten

2.21 Bemerkung

In den letzten Abschnitten haben wir ein mathematisches Modell für Automaten entworfen. Das Ergebnis ist eine abstrakte Struktur, die auch völlig losgelöst von ihrer technischen Bedeutung betrachtet werden kann. Da die Kategorietheorie geeignet ist, abstrakte mathematische Strukturen zu beschreiben, sollen kategorietheoretische Begriffe, Methoden und Aussagen auf unser Automatenmodell angewendet werden. Dazu soll nun die Kategorie der Automaten eingeführt werden.

2.22 Definition

Seien A, A' [endliche] Automaten.

$f := (A, f_I, f_O, f_S, A')$, kürzer $f = (f_I, f_O, f_S)$ heißt *Automatenmorphismus* von A nach A', geschrieben $f: A \to A'$, falls gilt:

$f_I: I \to I'$, $f_O: O \to O'$, $f_S: S \to S'$ sind Abbildungen derart, daß gilt:

$$\begin{array}{ccccc} O & \xleftarrow{\lambda} & I \times S & \xrightarrow{\delta} & S \\ \downarrow f_O & = & \downarrow f_I \times f_S & = & \downarrow f_S \\ O' & \xleftarrow{\lambda'} & I' \times S' & \xrightarrow{\delta'} & S' \end{array}$$

2.23 Bemerkung

Da in der Morphismendefinition Quelle und Ziel aufgeführt sind, sind die so erhaltenen Morphismenmengen paarweise disjunkt. Die Diagrammschreibweise von Morphismen schließt diese Angaben ein.

2.24 Definition

Seien A, A', A'' [endliche] Automaten und $f: A \to A'$, $g: A' \to A''$ Automatenmorphismen. Dann sei die Komposition von f und g (geschr. $g \circ f: A \to A''$) „komponentenweise" definiert durch $g \circ f := (A, g_I \circ f_I, g_O \circ f_O, g_S \circ f_S, A'')$.

2.25 Lemma

Mit obigen Bezeichnungen ist $g \circ f : A \to A''$ Automatenmorphismus.

Beweis: $g_I \circ f_I : I \to I''$, $g_O \circ f_O : O \to O''$ und $g_S \circ f_S : S \to S''$ sind Abbildungen mit

$$\begin{array}{ccccc}
O & \xleftarrow{\lambda} & I \times S & \xrightarrow{\delta} & S \\
\downarrow {\scriptstyle g_O \circ f_O} & = & \downarrow {\scriptstyle (g_I \circ f_I) \times (g_S \circ f_S)} & = & \downarrow {\scriptstyle g_S \circ f_S} \\
O'' & \xleftarrow{\lambda''} & I'' \times S'' & \xrightarrow{\delta''} & S''
\end{array}$$

weil $(g_I \circ f_I) \times (g_S \circ f_S) = (g_I \times g_S) \circ (f_I \times f_S)$ und nach Voraussetzung gilt:

$$\begin{array}{ccccc}
O & \xleftarrow{\lambda} & I \times S & \xrightarrow{\delta} & S \\
\downarrow {\scriptstyle f_O} & = & \downarrow {\scriptstyle f_I \times f_S} & = & \downarrow {\scriptstyle f_S} \\
O' & \xleftarrow{\lambda'} & I' \times S' & \xrightarrow{\delta'} & S' \\
\downarrow {\scriptstyle g_O} & = & \downarrow {\scriptstyle g_I \times g_S} & = & \downarrow {\scriptstyle g_S} \\
O'' & \xleftarrow{\lambda''} & I'' \times S'' & \xrightarrow{\delta''} & S''
\end{array}$$

q.e.d.

2.26 Satz

Die Klasse der [endlichen] Automaten zusammen mit den in 2.22 definierten Morphismen und der Morphismenkomposition aus 2.24 bildet eine Kategorie, die Kategorie $\underline{A}$ der [endlichen] Automaten.

Beweis:

(Ass): Die Morphismenkomposition ist assoziativ, da sie in den Komponenten einzeln als (assoziative) Komposition in $\underline{Me}$ durchgeführt wird.

(Id): Aus demselben Grund ist $(1_I,1_O,1_S)$ Identität von A bezüglich der eingeführten Komposition, da $1_I,1_O,1_S$ $\underline{Me}$-Identitäten sind. q.e.d.

2.27 Bemerkung

Die Aussagen 2.22 bis 2.26 gelten sowohl für beliebige als auch für endliche Automaten. Deshalb bezeichnet im folgenden $\underline{A}$ sowohl die Kategorie der endlichen Automaten als auch die Kategorie der Automaten, und entsprechend gelten die folgenden Aussagen für beide. Wo dies nicht der Fall ist, wird ausdrücklich darauf hingewiesen. Es gilt außerdem:

2.28 Bemerkung

Die Kategorie der endlichen Automaten ist eine Unterkategorie der Kategorie der Automaten.

2.29 Satz

Die Monomorphismen in $\underline{A}$ sind genau die Morphismen f, bei denen die Abbildungen f_I,f_O und f_S $\underline{Me}$-Monomorphismen, d. h. injektiv sind.

Beweis:

1. Sei $f: A \to A'$ Morphismus in $\underline{A}$, derart daß f_I,f_O und f_S injektive Abbildungen sind. Dann ist f Monomorphismus, denn sei $A'' \in |\underline{A}|$ und $g,h \in \mathrm{Mor}\underline{A}(A'',A)$ mit $f \circ g = f \circ h$, dann ist

   $f_X \circ g_X = f_X \circ h_X$ für $X = I,O,S$.

   Daraus folgt wegen f_X $\underline{Me}$-Monomorphismus $g_X = h_X$ (für $X = I,O,S$) und damit $g = h$, d. h. f ist Monomorphismus.

2. Sei umgekehrt f Monomorphismus. Die Injektivität der Abbildungen f_I,f_O und f_S wird einzeln nachgewiesen.

   f_I ist injektiv:

   Man wähle $A'' := ([\![x]\!],\phi,\phi,\phi,\phi) \in |\underline{A}|$

   Da für beliebige Abbildungen t stets $t \circ \phi = \phi$ gilt, ist folgendes Diagramm für jede Abbildung $u : [\![x]\!] \to I$ kommutativ.

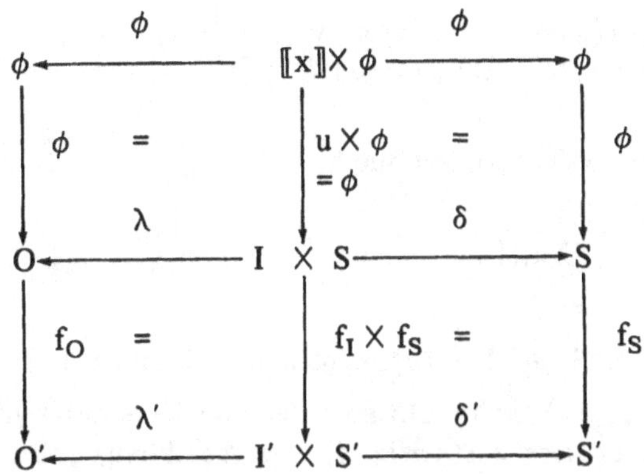

Seien $i_1, i_2 \in I$ mit $f_I(i_1) = f_I(i_2)$
zu zeigen ist $i_1 = i_2$.

Seien $g_I : [\![x]\!] \to I$ definiert durch $x \to i_1$
$h_I : [\![x]\!] \to I$ definiert durch $x \to i_2$.

Dann sind $g := (A'', g_I, \phi, \phi, A)$
und $h := (A'', h_I, \phi, \phi, A)$

Morphismen, für die gilt:
$f_I \circ g_I = f_I \circ h_I$, also insgesamt $f \circ g = f \circ h$, und da f Monomorphismus ist, $g = h$, damit auch $g_I = h_I$, d. h. $i_1 = i_2$. Also ist f_I injektiv.

Analog erhält man die Injektivität von f_O mit $A'' := (\phi, [\![y]\!], \phi, \phi, \phi)$ und die von f_S mit $A'' := (\phi, \phi, [\![s]\!], \phi, \phi)$ und entsprechend konstruierten Abbildungen g und h.

2.30 Satz

Die Epimorphismen in $\underline{A}$ sind genau die Morphismen, bei denen die Abbildungen f_I, f_O und f_S surjektiv sind.

Beweis:

1. Da in $\underline{Me}$ alle surjektiven Abbildungen Epimorphismen sind, folgt wie bei 2.29, daß jeder Morphismus mit surjektiven Abbildungen f_I, f_O, f_S Epimorphismus ist.
2. Sei $f : A' \to A$ Epimorphismus.

   Die Surjektivität wird einzeln für f_I, f_O und f_S nachgewiesen.

a) f_I ist surjektiv.

   Widerspruchsannahme: es existiert $i_o \in I \setminus f_I[I']$

Sei nun $A'' := ([\![x_1,x_2]\!],[\![y]\!],[\![s]\!],\delta'',\lambda'')$, $x_1 \neq x_2$, mit den eindeutig bestimmten (konstanten) Abbildungen $\delta'' : [\![x_1,x_2]\!] \times [\![s]\!] \to [\![s]\!]$, $\lambda'' : [\![x_1,x_2]\!] \times [\![s]\!] \to [\![y]\!]$.

Sei $g_I : I \to [\![x_1,x_2]\!]$ definiert durch:

$$g_I(i) = \begin{cases} x_1 & \text{für } i \in f_I[I'] \\ x_2 & \text{für } i \in I \setminus f_I[I'] \end{cases}$$

und seien

$g_O : O \to [\![y]\!]$ und $g_S : S \to [\![s]\!]$ konstante Abbildungen.

$g := (A,g_I,g_O,g_S,A'')$ ist Morphismus, denn die Kommutativität der entsprechenden Diagramme ist trivial, da zwei Abbildungen von einer Menge in eine einelementige Menge stets gleich sind (jede einelementige Menge ist Endobjekt in <u>Me</u>).

Weil auch f Morphismus ist, gilt:

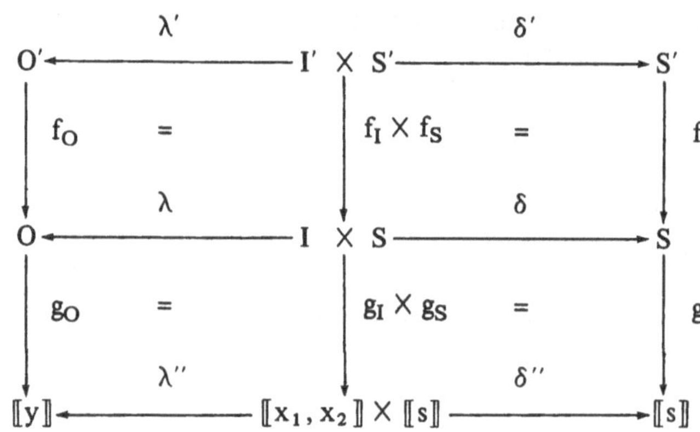

Sei $h_I : I \to [\![x_1,x_2]\!]$ definiert durch:

$\bigwedge(i \in I)\,(h(i) = x_1)$ und $h_O := g_O$
$h_S := g_S$

Wie oben ist $h := (A,h_I,h_O,h_S,A'')$ Morphismus, und wegen $g_I \circ f_I = h_I \circ f_I$ gilt $g \circ f = h \circ f$, und weil f Epimorphismus ist, folgt $g = h$, also insbesondere $g_I = h_I$, d. h. $g_I(i_o) = h_I(i_o)$, d. h. $x_1 = x_2$ Widerspruch

Daher ist $I \setminus f_I[I'] = \phi$ und damit f_I surjektiv.

b) f_S ist surjektiv:

Nach (a) kann vorausgesetzt werden, daß bei jedem Epimorphismus f die Abbildung f_I surjektiv ist.

Widerspruchsannahme: Es gibt ein $s_0 \in S \setminus f_S[S'] =: S_0$

Sei $S'' := S_0 \dot{\cup} [\![s_1]\!]$ (disjunkte Vereinigung)

Sei $g_S : S \to S''$ definiert durch

$$g_S(s) = \begin{cases} s_1 & \text{für } s \in f_S[S'] \\ s & \text{für } s \in S_0 = S \setminus f_S[S'] \end{cases}$$

Man setze $I'' := I$, $g_I := id_I$, und $\delta'' : I \times S'' \to S''$ sei definiert durch $\Lambda(i \in I)\,(\delta''(i,s_1) = s_1)$ und $\Lambda((i,s) \in I \times S_0)\,(\delta''(i,s) = g_S \circ \delta(i,s))$

Setzt man $A'' := (I, [\![y]\!], S'', \delta'', \lambda'')$, wobei $\lambda'' : I \times S'' \to [\![y]\!]$ konstant ist, und $g_O : O \to [\![y]\!]$ ebenfalls konstant, so ist $g := (A, g_I, g_O, g_S, A'')$ Automatenmorphismus, denn das folgende Diagramm ist kommutativ:

$$\begin{array}{ccccc}
O' & \xleftarrow{\lambda'} & I' \times S' & \xrightarrow{\delta'} & S' \\
\downarrow f_O & 1 & \downarrow f_I \times f_S & 2 & \downarrow f_S \\
O & \xleftarrow{\lambda} & I \times S & \xrightarrow{\delta} & S \\
\downarrow g_O & 3 & \downarrow g_I \times g_S & 4 & \downarrow g_S \\
[\![y]\!] & \xleftarrow{\lambda''} & I \times S'' & \xrightarrow{\delta''} & S''
\end{array}$$

Begründung:
1 und 2 sind kommutativ, da f Morphismus ist, 3 ist kommutativ, da $[\![y]\!]$ Endobjekt in Me ist.

Kommutativität von 4: Sei $(i,s) \in I \times S$

1. Fall: Sei $s \in S_0 = S \setminus f_S[S']$

   Dann ist $\delta'' \circ (g_I \times g_S)\,(i,s) = \delta''(i,s) = g_S \circ \delta(i,s)$.

2. Fall: Sei $s \in f_S[S']$

   Dann gibt es ein $s' \in S'$ mit $f_S(s') = s$; da f_I surjektiv ist, gibt es ein $i' \in I'$ mit $f_I(i') = i$, und es gilt:

   $f_S(\delta'(i',s')) = \delta \circ (f_I \times f_S)\,(i',s') = \delta(i,s)$, also $\delta(i,s) \in f_S[S']$

   und damit $g_S \circ \delta(i,s) = s_1$

   Andererseits ist $g_S(s) = s_1$, also $(g_I \times g_S)\,(i,s) = (i,s_1)$, und damit $\delta'' \circ (g_I \times g_S)\,(i,s) = s_1 = g_S \circ \delta(i,s)$, womit die Kommutativität von 4 gezeigt ist.

Sei nun außerdem $h : A \to A''$ gegeben durch $h_I := g_I$, $h_O := g_O$, $h_S : S \to S''$ definiert durch $\bigwedge(s \in S)\ (h_S(s) = s_1)$.

Dann ist h Morphismus, da $\bigwedge(i \in I)\ (\delta''(i,s_1) = s_1)$.

Weil für alle $s \in f_S[S']$ gilt: $g_S(s) = s_1$, ist $g_S \circ f_S = h_S \circ f_S$, und damit $g \circ f = h \circ f$.

Da f Epimorphismus, folgt $g = h$, also insbesondere $g_S = h_S$ in Widerspruch zu $g_S(s_0) = s_0 \neq s_1 = h_S(s_0)$.

Also ist $S \setminus f_S[S'] = \phi$, d. h. f_S surjektiv.

c) f_O ist surjektiv:

Nach a) und b) kann bei einem Epimorphismus f vorausgesetzt werden, daß f_I und f_S surjektiv sind.

Es gilt also $\lambda[I \times S] = \lambda \circ (f_I \times f_S)\ [I' \times S'] = f_O \circ \lambda'[I' \times S'] \subseteq f_O[O']$

Widerspruchsannahme:

Sei $y_0 \in O \setminus f_O[O']$

Sei $A'' := ([\![x]\!], [\![y_1, y_2]\!], [\![s]\!], \delta'', \lambda'')$ mit $y_1 \neq y_2$, $\lambda''(x,s) = y_1$ und $\delta''(x,s) = s$.

Sei $g_O : O \to [\![y_1, y_2]\!]$ definiert durch:

$$g_O(y) = \begin{cases} y_1 & \text{für } y \in f_O[O'] \\ y_2 & \text{für } y \in O \setminus f_O[O'] \end{cases}$$

und seien $g_I : I \to [\![x]\!]$, $g_S : S \to [\![s]\!]$ die konstanten Abbildungen.

Wegen $\lambda[I \times S] \subseteq f_O[O']$ ist $g := (A, g_I, g_O, g_S, A'')$ Automatenmorphismus.

Setzt man $\bigwedge(y \in O)\ (h_O(y) = y_1)$, so ist auch $h := (A, g_I, h_O, g_S, A'')$ Automatenmorphismus, und es gilt $g_O \circ f_O = h_O \circ f_O$, d. h. $g \circ f = h \circ f$.

Da f Epimorphismus ist, folgt $g = h$, somit speziell $g_O = h_O$ im Widerspruch zu $g_O(y_0) = y_2 \neq y_1 = h_O(y_0)$.

Also ist $O \setminus f_O[O'] = \phi$ und damit f_O surjektiv. q.e.d.

2.31 Satz

Die Isomorphismen in $\underline{A}$ sind genau die Morphismen, deren I-, O- und S-Komponenten bijektiv sind.

Beweis:

1. Aus der Definition der Morphismenverknüpfung und der Identitäten in $\underline{A}$ folgt, daß die Abbildungen f_I, f_O und f_S bijektiv sind, wenn f Isomorphismus ist.

2. Seien f_I, f_O und f_S bijektiv, mit Inversen f_I^{-1}, f_O^{-1} und f_S^{-1}. Dann gilt:

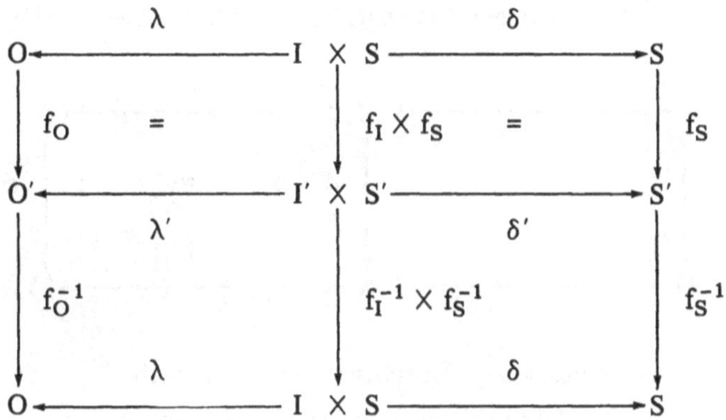

,

Begründung:
Da f Morphismus ist, gilt:

$\lambda' \circ (f_I \times f_S) = f_O \circ \lambda$ bzw. $\delta' \circ (f_I \times f_S) = f_S \circ \delta$

Daraus folgt:

$f_O^{-1} \circ \lambda' \circ (f_I \times f_S) \circ (f_I^{-1} \times f_S^{-1}) = f_O^{-1} \circ f_O \circ \lambda \circ (f_I^{-1} \times f_S^{-1})$ bzw.

$f_S^{-1} \circ \delta' \circ (f_I \times f_S) \circ (f_I^{-1} \times f_S^{-1}) = f_S^{-1} \circ f_S \circ \delta \circ (f_I^{-1} \times f_S^{-1})$

Unter Berücksichtigung von $f_I^{-1} \times f_S^{-1} = (f_I \times f_S)^{-1}$ ergibt sich:

$f_O^{-1} \circ \lambda' = \lambda \circ (f_I^{-1} \times f_S^{-1})$ bzw. $f_S^{-1} \circ \delta' = \delta \circ (f_I^{-1} \times f_S^{-1})$.

Damit ist auch der untere Teil des Diagramms kommutativ und
$f^{-1} := (f_I^{-1}, f_O^{-1}, f_S^{-1})$ Morphismus.
Nun gilt $ff^{-1} = 1_{A'}$ und $f^{-1}f = 1_A$, und damit ist f Isomorphismus. q.e.d.

2.32 Folgerung

Die Kategorie der Automaten $\underline{A}$ ist balanciert, d. h. ein Morphismus der Kategorie $\underline{A}$ ist genau dann Isomorphismus, wenn er Mono- und Epimorphismus ist.

Beweis: Folgt direkt aus 1.20 und 2.29 bis 2.31.

2.33 Lemma

$A_\phi := (\phi,\phi,\phi,\phi,\phi)$ ist (das einzige) Anfangsobjekt in $\underline{A}$.

Beweis: Sei A' ein beliebiger Automat. Da ϕ Anfangsobjekt in $\underline{\underline{Me}}$ ist, gilt

$$\begin{array}{ccccc}
\phi & \xleftarrow{\;\phi\;} & \phi \times \phi & \xrightarrow{\;\phi\;} & \phi \\
\Big\downarrow \phi & = & \Big\downarrow {\scriptstyle \phi \times \phi = \phi} & = & \Big\downarrow \phi \\
O' & \xleftarrow[\;\delta'\;]{} & I' \times S' & \xrightarrow[\;\lambda'\;]{} & S'
\end{array}$$

und $f := (\phi,\phi,\phi)$ ist der einzige Morphismus von A_ϕ nach A'.

Also ist A Anfangsobjekt und wegen der Isomorphie von Anfangsobjekten das einzige in $\underline{A}$ (nach Lemma 1.27). q.e.d.

2.34 Lemma

In der Kategorie $\underline{A}$ sind genau die Automaten mit einelementigen Mengen I,O,S Endobjekte.

Beweis: Für beliebige $A' \in |\underline{A}|$ gilt, da die einelementigen Mengen in $\underline{\underline{Me}}$ Endobjekte sind:

$$\begin{array}{ccccc}
O' & \xleftarrow{\;\lambda'\;} & I' \times S' & \xrightarrow{\;\delta'\;} & S' \\
\Big\downarrow f_O & = & \Big\downarrow f_I \times f_S & = & \Big\downarrow f_S \\
[\![y]\!] & \xleftarrow[\;\lambda\;]{} & [\![x]\!] \times [\![s]\!] & \xrightarrow[\;\delta\;]{} & [\![s]\!]
\end{array}$$

Wegen der Isomorphie von Endobjekten (Lemma 1.27) sind die Automaten mit einelementigen Mengen I,O,S auch die einzigen in $\underline{A}$. q.e.d.

2.35 Bemerkung

Das zu Anfang erwähnte technische Modell funktioniert mit Ein- und Ausgabe von Wörtern, während die Abbildungen δ und λ im abstrakten Modell nur das Verhalten bei Eingabe von Buchstaben beschreiben und zu δ^* und λ^* fortgesetzt werden. Demzufolge beruht die ganze Theorie (Morphismenverknüpfung usw.) auf dieser vereinfachenden Beschreibung.

Es zeigt sich allerdings, daß man die Kategorie der Automaten auch sofort mit Hilfe von δ^* und λ^* definieren könnte und damit ein zum vorigen äquivalentes mathematisches Modell erhielte, das aber entsprechend umständlicher zu untersuchen wäre. Nachzuweisen ist also, daß unsere Kategorie der Automaten in gewissem Sinne „isomorph" ist zu einer Kategorie $\underline{A}^*$ von den Automaten, deren Objekte mit I^*, O^*, S, δ^* und λ^* und deren Morphismen komponentenweise durch Fortsetzung der Abbildungen auf die Monoide definiert sind.

Objektzuordnung:
Einem Automaten $A \in |\underline{A}|$ werde zugeordnet $A^* \in |\underline{A}^*|$, mit $A^* := (I^*, O^*, S, \delta^*, \lambda^*)$, wobei I^* und O^* die freien Monoide über I und O sind und δ^* und λ^* die in 2.10 definierten Abbildungen.

Morphismenzuordnung:
Einem Morphismus $f: A \to A'$ werde zugeordnet: $f^* := (f_I^*, f_O^*, f_S)$, wobei f_I^* und f_O^* die Fortsetzungen von f_I und f_O als Monoidmorphismen auf I^* und O^* sind.

Es ist sinnvoll, hierduch Morphismen in $\underline{A}^*$ zu definieren, denn es gilt:

2.36 Lemma

Sei $f: A \to A'$ Morphismus in $\underline{A}$,
d. h.

$$\begin{array}{ccccc} O & \xleftarrow{\ \lambda\ } & I \times S & \xrightarrow{\ \delta\ } & S \\ \downarrow f_O & \overset{(2)}{=} & \downarrow f_I \times f_S & \overset{(1)}{=} & \downarrow f_S \\ O' & \xleftarrow{\ \lambda'\ } & I' \times S' & \xrightarrow{\ \delta'\ } & S' \end{array}$$

Dann ist $f^*: A^* \to A'^*$ Morphismus in A^*, d. h.

$$\begin{array}{ccccc} O^* & \xleftarrow{\ \lambda^*\ } & I^* \times S & \xrightarrow{\ \delta^*\ } & S \\ \downarrow f_O^* & \overset{(4)}{=} & \downarrow f_I^* \times f_S & \overset{(3)}{=} & \downarrow f_S \\ O'^* & \xleftarrow{\ \lambda'^*\ } & I'^* \times S' & \xrightarrow{\ \delta'^*\ } & S' \end{array}$$

Beweis: Die Kommutativität von (3) und (4) für beliebiges $w \in I^*$ wird gezeigt durch vollständige Induktion nach der Länge des Eingabewortes.

Verankerung: für $w = \square$ trivial
für $w = x \in I$ erfüllt wegen Kommutativität von (1) und (2)
Annahme: Seien (3) und (4) kommutativ für alle $w \in I^*$ mit $O \leqslant \ell(w) \leqslant n$
Behauptung: (3) und (4) sind kommutativ für alle $w' \in I^*$ mit $\ell(w') = n+1$.
Beweis: Sei gegeben $w' \in I^*$, $w' = x.w$ mit $x \in I$, $w \in I^*$, $\ell(w) = n$

Kommutativität von (3):

$\delta'^*((f_I^* \times f_S)(x.w,s)) = \delta'^*(f_I^*(x.w), f_S(s))$
$= \delta'^*(f_I(x).f_I^*(w), f_S(s))$ (f_I^* Monoidmorphismus)
$= \delta'^*(f_I(x), \delta'^*(f_I^*(w), f_S(s)))$ (nach Definition von δ'^*)
$= \delta'^*(f_I(x), f_S(\delta^*(w,s)))$ (nach Ind.-Vor.)
$= \delta'^*(f_I \times f_S)(x, \delta^*(w,s))$
$= f_S(\delta(x, \delta^*(w,s))$ (nach (1))
$= f_S(\delta^*(x.w,s))$ (nach Definition von δ^*)

Kommutativität von (4):

$f_O^*(\lambda^*(x.w,s)) = f_O^*(\lambda(x,\delta^*(w,s)) \cdot \lambda^*(w,s))$ (nach Def. von λ^*)
$= f_O(\lambda(x,\delta^*(w,s))).f_O^*(\lambda^*(w,s))$ (f_O^* Monoidmorph.)
$= \lambda'((f_I \times f_S)(x,\delta^*(w,s))) \cdot \lambda'^*((f_I^* \times f_S)(w,s))$ (nach (2) und Ind.-Vor.)
$= \lambda'(f_I(x), f_S(\delta^*(w,s))) \cdot \lambda'^*(f_I^*(w), f_S(s))$
$= \lambda'(f_I(x), \delta'^*(f_I^*(w), f_S(s))) \cdot \lambda'^*(f_I^*(w), f_S(s))$ (wegen (3))
$= \lambda'^*(f_I(x)\, f_I^*(w), f_S(s))$ (nach Definition von λ'^*)
$= \lambda'^*(f_I^*(x.w), f_S(s)) = \lambda'^*((f_I^* \times f_S)(x.w,s))$ q.e.d.

2.37 Bemerkung

Die „Rückabbildung" von $\underline{A}^*$ in $\underline{A}$ ist trivial. Sie ordnet den freien Monoiden ihre Erzeugendensysteme (Menge der einbuchstabigen Wörter) und den Monoidhomomorphismen die Einschränkungen auf die Erzeugendensysteme zu. Die Diagrammkommutativitäten ergeben sich ebenso trivial als Spezialfälle der vorausgesetzten.

2.38 Bemerkung

Die in 2.35 und 2.37 angegebenen Zuordnungen sind in den Objekten und Morphismen bijektiv. Außerdem erhalten sie Identitäten und Morphismenverknüpfung. Sie fallen damit unter den allgemeinen Begriff des „Funktors", der in Kapitel 3 eingeführt werden wird, und die Zuordnung wird damit eine Isomorphie von Kategorien.

3 Limites in Kategorien

Kerne von Homomorphismen, Produkte von Gruppen, direkte Summen von R-Moduln, Durchschnitte von Mengen und viele andere Konstruktionen in zahlreichen mathematischen Disziplinen lassen sich „universell“ charakterisieren, d. h. die entsprechenden Objekte haben bestimmte, durch die Existenz von Morphismen und die Kommutativität von Diagrammen definierbare Eigenschaften und sind bezüglich aller anderen Objekte mit gleichen Eigenschaften ausgezeichnet. In der Kategorietheorie definiert man Kerne, Produkte, Coprodukte (direkte Summen), Durchschnitte und ähnliche Konstruktionen dadurch, daß man die universellen Eigenschaften fordert. Der Oberbegriff für alle derartigen Konstruktionen ist der Begriff „Limes eines Diagrammes“, der in dieser Form allerdings erst in größerer Allgemeinheit im Kapitel 5 eingeführt wird. In diesem Kapitel werden nur spezielle Limiten definiert, in Beispielkategorien charakterisiert, und es werden einige Eigenschaften und Konstruktionsmöglichkeiten angegeben. Besonderes Gewicht wird dabei auf einen speziellen Limes – das „Kernpaar eines Morphismus“ – gelegt, denn es zeigt sich, daß man Kernpaare als Verallgemeinerung von Äquivalenz- und Kongruenzrelationen ansehen kann.

Statt „Kernen“, deren Konstruktion nur in Kategorien mit Nullobjekt möglich ist, werden hier „Differenzenkerne“ untersucht.

Differenzenkerne, Produkte und duale Begriffe

3.1 Bezeichnung

Zwei Morphismen f und g mit derselben Quelle A und demselben Ziel B werden *Paar von Morphismen* genannt (geschr. $(f,g : A \to B)$ oder kurz $[f,g]$, für ein Paar $(f_1,f_2 : A \to B)$

wird auch $f = A \overset{f_1}{\underset{f_2}{\rightrightarrows}} B$ geschrieben).

3.2 Definition

Sei $(f,g : A \to B)$ Morphismenpaar in der Kategorie $\underline{K}$.

Ein Morphismus $d : D \to A$ heißt *Differenzenkern* des Morphismenpaares $[f,g]$, wenn gilt:

1. $f \circ d = g \circ d$

2. $\bigwedge(K \in |\underline{K}|)\ \bigwedge(k \in \mathrm{Mor}\underline{K}(K,A))\ \ (f \circ k = g \circ k \Rightarrow \dot{\bigvee}\, \bar{k} \in \mathrm{Mor}\underline{K}(K,D)\ k = d \circ \bar{k})$

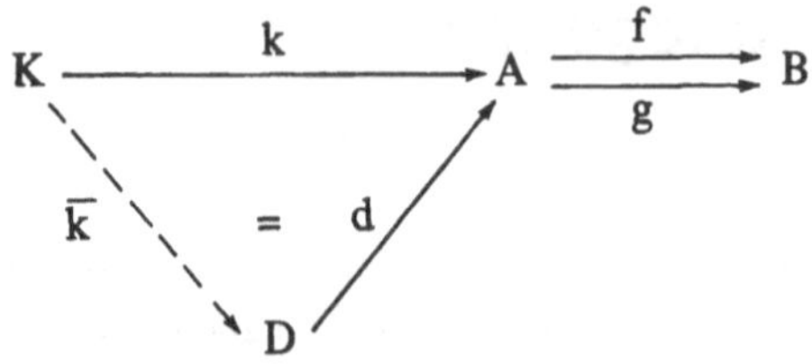

Dualisierung in $\underline{K}$ liefert:
Ein Morphismus $c : A \to C$ heißt *Differenzencokern* des Morphismenpaares $[f,g]$, wenn gilt:

1. $c \circ f = c \circ g$
2. $\bigwedge(K \in |\underline{K}|)\ \bigwedge(k \in \mathrm{Mor}\underline{K}(A,K))\ \ (k \circ f = k \circ g \Rightarrow \dot{\bigvee}\, \bar{k} \in \mathrm{Mor}\underline{K}(C,K)\ \ k = \bar{k} \circ c)$

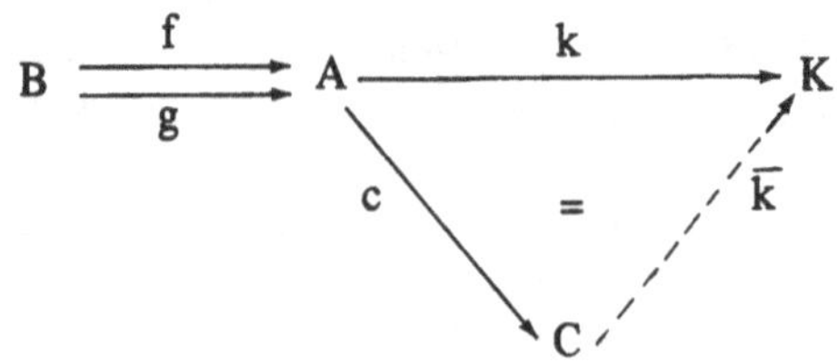

3.3 Bezeichnung

Das Quellobjekt (Zielobjekt) des Differenzenkernes (Differenzencokernes) eines Paares $[f,g]$ wird mit $\mathrm{Dker}\,(f,g)$ $(\mathrm{Dcok}\,(f,g))$, der zugehörige Morphismus wird mit $\mathrm{dker}(f,g)$ $(\mathrm{dcok}(f,g))$ bezeichnet.

Ein Morphismus k heißt *Differenzenkern*, wenn ein Morphismenpaar $[f,g]$ so existiert, daß $k = \mathrm{dker}(f,g)$ ist (i.a. nicht eindeutig). Statt „Differenzenkern" ist auch „Differenzkern" gebräuchlich.

3.4 Beispiele

1. In der Kategorie $\underline{Me}$ ist für Abbildungen $f,g \in \mathrm{Mor}\underline{Me}(A,B)$ die Menge $D = [\![a \mid a \in A \wedge f(a) = g(a)]\!]$ zusammen mit der Einbettung $i : D \to A$ Differenzenkern des Paares $[f,g]$, denn es gilt $f \circ i = g \circ i$ nach Konstruktion, und für jedes $k \in \mathrm{Mor}\underline{Me}(M,A)$ $(M \in |\underline{Me}|)$ mit $f \circ k = g \circ k$ gilt $k(m) \in D$ für alle $m \in M$. Definiert man $\bar{k} : M \to D$ durch $\bar{k}(m) = k(m)$, so gilt $i \circ \bar{k} = k$. Gilt dies auch für k', so folgt $i\bar{k} = k = ik'$ und damit $\bar{k} = k'$, weil i injektiv ist.

2. In der Kategorie Gr bzw. $_R$Mod erhält man die Differenzenkerne dadurch, daß man die mengentheoretischen Differenzenkerne mit Untergruppen bzw. Untermodulstruktur versieht, denn damit wird die Einbettung Homomorphismus, und wenn in obiger Beweisführung k Homomorphismus ist, gilt dies auch für $\bar{k}$. In $_R$Mod gilt darüberhinaus:

   $\mathrm{Dker}(f,g) = [\![a \mid a \in A,\ f(a) = g(a)]\!] = [\![a \mid a \in A,\ (f-g)(a) = O]\!] = \mathrm{Kern}(f-g).$

3. Der Differenzencokern eines Paares $g_1, g_2 : X \to A$ in Me wird folgendermaßen konstruiert:

   Sei $\overline{R}(g_1,g_2)$ die von $R(g_1,g_2) := [\![(g_1(x), g_2(x)) \mid x \in X]\!]$ erzeugte Äquivalenzrelation auf A, dann gilt:

   $\mathrm{dcok}(g_1,g_2) = \mathrm{nat} : A \to A/_{\overline{R}(g_1,g_2)}$. Dies wird in 3.26 gezeigt. Insbesondere gilt für eine Äquivalenzrelation R auf A mit Projektionen $p_1,p_2 : R \to A$:

   $\mathrm{dcok}(p_1,p_2) = \mathrm{nat} : A \to A/_R$.

4. Die Konstruktionen von Differenzenkernen und -cokernen in Gr, $_R$Mod und Top sind unter 3.18 ohne Beweis in Form einer Tabelle zusammengestellt.

3.5 Lemma

Jeder Differnzenkern ist ein Monomorphismus.

Beweis: Sei $d : D \to A$ Differenzenkern des Paares $f,g : A \to B$.

Seien $h,h' : K \to D$ mit $dh = dh'$ gegeben, dann ist $fd = gd$, weil $d = \mathrm{dker}(f,g)$

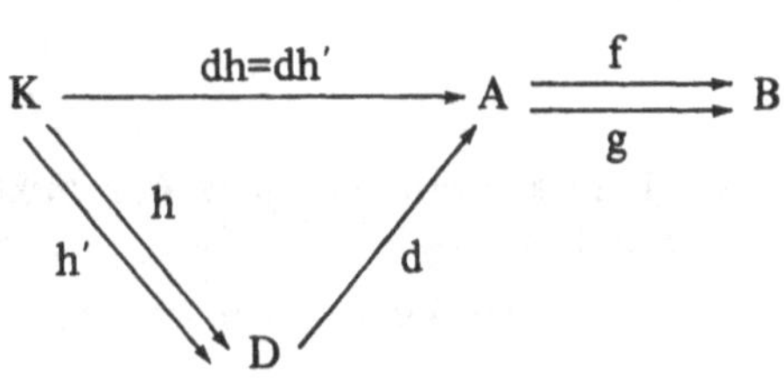

gilt, und damit $f(dh) = g(dh)$. Also existiert nach Definition des Differenzenkerns genau ein $k : K \to D$ mit $dk = dh$. Da dies für h und h' gilt, folgt wegen der Eindeutigkeit der Ergänzung $h = h'$, und damit ist d Monomorphismus.

3.6 Bemerkung

Durch Dualisierung des Satzes 3.5 erhält man: Jeder Differenzencokern ist ein Epimorphismus.

3.7 Satz

Differenzenkerne sind bis auf Isomorphie eindeutig bestimmt, d. h.:

Seien $d : D \to A$ und $d' : D' \to A$ Differenzenkerne eines Paares $f,g : A \to B$, dann existiert eindeutig ein $k : D \to D'$ mit $d'k = d$, und k ist Isomorphismus.

Beweis:

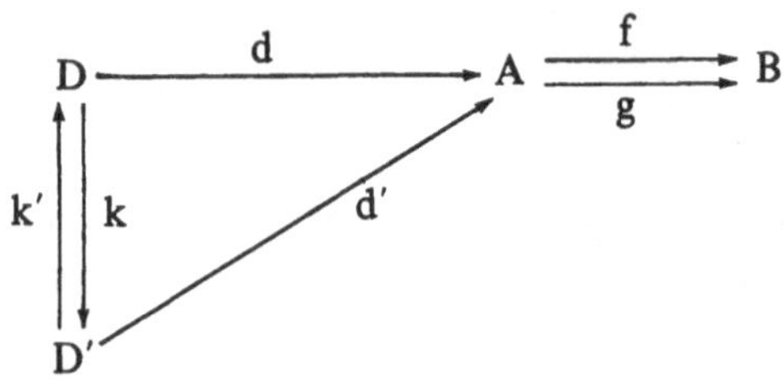

Da $d' = \text{dker}(f,g)$ und $fd = gd$ gilt, gibt es genau ein $k : D \to D'$ mit $d'k = d$, k ist sogar Isomorphismus, denn umgekehrt gibt es genau ein $k' : D' \to D$ mit $dk' = d'$. Damit gilt $d' = d'kk'$ und $d = dk'k$ und damit $kk' = 1_{D'}$, sowie $k'k = 1_D$, weil d' und d nach dem letzten Satz Monomorphismen sind.

3.8 Bemerkung

In Umkehrung zu Satz 3.7 gilt auch, daß für einen Differenzenkern $d = \text{dker}(f,g) : D \to A$ und einen Isomorphismus $k' : D' \to D$ auch $d' := dk' = \text{dker}(f,g)$ gilt.

3.9 Definition

Ein Morphismus $f : A \to B$ heißt *Retraktion* bzw. *Coretraktion*, wenn ein Morphismus $g : B \to A$ mit $f \circ g = 1_B$ bzw. $g \circ f = 1_A$ existiert.

Statt „Coretraktion" wird auch der Begriff „Schnitt" verwendet.

3.10 Bemerkungen

1. Die Begriffe „Retraktion" und „Coretraktion" sind dual zueinander und jeweils eine Abschwächung des selbstdualen Isomorphiebegriffes.

2. Zu jeder Retraktion $f : A \to B$ existiert nach Definition mindestens eine Coretraktion $g : B \to A$ mit $f \circ g = 1_B$ und umgekehrt.

3. In $\underline{\text{Me}}$ ist jeder Epimorphismus Retraktion (Existenz der Coretraktion durch Auswahlaxiom), dies ist aber eine sehr spezielle Eigenschaft der Kategorie $\underline{\text{Me}}$.

3.11 Satz

Jede Coretraktion ist ein Differenzenkern.

Beweis: Sei $f : A \to B$ Coretraktion und $g : B \to A$ eine zugehörige Retraktion, dann ist $f = \mathrm{dker}(fg, 1_B)$.

Es gilt nämlich $(fg)f = f(gf) = f = 1_B f$ und für $K \in |\underline{K}|$, $k : K \to B$ mit $(fg)k = 1_B k$ definiere man $k' := gk$, damit kommutiert der linke Teil von

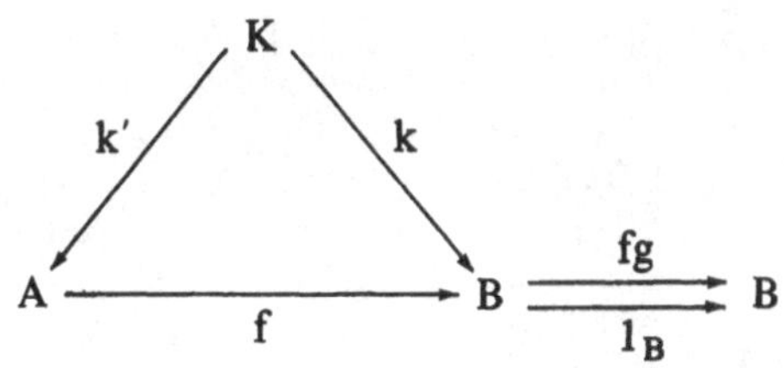

Die Eindeutigkeit von k' als kommutative Ergänzung gilt, weil f wegen $gf = 1_A$ Monomorphismus ist.

3.12 Folgerung

Die Sätze 3.5 und 3.11 liefern zusammen mit den dualen Aussagen folgende Hierarchie:

Isomorphismus ↗ Coretraktion → Differenzenkern → Monomorphismus
Isomorphismus ↘ Retraktion → Differenzencokern → Epimorphismus

3.13 Definition

Sei $[A_i]_I$ eine Familie von Objekten der Kategorie $\underline{K}$.

Ein Objekt $A \in |\underline{K}|$ zusammen mit einer Familie $[p_i : A \to A_i]_I$ von Morphismen heißt *Produkt* von $[A_i]_I$ (geschr. $[p_i : \prod_I A_i \to A_i]_I$), wenn folgendes gilt:

$\bigwedge(K \in |\underline{K}|) \bigwedge ([f_i]_I \in \mathop{\times}_I \mathrm{Mor}\underline{K}(K, A_i))$

$\overset{1}{\bigvee}(f \in \mathrm{Mor}\underline{K}(K, \prod_I A_i)) \bigwedge (i \in I)$

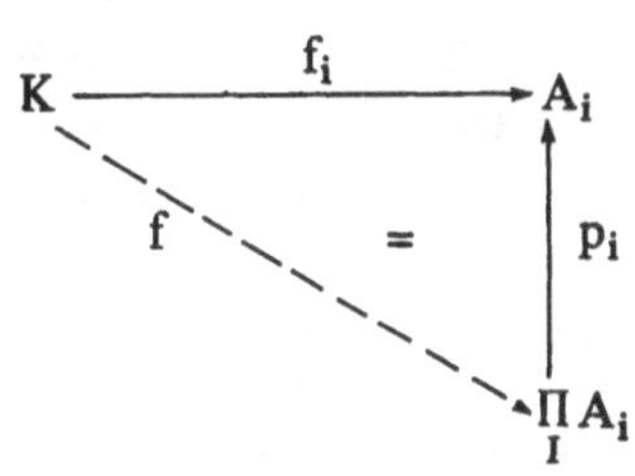

Dual heißt ein Objekt $B\in|\underline{K}|$ zusammen mit Morphismen $[u_i : A_i \to B]_I$ *Coprodukt* von $[A_i]_I$ (geschr. $[u_i : A_i \to \coprod_I A_i]_I$), wenn folgendes gilt:

$\bigwedge(K\in|\underline{K}|) \bigwedge ([f_i]_I \in \underset{I}{X}\, \mathrm{Mor}\underline{K}(A_i,K))$

$\dot{\bigvee}(f\in \mathrm{Mor}\underline{K}(\coprod_I A_i,K)) \bigwedge (i\in I)$

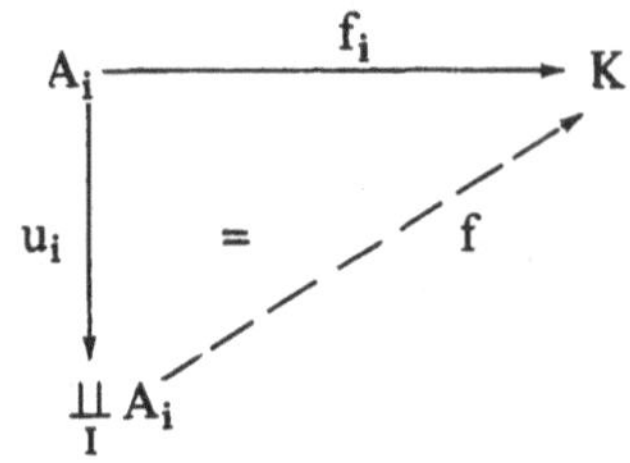

3.14 Bezeichnung

Die Morphismen $p_i : \prod_I A_i \to A_i$ $(i\in I)$ heißen *Projektionen*, und für den „induzierten Morphismus" f schreibt man häufig $(f_i)_I$. Im Fall $|I| = 2$ schreibt man $A_1 \Pi A_2$ statt $\prod_I A_i$ und (f_1,f_2) statt $(f_i)_I$. Die Morphismen $u_i : A_i \to \coprod_I A_i$ heißen *Injektionen* und man verwendet im Fall $|I| = 2$ $A_1 \amalg A_2$ statt $\coprod_I A_i$..

3.15 Beispiele

1. Für eine Familie $[A_i]_I$ von Mengen ist das kartesische Produkt $\underset{I}{X}\, A_i$ zusammen mit den Projektionen $p_i{:}\underset{I}{X}A_i{\to}A_i$ $(i\in I)$ Produkt in der Kategorie $\underline{Me}$. Wenn eine Familie $[f_i : K \to A_i]_I$ von Abbildungen vorgegeben ist, so definiert man $f : K \to \underset{I}{X}\, A_i$ durch $f(x) = [f_i(x)]_I$ $(x\in K)$, dann gilt für alle $i\in I$ $p_i f = f_i$, und f ist eindeutig bezüglich dieser Eigenschaft.
   Die „induzierte" Abbildung $f : K \to \underset{I}{X}\, A_i$ ist wohl zu unterscheiden vom Produkt $\underset{I}{X} f_i : \underset{I}{X} K_i \to \underset{I}{X} A_i$ einer Familie von Abbildungen $[f_i : K_i \to A_i]_I$, definiert durch $\underset{I}{X} f_i([x_i]_I) = [f_i(x_i)]_I$.
2. In den Kategorien $\underline{Gr}$ und ${}_R\underline{Mod}$ ist das direkte Produkt auch kategorielles Produkt, denn die Projektionen sind Homomorphismen und ebenso die induzierte Abbildung f, wenn alle f_i Homomorphismen sind. Die Eindeutigkeit folgt aus der in $\underline{Me}$.
3. In $\underline{Top}$ garantiert die Produkttopologie auf dem kartesischen Produkt die kategorielle Produkteigenschaft, denn seien $(X_i,\mathbf{X}_i)_I$ und $(Y,\mathbf{Y})$ topologische Räume und $f_i : Y \to X_i$ stetige Abbildungen, so ist

$S = [\![p_i^{-1}[O_i] \mid O_i \in \mathbf{X}_i, i \in I]\!]$ die Subbasis der Produkttopologie von $\prod_I X_i$ und damit sind sowohl alle Projekttionen als auch die induzierte Abbildung $f: Y \to \prod_I X_i$ stetig, denn wegen der Vereinigungs- und Durchschnittsstabilität des vollständigen Urbildes genügt es zu zeigen, daß für alle $p_i^{-1}[O_i] \in S$ $f^{-1}[p_i^{-1}[O_i] \in \mathbf{Y}$ gilt. Dies folgt aber unmittelbar aus $p_i f = f_i$ und der Stetigkeit von f_i.

4. Die Coprodukte in den Kategorien $\underline{Me}$, $\underline{Gr}$, $_R\underline{Mod}$ und $\underline{Top}$ sind ohne Beweis in der Tabelle 3.18 zusammengefaßt. Im Gegensatz zu Produkten stimmen bei den Coprodukten in den genannten Kategorien die Basismengen i.A. nicht mit dem Coprodukt der Basismengen in $\underline{Me}$ überein.

5. In der Kategorie $\underline{N}$ von 1.29 (4) ist das Produkt von zwei Objekten m und n der größte gemeinsame Teiler von m und n (ggT(m,n)). Weil die Existenz eines Morphismus von m nach n mit „m ist Teiler von n" (m/n) gleichbedeutend ist, folgt die Produkteigenschaft aus: „ggT(m,n)/m", „ggT(m,n)/n" und „$\Lambda(z \in \mathbb{N})$ (z/m $\wedge$ z/n $\Rightarrow$ z/ggT(m,n))". Analog sieht man, daß das kleinste gemeinsame Vielfache von m und n Coprodukt der Objekte m und n in $\underline{N}$ ist.

3.16 Bemerkung

1. Sei $[p_i : \prod_I A_i \to A_i]_I$ Familie von Projektionen des Produkts $\prod_I A_i$, dann gilt für jedes Objekt und für alle Morphismen $f,g : K \to \prod_I A_i : f = g \Leftrightarrow \bigwedge_{i \in I} p_i f = p_i g$.

2. Analog zu Satz 3.7 kann man zeigen, daß das Produkt einer Familie $[A_i]_I$ in einer Kategorie $\underline{K}$ bis auf Isomorphie eindeutig bestimmt ist. Diese Aussage ergibt sich auch als Spezialfall des Satzes 5.45 über die Eindeutigkeit der Lösungen von universellen Problemen im Zusammenhang mit adjungierten Funktoren.

3.17 Satz

Sei A zusammen mit den Projektionen $p_i : A \to A_i$ $(i \in I)$ Produkt der Familie $[A_i]_I$ in $\underline{K}$. Dann ist für $j \in I$ p_j genau dann Retraktion, wenn für alle $i \in I$ $\mathrm{Mor}\underline{K}(A_j, A_i) \neq \phi$ gilt.

Beweis: „$\Rightarrow$" Zu der Retraktion p_j existiert eine Coretraktion $f: A_j \to A$ und damit gilt $p_i f \in \mathrm{Mor}\underline{K}(A_j, A_i)$.

„$\Leftarrow$" Wähle umgekehrt $f_i \in \mathrm{Mor}\underline{K}(A_j, A_i)$ beliebig für alle $i \in I$, $i \neq j$ und $f_j = 1_{A_j}$, dann existiert eindeutig ein $f: A_j \to A$ mit $f_i = p_i f$ für alle $i \in I$, also auch $1_{A_j} = f_j = p_j f$. Damit ist p_j Retraktion.

3.18 Tabelle

In der folgenden Tabelle wird die Charakterisierung (bis auf Isomorphie) von Differenzenkernen, Produkten und deren dualen Begriffen in den Beispielkategorien Me, Gr, $_R$Mod und Top angegeben. Es werden zumeist nur die Objekte angegeben, die zugehörigen Morphismen sind jeweils Einbettungen oder natürliche Abbildungen. Einige Beweise sind in 3.4 und 3.15 durchgeführt.

f,g : A → B sei Morphismenpaar:

Kategorie	Dker(f,g)	Dcok(f,g)	Produkt	Coprodukt
Me	⟦a∈A | f(a)=g(a)⟧	$B/\overline{R}(f,g)$ [1]	kartesisches Produkt	disjunkte Vereinigung
Gr	⟦a∈A | f(a)=g(a)⟧ mit Untergruppenstruktur	$B/\overline{R}(f,g)$ [1]	direktes Produkt	freies Produkt [2]
$_R$Mod	Kern(f–g)	$B_{Bild(f-g)}$	direktes Produkt	direkte Summe
Top	⟦a∈A | f(a)=g(a)⟧	$B/\overline{R}(f,g)$ [1] mit Quotiententopologie	topologisches Produkt	topologische Summe

[1] $\overline{R}(f,g)$ ist die von $R(f,g) = ⟦(f(a),g(a)) | a∈A⟧$ erzeugte Äquivalenzrelation bzw. Kongruenzrelation (im Fall Gr).

[2] Die Existenz von freien Produkten kann kategoriell im Rahmen der universellen Algebra gesichert werden (vgl. Pareigis [7] 3. Kapitel).

Äquivalenzrelationen und Kernpaare

3.19 Definition

1. Eine Teilmenge R des kartesischen Produkts $\bigtimes_{i=1}^{n} A_i$ heißt *n-stellige Relation* zwischen den Elementen der A_i.
2. $R = \bigtimes_{i=1}^{n} A_i$ heißt *Allrelation U.*
3. $\Delta := ⟦(a_1,a_2 \ldots, a_n) \in \bigtimes_{i=1}^{n} A_i | a_1=a_2= \ldots =a_n⟧ \subseteq \bigtimes_{i=1}^{n} A_i$ heißt *Diagonale.*

   Im folgenden gelte immer $n = 2$, $A_1 = A_2 = A$.

   Schreibweise: statt $\bigtimes_{i=1}^{2} A_i$ schreiben wir $A_1 \times A_2 = A \times A$ und für $(a,b) \in R$ schreiben wir auch $R(a,b)$ oder aRb.

3.20 Definition

Eine Relation $R \subseteq A \times A$ heißt

1. *reflexiv* (r), wenn gilt: $\Lambda(a \in A)\,(a,a) \in R$
2. *symmetrisch* (s), wenn $\Lambda(a,b \in A)[(a,b) \in R \Rightarrow (b,a) \in R]$
3. *transitiv* (t), wenn $\Lambda(a,b,c \in A)[(a,b),(b,c) \in R \Rightarrow (a,c) \in R]$.
4. Eine Relation mit den Eigenschaften (r,s,t) heißt *Äquivalenzrelation*.

3.21 Beispiele

1. Für eine Abbildung $f : A \to B$ ist eine Äquivalenzrelation $\text{Äk}(f)$ definiert durch:
   $\text{Äk}(f) = [\![(a_1,a_2) \mid a_1,a_2 \in A \wedge f(a_1) = f(a_2)]\!]$. $\text{Äk}(f)$ heißt auch „Äquivalenzkern" von f.
2. Für jede Menge A sind die Allrelation $A \times A$ und die Diagonale Δ_A von $A \times A$ Äquivalenzrelationen.

3.22 Definition

1. Sei R eine Äquivalenzrelation auf A, sei $a \in A$. Dann heißt die Menge $[a] = [\![b \mid b \in A, aRb]\!]$ *Faser* über a.
   a heißt auch *erzeugendes Element* der Faser [a].
2. Die Menge $A/R \overset{\text{def}}{=} [\![[a] \mid a \in A]\!]$ heißt *Quotientenmenge* von A nach R.
3. Die Abbildung $\text{nat} : A \to A/R$ definiert durch $\text{nat}(a)=[a]$ heißt die *natürliche Abbildung* zu R.
4. Sei R eine Äquivalenzrelation auf A.
   Seien $p_1,p_2 : R \to A$ definiert durch $p_i(a_1,a_2) = a_i$, $(a_1,a_2) \in R$, $i = 1,2$.
   Dann nennt man p_1,p_2 die *Projektionen* von R auf A.

3.23 Bemerkung

Für eine Familie $[R_i]_{i \in I}$ von Äquivalenzrelationen auf einer Menge A ist auch der Durchschnitt der Familie Äquivalenzrelation. Dies läßt sich dadurch beweisen, daß man die „Durchschnittsstabilität" von reflexiven, symmetrischen und transitiven Relationen zeigt.

3.24 Definition

Sei $R \subseteq A \times A$, dann heißt $\bar{R} := \cap[\![R' \mid R' \subseteq A \times A \wedge R \subseteq R' \wedge R' \text{ Äquivalenzrelation}]\!]$ von R *erzeugte Äquivalenzrelation* auf A.

3.25 Folgerung

Sei $R \subseteq A \times A$ Relation und $\overline{R}$ die von R erzeugte Äquivalenzrelation.

1. Für jede Äquivalenzrelation R^* aus $A \times A$ mit $R \subseteq R^*$ gilt $\overline{R} \subseteq R^*$, d. h., $\overline{R}$ ist die kleinste Äquivalenzrelation, die R umfaßt.
2. ist $\overline{\overline{R}}$ die von $\overline{R}$ erzeugte Äquivalenzrelation, so gilt trivialerweise $\overline{\overline{R}} = \overline{R}$.

3.26 Beispiel (Differenzencokerne in <u>Me</u>)

Sei $(g_1, g_2 : X \to A)$ ein Paar von Abbildungen.
$R(g_1, g_2) := [\![(g_1(x), g_2(x)) \mid x \in X]\!]$ sei die von g_1 und g_2 „induzierte Relation" auf A.

Dann gilt: $\quad \mathrm{Dcok}(g_1, g_2) = A/\overline{R}(g_1, g_2)$

$\qquad\qquad\quad \mathrm{dcok}(g_1, g_2) = \mathrm{nat} : A \to A/\overline{R}(g_1, g_2)$

Beweis:

1. Es gilt $\mathrm{nat} \circ g_1 = \mathrm{nat} \circ g_2$, denn für alle $x \in X$ gilt
   $(g_1(x), g_2(x)) \in R(g_1, g_2) \subseteq \overline{R}(g_1, g_2)$ und damit
   $\mathrm{nat} \circ g_1(x) = [g_1(x)]_{\overline{R}} = [g_2(x)]_{\overline{R}} = \mathrm{nat} \circ g_2(x)$
2. Sei $B \in |\underline{Me}|$ und $k : A \to B$ mit $kg_1 = kg_2$, dann sei $\overline{k} : A/\overline{R}(g_1, g_2) \to B$ definiert durch $\overline{k}([a]_{\overline{R}}) := k(a)$.

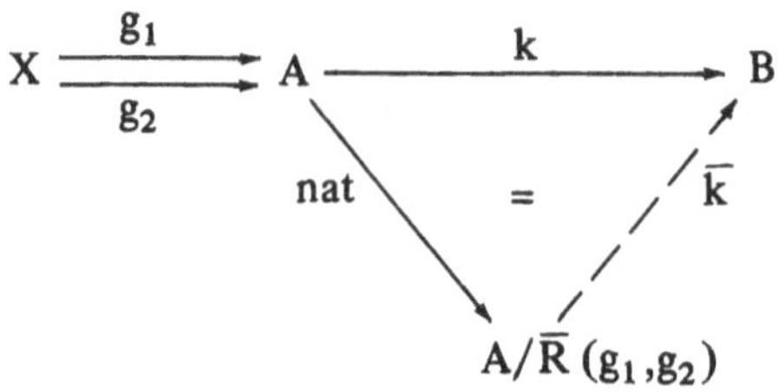

Wenn $\overline{k}$ Abbildung ist, gilt $\overline{k} \circ \mathrm{nat} = \overline{k}$, und $\overline{k}$ ist dann diesbezüglich eindeutig, weil nat Epimorphismus ist. Es bleibt also nur die Wohldefiniertheit von $\overline{k}$ zu zeigen:

Sei $[a]_{\overline{R}} = [a']_{\overline{R}}$, d. h. $(a, a') \in \overline{R}(g_1, g_2)$, zu zeigen ist $k(a) = k(a')$,

d. h. $(a, a') \in \ddot{A}k(k)$. Es bleibt also $\overline{R}(g_1, g_2) \subset \ddot{A}k(k)$ oder nach 3.25,1 nur

$R(g_1, g_2) \subset \ddot{A}k(k)$ zu zeigen. Dies folgt aber unmittelbar aus $kg_1 = kg_2$. q.e.d.

3.27 Motivation

Eine kategorielle Formulierung der Begriffe „Äquivalenzrelation" und „Äquivalenzkern einer Abbildung" liefert der Begriff „Kernpaar". Darüberhinaus gestattet dieser Begriff auch eine kategorielle Verallgemeinerung von „strukturverträglichen Äquivalenzrelationen" in anderen mathematischen Disziplinen.

3.28 Definition

In einer Kategorie $\underline{K}$ heißt ein Paar von Morphismen $(p_1, p_2 : R \to A)$ *Kernpaar* eines Morphismus $f : A \to B$, wenn

1. $f \circ p_1 = f \circ p_2$
2. $\bigwedge (K \in |\underline{K}|) \wedge (g_1, g_2 \in \mathrm{Mor}\underline{K}(K,A))$
   $(fg_1 = fg_2 \Rightarrow \dot{\bigvee} (g \in \mathrm{Mor}\underline{K}(K,R))$

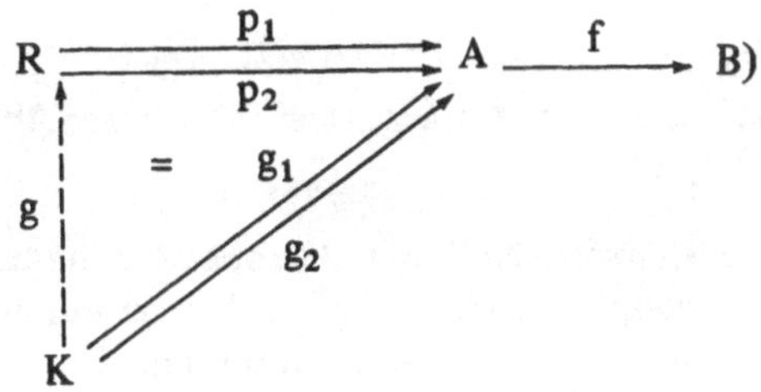

(d. h. $p_1 g = g_1 \wedge p_2 g = g_2$)

3.29 Bemerkung

Analog zu entsprechenden Sätzen für Differenzenkerne (3.7) und Produkte (3.16,2) kann man zeigen, daß auch Kernpaare von Morphismen bis auf Isomorphie eindeutig bestimmt sind. Dies ist wiederum ein Spezialfall des Satzes 5.45.

3.30 Satz

In der Kategorie $\underline{Me}$ ist für eine Abbildung $f : A \to B$ der Äquivalenzkern $\ddot{A}k(f)$ zusammen mit den Projektionen $p_1, p_2 : \ddot{A}k(f) \to A$ Kernpaar von f.

Beweis:

1. Nach Definition von $\ddot{A}k(f)$ gilt $fp_1 = fp_2$.
2. Seien Abbildungen $g_1, g_2 : K \to A$ mit $fg_1 = fg_2$ vorgegeben, dann existiert höchstens ein $g : K \to \ddot{A}k(f)$ mit

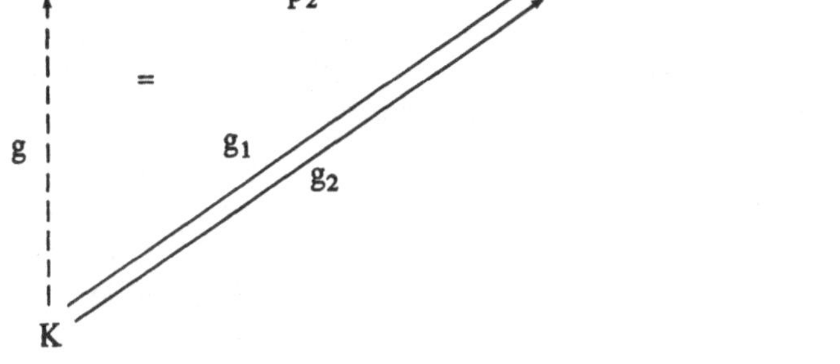

, denn aus

der Kommutativität folgt $g(x) = (g_1(x), g_2(x))$ für alle $x \in K$ und damit ist g eindeutig durch g_1 und g_2 bestimmt. Für den Nachweis der Existenz sei $g : K \to \text{Äk}(f)$ wie oben definiert, dies ist wegen $fg_1 = fg_2$ und damit $(g_1(x), g_2(x)) \in \text{Äk}(f)$ möglich, und damit kommutiert obiges Diagramm.

3.31 Folgerung

1. Jede Äquivalenzrelation R auf einer Menge A ist zusammen mit ihren Projektionen $p_1, p_2 : R \to A$ Kernpaar von $\text{nat} : A \to A/R$, denn es gilt

   $\text{Äk}(\text{nat}) = [\![(a_1, a_2) \in A \times A \mid \text{nat}(a_1) = \text{nat}(a_2)]\!] = R$

   und nach dem letzten Satz ist der Äquivalenzkern einer Abbildung auch deren Kernpaar.

2. Die Begriffe „Äquivalenzrelation" und „Kernpaar" stimmen in $\underline{\text{Me}}$ bis auf Isomorphie überein, denn in Umkehrung von 1. muß nur noch gezeigt werden, daß jedes Kernpaar $g_1, g_2 : R \to A$ einer Abbildung $f : A \to B$ bis auf Isomorphie schon ein Paar von Projektionen einer Äquivalenzrelation ist. Dies folgt unmittelbar daraus, daß $\text{Äk}(f)$ Äquivalenzrelation ist, aber nach letztem Satz zusammen mit den Projektionen ebenso wie (g_1, g_2) Kernpaar von f ist und Kernpaare nach Bemerkung 3.29 bis auf Isomorphie eindeutig bestimmt sind.

3.32 Charakterisierung von Kernpaaren als Kongruenzrelationen

In obiger Folgerung ist gezeigt worden, daß Kernpaare in $\underline{\text{Me}}$ bis auf Isomorphie mit Äquivalenzrelationen übereinstimmen. Als Verallgemeinerung von „Äquivalenzrelationen" werden in vielen mathematischen Disziplinen „strukturverträgliche Äquivalenzrelationen" eingeführt, die meistens als „Kongruenzrelationen" bezeichnet werden.

Beispiel:
In der Theorie der abelschen Gruppen versteht man unter einer Kongruenzrelation auf $(A,+) \in |\underline{\text{Ab}}|$ eine Äquivalenzrelation R auf A, die mit der Struktur von A verträglich ist, d. h. für die gilt:

$\bigwedge (a_1, a_2, a_1', a_2' \in A)\ ((a_1, a_2), (a_1', a_2') \in R \Rightarrow (a_1 + a_1', a_2 + a_2') \in R)$.

Anders ausgedrückt: R ist Äquivalenzrelation mit einer Struktur „*", definiert durch $(a_1, a_2) * (a_1', a_2') := (a_1 + a_1', a_2 + a_2')$, sodaß $(R,*)$ abelsche Gruppe und die Projektionen $p_1, p_2 : R \to A$ Homomorphismen sind.

Man kann nun Satz 3.30 und Folgerung 3.31 auf die Kategorie $\underline{\text{Ab}}$ verallgemeinern, indem man zeigt, daß sich die jeweiligen Mengen zu abelschen Gruppen strukturieren lassen, sodaß die auftretenden Abbildungen Homomorphismen werden. Man gewinnt damit den Satz, daß Kernpaare in $\underline{\text{Ab}}$ bis auf Isomorphie mit den Kongruenzrelationen zusammen mit ihren Projektionen übereinstimmen.

Eine entsprechende Charakterisierung von Kernpaaren wird in Kapitel 4 auch für Automaten gezeigt.

Es scheint sinnvoll zu sein, in beliebigen Kategorien Kernpaare als Kongruenzrelationen aufzufassen. Neben dem Begriff des Kernpaares bieten sich kategoriell allerdings noch andere Verallgemeinerungen von „strukturverträglichen Äquivalenzrelationen" an. Ein Überblick über die dabei auftretenden Möglichkeiten ist in [8] enthalten. Darüberhinaus wird dort gezeigt, daß für viele Kategorien (wie u. a. Me, Ab, ${}_R$Mod, Gr und Top) die verschiedenen Verallgemeinerungen übereinstimmen.

Der Hauptgrund für die Einführung von Kongruenzrelationen besteht darin, daß man Faktorisierungen ermöglichen will. Der Faktorisierung nach einer Kongruenzrelation entspricht kategoriell die Bildung von Differenzencokernen von Kernpaaren. Eine kategorielle Fassung der Konstruktion von Faktorobjekten nach erzeugten Äquivalenz- bzw. Kongruenzrelationen (vgl. 3.26) liefert der Satz 3.53, der unter geeigneten Voraussetzungen die Existenz von beliebigen Differenzencokernen auf die von Differenzencokernen von Kernpaaren zurückführt, und der folgende Satz, der im 1. Teil anschaulich besagt, daß man jede Faktorisierung als Faktorisierung nach einer Kongruenzrelation auffassen kann:

3.33 Satz

a) Sei $f : B \to C$ Differenzencokern und existiere ein Kernpaar $A \underset{h_2}{\overset{h_1}{\rightrightarrows}} B$ von f. Dann ist f Differenzencokern von $A \underset{h_2}{\overset{h_1}{\rightrightarrows}} B$.

b) Sei $A \underset{h_2}{\overset{h_1}{\rightrightarrows}} B$ Kernpaar und existiere ein Differenzencokern $B \xrightarrow{f} C$ von h_1 und h_2, dann ist $[h_1,h_2]$ Kernpaar von f.

Beweis: Wir verwenden das Diagramm

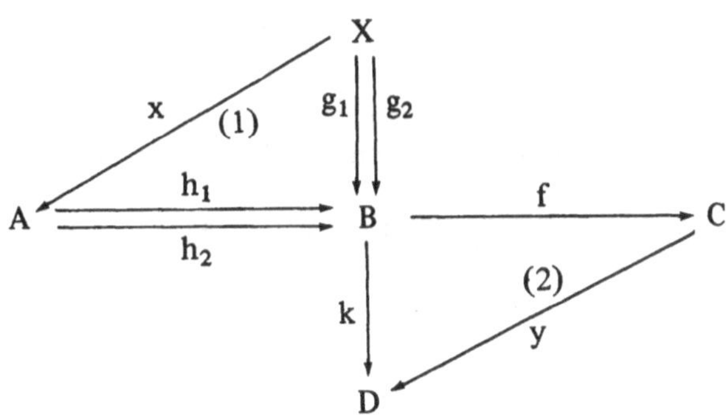

a) Sei f Differenzencokern von $[g_1,g_2]$ und sei $[h_1,h_2]$ Kernpaar von f. Dann gilt $fh_1 = fh_2$

$$fg_1 = fg_2$$

Da $[h_1,h_2]$ Kernpaar von f ist, existiert eindeutig eine kommutative Ergänzung x in (1).

Sei nun $k : B \to D$ so gewählt, daß gilt: $kh_1 = kh_2$

Dann folgt: $kg_1 = kh_1x = kh_2x = kg_2$

Da f Differenzencokern von $[g_1,g_2]$ ist, existiert eindeutig eine kommutative Ergänzung y in (2). Also ist f Differenzencokern auch von $[h_1,h_2]$.

q.e.d.

b) Sei $[h_1,h_2]$ Kernpaar von k und sei f Differenzencokern von $[h_1,h_2]$.
Dann gilt: $fh_1 = fh_2$
$kh_1 = kh_2$

Da f Differenzencokern von $[h_1,h_2]$ ist, existiert eindeutig eine kommutative Ergänzung y in (2).

Seien nun g_1,g_2 gegeben mit $fg_1 = fg_2$.

Dann folgt: $kg_1 = yfg_1 = yfg_2 = kg_2$

Da $[h_1,h_2]$ Kernpaar von k ist, existiert eindeutig eine kommutative Ergänzung x in (1).

Also ist $[h_1,h_2]$ Kernpaar auch von f. q.e.d.

Pullbacks, Urbilder und Durchschnitte

Nach der Charakterisierung 3.32 kann man Kernpaare als kategorielle Verallgemeinerung des Begriffs „strukturverträgliche Äquivalenzrelationen" auffassen. Andere bekannte Begriffe – wie Durchschnitt und Urbild – haben kategoriell ähnliche Eigenschaften wie Kernpaare. Man führt deshalb einen neuen Oberbegriff ein:

3.34 Definition

Sei $\underline{K}$ eine Kategorie, seien $f : A \to C$ und $g : B \to C$ Morphismen in $\underline{K}$.

Ein Diagramm

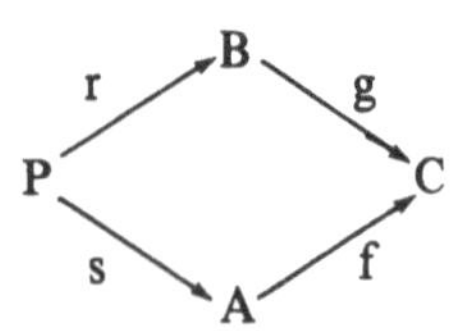

heißt

Pullback (auch kartesisches Quadrat oder Faserprodukt) der Morphismen (f,g), wenn gilt:

1. $gr = fs$

2. $\bigwedge (D \in |\underline{K}|) \ \bigwedge (u : D \to A) \ \bigwedge (v : D \to B)$
$(gv = fu \Rightarrow \overset{1}{\bigvee} w : D \to P \ (v = rw \wedge u = sw))$
d. h.

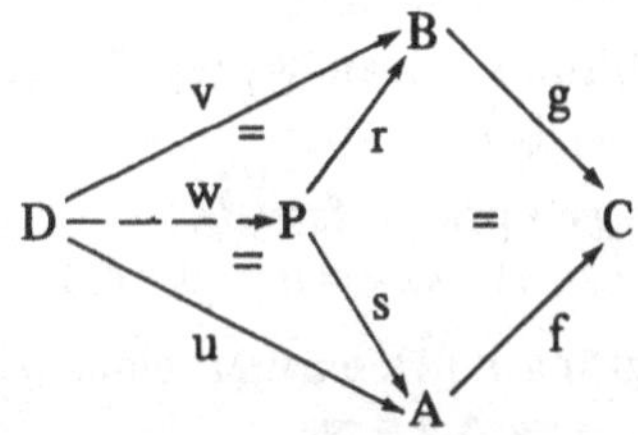

Der duale Begriff heißt *Pushout* (auch cokartesisches Quadrat oder Fasersumme).

3.35 Bemerkungen

1. Pullbacks und Pushouts sind bis auf Isomorphie eindeutig bestimmt (vgl. 3.29).
2. Seien $f_1, f_2 \in \mathrm{Mor}\underline{K}(A,B)$, $p \in \mathrm{Mor}\underline{K}(B,C)$.

$[f_1, f_2]$ ist genau dann Kernpaar von p, wenn das Diagramm

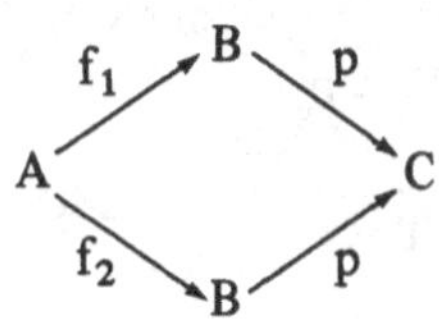

ein Pullback ist (vgl. Definition des Kernpaares).

Diese Übereinstimmung kann man sich auch an folgenden Diagrammen klarmachen.

Kernpaar:

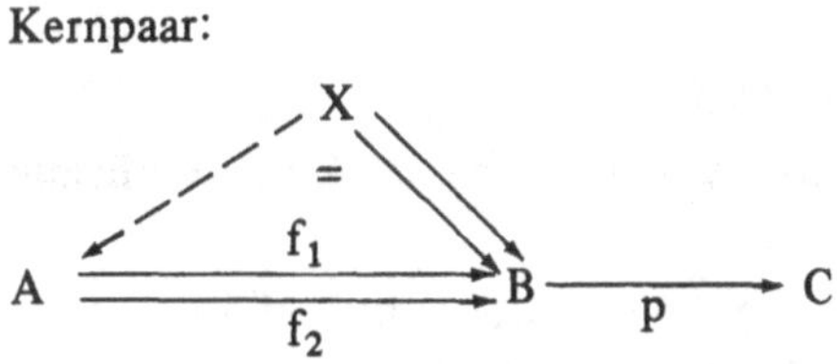

Pullback:

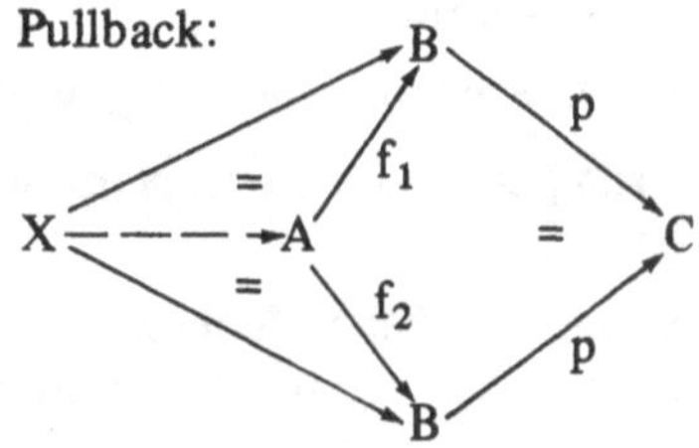

3.36 Satz

Gegeben sei das Pullback

(1) 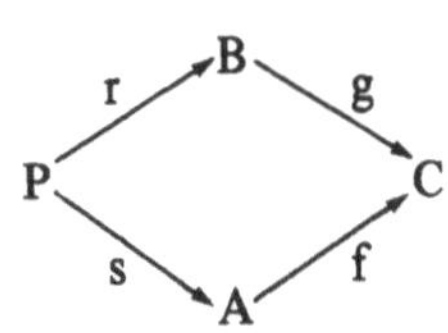

Dann gilt:

1. Ist f Monomorphismus, so ist es auch r.
2. Ist f eine Retraktion, so auch r.

Beweis: 1. Sei f Monomorphismus, seinen $w_1, w_2 \in \text{Mor}\underline{K}(D,P)$ so, daß gilt: $rw_1 = rw_2 =: v$ (2). Sei $u := sw_1$ (3).

Dann gilt: $fu = fsw_1 = grw_1 = gv = grw_2 = fsw_2$ (4)
Also gilt, da f Monomorphismus ist: $sw_2 = u = sw_1$ (5)

Da (1) Pullback ist und $fu = gv$ nach (4), existiert eindeutig ein $w \in \text{Mor}\underline{K}(D,P)$, sodaß gilt: $u = sw \wedge v = rw$
Daraus folgt wegen (5) und (2): $w_1 = w_2 = w$.

Also ist r Monomorphismus. q.e.d.

2. Sei f Retraktion, dann existiert $t \in \text{Mor}\underline{K}(C,A)$ mit $ft = 1_C$. Daraus folgt: $ftg = 1_C g = g = g 1_B$. Also existiert $w \in \text{Mor}\underline{K}(B,P)$ mit

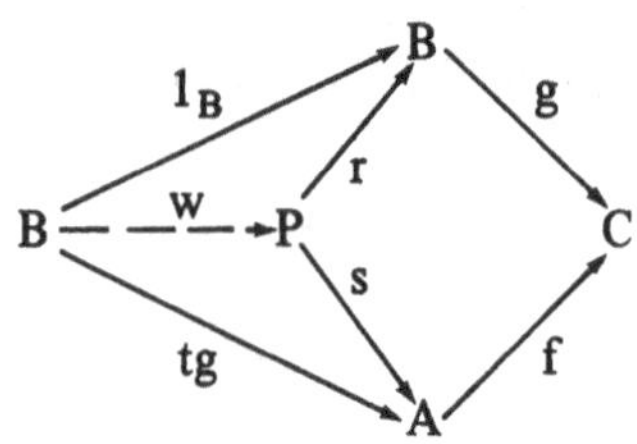

also insbesondere mit $rw = 1_B$.

Damit ist r Retraktion. q.e.d.

3.37 Lemma

Sei $\underline{K}$ Kategorie, $A,B \in |\underline{K}|$ und $u \in \text{Mor}\underline{K}(A,B)$.

Dann gilt: $(1_A, 1_A)$ ist genau dann Kernpaar von u, wenn u Monomorphismus ist.

Beweis: 1. Sei u Monomorphismus und $f,g \in \text{Mor}\underline{K}(X,A)$, mit $uf = ug$.
Dann gilt: $f = g$ und $f = g$ ist auch die eindeutige Ergänzung in

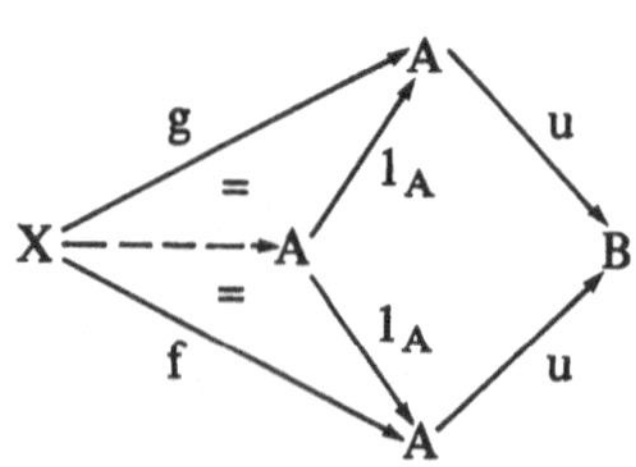

2. Sei $(1_A, 1_A)$ Kernpaar von u und gelte: uf = ug.
   Dann gilt: $\stackrel{1}{\forall}$ (h∈Mor$\underline{K}$(X,A)) $(1_A h = f \wedge 1_A h = g)$
   Daraus folgt: f = h = g
   Somit ist u Monomorphismus. q.e.d.

3.38 Motivation

Um herauszufinden, wie spezielle Pullbacks in den Beispielkategorien aussehen, wird nun kategoriell ein Pullback aus einem Produkt und einem Differenzkern konstruiert. Die Charakterisierung von Produkten und Differenzkernen ist in verschiedenen Kategorien ja schon bekannt, so daß man dann damit auch die Existenz und Charakterisierung von Pullbacks in diesen Kategorien kennt.

3.39 Satz (Konstruktion von Pullbacks)

In dem Diagramm

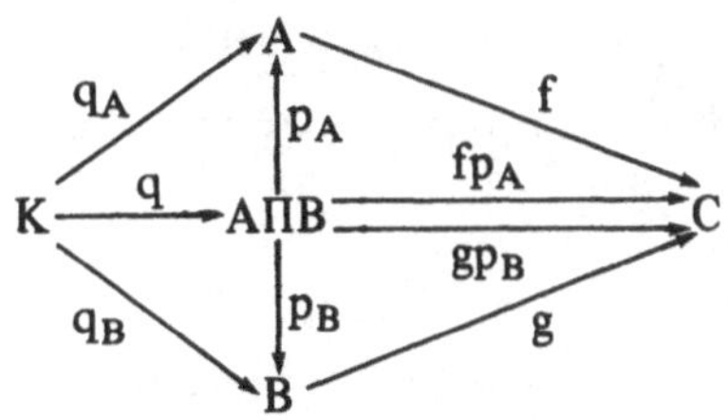

sei AΠB zusammen mit den Projektionen p_A und p_B ein Produkt von A und B und $q: K \to A\Pi B$ ein Differenzkern von $[fp_A, gp_B]$. Weiter sei definiert: $q_A := p_A q$, $q_B := p_B q$.

Dann ist

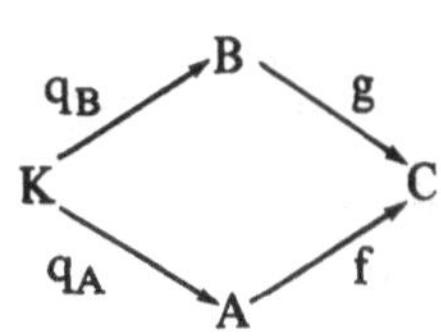

ein Pullbackdiagramm.

Beweis: a) Da $q: K \to A\Pi B$ Differenzkern von (fp_A, gp_B) ist, gilt:

$$fq_A = fp_A q = gp_B q = gq_B$$

b) Seien $D \in |\underline{K}|$, $h \in Mor\underline{K}(D,A)$, $k \in Mor\underline{K}(D,B)$, so daß gilt: $fh = gk$

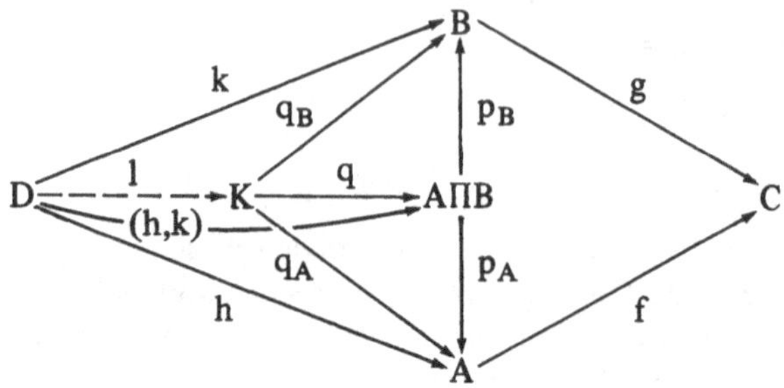

Da $(A\Pi B, p_A, p_B)$ Produkt ist, gilt:

$\overset{1}{\forall}\ ((h,k) \in Mor\underline{K}(D, A\Pi B))\ (h = p_A(h,k),\ k = p_B(h,k))$, also

$fp_A(h,k) = fh = gk = gp_B(h,k)$

Wegen $q = dker(fp_A, gp_B)$ folgt:

$\overset{1}{\forall}\ (\ell \in Mor\underline{K}(D,K))\ (q\ell = (h,k))$. Somit gilt:

$q_A\ell = p_A q\ell = p_A(h,k) = h \wedge q_B\ell = p_B q\ell = p_B(h,k) = k$

c) Zu zeigen ist noch, daß ℓ

durch

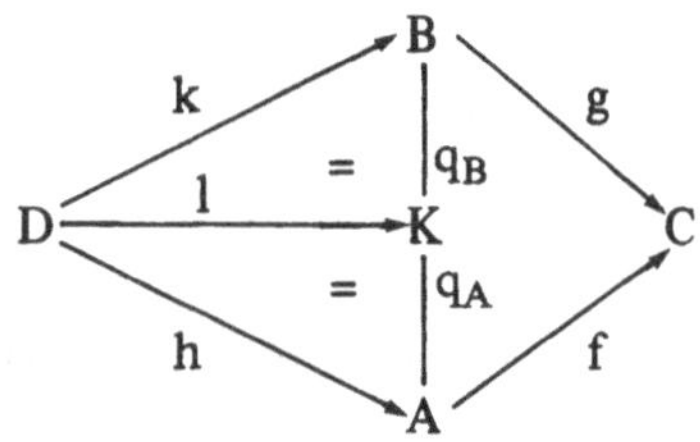

eindeutig bestimmt ist.

Sei nun $\ell' \in Mor\underline{K}(D,K)$ und genüge ebenfalls dieser Bedingung.
Es gilt dann:

$p_A q\ell' = q_A\ell' = h = p_A(h,k) \wedge p_B q\ell' = q_B\ell' = k = p_B(h,k)$

Aus der Produkteigenschaft folgt: $(h,k) = q\ell'$

Da q als Differenzenkern Monomorphismus ist, folgt hieraus $\ell = \ell'$. q.e.d.

3.40 Folgerung

Sei $K \overset{q_1}{\underset{q_2}{\rightrightarrows}} A$ Kernpaar von $f: A \to B$ und $A\Pi A$ zusammen mit $(p_1, p_2 : A\Pi A \to A)$ sei Produkt, dann ist der induzierte Morphismus $q := (q_1, q_2) : K \to A\Pi A$ Differenzenkern von $(fp_1, fp_2 : A\Pi A \to A)$ und damit insbesondere Monomorphismus.

Beweis: Nach Bemerkung 3.35 sind Kernpaare spezielle Pullbacks, und deren Konstruktion ist bis auf Isomorphie eindeutig. Mit $A = B$ und $f = g$ stimmen q_1 und q_2 nach Konstruktion in 3.47 mit q_A und q_B bis auf Isomorphie überein, die gerade so konstruiert sind, daß $q = \mathrm{dker}(fp_A, gp_B)$ gilt. Nach Lemma 3.5 ist jeder Differenzenkern Monomorphismus.

3.41 Bezeichnungen

Eine Kategorie $\underline{K}$ heißt Kategorie mit

a) [endlichen] Produkten, falls jede [endliche] Familie $[A_i]_I$ von Objekten in $\underline{K}$ ein Produkt besitzt.

b) Differenzenkernen, falls jedes Paar von Morphismen einen Differenzenkern besitzt.

c) Pullbacks, falls zu je zwei Morphismen $f : A \to C$ und $g : B \to C$ ein Pullback existiert.

3.42 Folgerung

Ist $\underline{K}$ eine Kategorie mit endlichen Produkten und Differenzenkernen, so ist $\underline{K}$ eine Kategorie mit Pullbacks.

Beweis: Folgt aus Satz 3.39.

3.43 Definition

Ist in dem Pullback

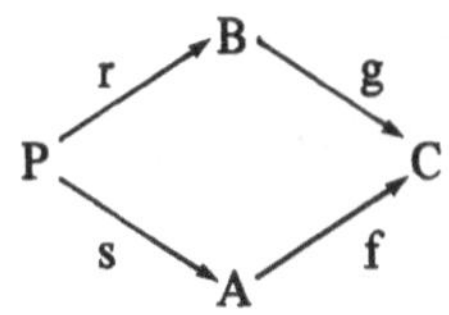

g ein Monomorphismus, so heißt P zusammen mit dem Monomorphismus s *(vollständiges) Urbild* von B unter f.

3.44 Beispiele

1. In der Kategorie $\underline{Me}$ ist für Abbildungen $f : A \to C$ und $g : B \to C$ nach Konstruktion in Satz 3.39 und den Charakterisierungen in 3.4,1 und 3.15,1 das Pullback durch die Menge $K = [\![(a,b) \in A \times B \mid f(a) = g(b)]\!]$ und die in 3.39 definierten Abbildungen gegeben. Damit läßt sich leicht zeigen, daß das kategorielle Urbild bis auf Isomorphie mit dem mengentheoretischen vollständigen Urbild übereinstimmt.

Denn sei $f : A \to C$ beliebig Abbildung, sei o.B.d.A. $B \subset C$ und g die Inklusion, dann gilt: $K = [\![(a,b) \in A \times B \mid f(a) = b]\!]$. Nach Konstruktion in 3.39 ist $q : K \to A \times B$ Inklusion, und es gilt:

$q_A = p_A q, \; q_B = p_B q$

$q_A(a,b) = p_A(a,b) = a$

$q_B(a,b) = p_B(a,b) = b$

Sei nun $A' := f^{-1}[B] = [\![a \in A \mid f(a) \in B]\!]$ das mengentheoretische vollständige Urbild von B unter f.

Wie man leicht sieht, ist $i : K \to A'$ definiert durch: $i(a,f(a)) = a$ Isomorphismus, und das Diagramm

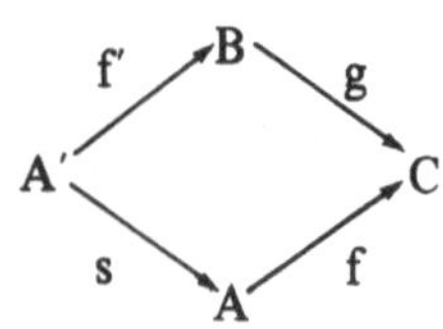

ist ebenfalls ein Pullbackdiagramm, wenn s und f' definiert werden durch: $s(a) := q_A i^{-1}(a) = a$ (d. h. s ist Inklusion), $f'(a) := q_B i^{-1}(a) = q_B(a,f(a)) = f(a)$ (d. h. $f' = f|_{A'}$).

2. Die Konstruktion des kategoriellen Urbildes liefert in Gr bzw. ${}_R$Mod das mengentheoretische Urbild mit Gruppen- bzw. Modulstruktur und entsprechenden Homomorphismen.

3.45 Definition

Sind in dem Pullback

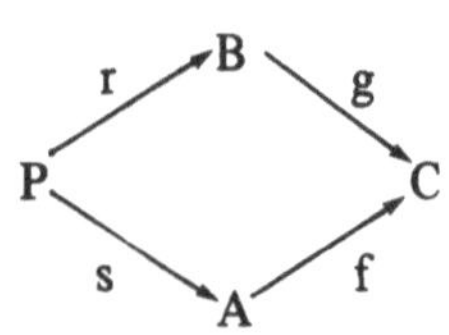

f und g Monomorphismen, so heißt:

$(A \xrightarrow{f} C) \cap (B \xrightarrow{g} C) := (P \xrightarrow{fos} C) = (P \xrightarrow{gor} C)$ *Durchschnitt* von $A \xrightarrow{f} C$ und $B \xrightarrow{g} C$.

3.46 Beispiel

1. In Me seien bei obigem Pullback A und B Teilmengen von C und f und g die Inklusionen. In Spezialisierung von $K = [\![(a,b) \in A \times B \mid f(a) = g(b)]\!]$ wie in Beispiel 3.44,1 gilt nun: $P = [\![(a,b) \in A \times B \mid a = b]\!] = [\![(c,c) \mid c \in A \cap B]\!] \cong$ $\cong A \cap B$ und r und s sind bis auf Isomorphie Inklusionen, so daß der kategorielle Durchschnitt mit dem mengentheoretischen übereinstimmt.

2. Analog zu Beispiel 3.44,2 liefert die Konstruktion des kategoriellen Durchschnitts in $\underline{Gr}$ bzw. ${}_R\underline{Mod}$ den mengentheoretischen Durchschnitt mit Gruppen- bzw. R-Modulstruktur.

   In $\underline{Top}$ erhält man den Schnitt mit Unterraumtopologie.

3.47 Motivation

Eine Verallgemeinerung des Durchschnitts von zwei Mengen auf beliebig viele Mengen gelingt kategoriell durch Einführen des verallgemeinerten Pullbacks, das man Faserprodukt nennt.

3.48 Definition

Sei $[f_i : A_i \to C]_I$ eine Familie von Morphismen in einer Kategorie $\underline{K}$.

Ein Objekt $P \in |\underline{K}|$ zusammen mit einer Familie $[s_i : P \to A_i]_I$ von Morphismen heißt *Faserprodukt* von $[f_i]_I$, falls gilt:

1. $\Lambda (i,j \in I)\ f_i s_i = f_j s_j$
2. $\Lambda (D \in |\underline{K}|)\ \Lambda\ ([u_i \in \mathrm{Mor}\underline{K}(D,A_i)]_I)$

   $(\Lambda\ (i,j \in I)\ f_i u_i = f_j u_j \Rightarrow \overset{1}{\mathrm{V}}\ (w \in \mathrm{Mor}\underline{K}(D,P))\ \Lambda\ (i \in I)\ u_i = s_i w)$

   d. h. $\Lambda(i,j \in I)$

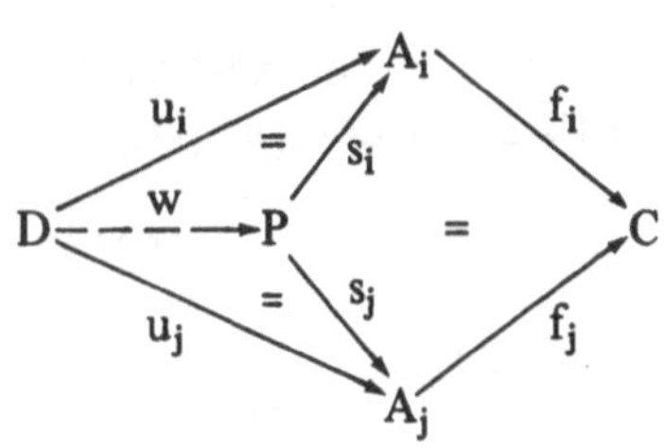

3.49 Definition und Bemerkung

Sei $[A_i \overset{m_i}{\to} K]_I$ eine Familie von Monomorphismen einer Kategorie $\underline{K}$. In Verallgemeinerung von Definition 3.45 heißt ein Morphismus $\bar{A} \overset{\bar{m}}{\rightrightarrows} K$ *Durchschnitt* von $[A_i \overset{m_i}{\to} K]_I$, geschrieben $\bar{m} = \bigcap\limits_I m_i$ oder $\bar{A} \overset{\bar{m}}{\to} K = \cap [\![A_i \overset{m_i}{\to} K \mid i \in I]\!]$, falls eine Familie $[\bar{A} \overset{\bar{h}_i}{\to} A_i]_I$ mit $\Lambda(i \in I)$

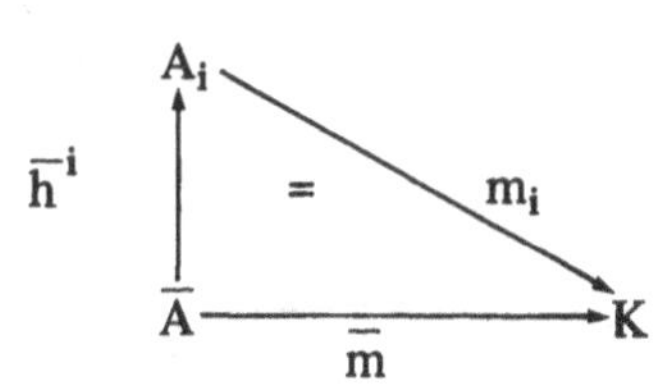

existiert derart, daß für jeden Morphismus $A \xrightarrow{f} K$ und jede Familie $[A \xrightarrow{h_i} A_i]_I$ mit $\bigwedge(i \in I)$

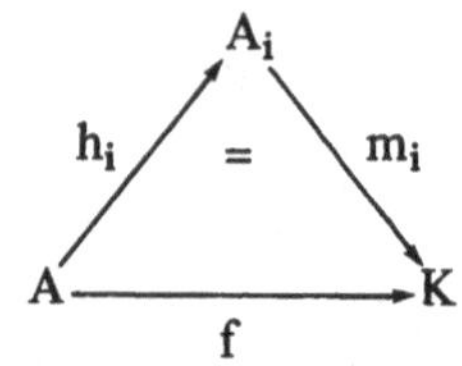

eindeutig k mit $\bigwedge(i \in I)$

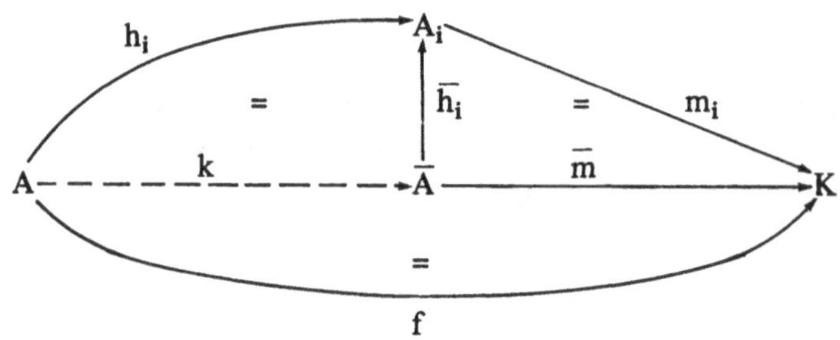

existiert.

3.50 Bemerkung

Da in 3.49 die m_i Monomorphismen sind, sind die $\overline{h}_i$ eindeutig bestimmt. $\overline{A}$ zusammen mit $[\overline{h}_i]_I$ ist Faserprodukt von $[m_i]_I$.

$\overline{m}$ ist Monomorphismus, denn falls

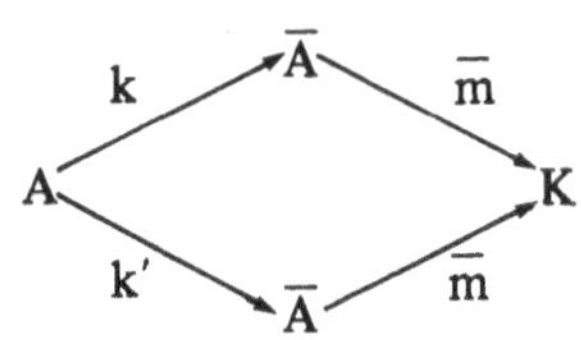

gilt,

dann gilt mit $h_i := \overline{h}_i \circ k$ $(i \in I)$ sowohl für k als auch für k':

$\bigwedge(i \in I)$

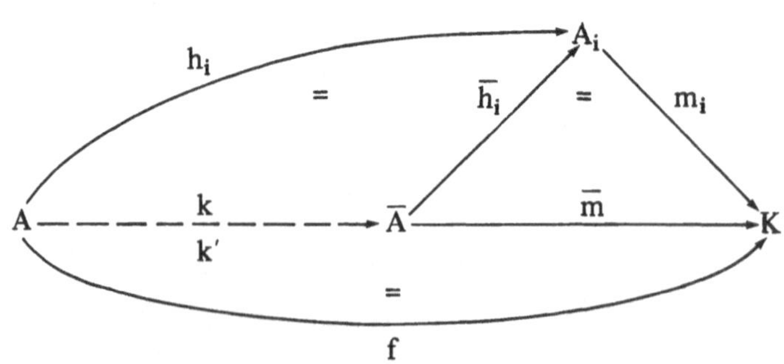

denn wegen $m_i \circ \overline{h}_i \circ k' = \overline{m} \circ k' = \overline{m} \circ k = m_i \circ \overline{h}_i \circ k$ und m_i Monomorphismus gilt $\overline{h}_i \circ k' = \overline{h}_i \circ k$ $(i \in I)$.

Wegen der Eindeutigkeit der Ergänzung folgt hieraus $k = k'$, also ist $\overline{m}$ Monomorphismus.

Konstruktionen mit Kernpaaren

3.51 Durchschnitte von Kernpaaren

Sei $\underline{K}$ Kategorie mit [endlichen] Durchschnitten und [endlichen] Produkten, I [endliche] nicht-leere Menge und für

$i \in I$ $p^i = R^i \overset{p_1^i}{\underset{p_2^i}{\rightrightarrows}} K$ Kernpaar von $K \overset{f^i}{\rightarrow} B^i$.

Dann ist das Paar $\overline{p} = \overline{R} \overset{\overline{p}_1}{\underset{\overline{p}_2}{\rightrightarrows}} K$, definiert durch

$\overline{R} \xrightarrow{(\overline{p}_1, \overline{p}_2)} K\Pi K := \bigcap_I R^i \xrightarrow{(p_1^i, p_2^i)} K\Pi K$ Kernpaar von $f := K \xrightarrow{(f^i)_I} \prod_I B^i$.

$\overline{p}$ heißt *Durchschnitt* der Familie $[p^i]_I$.

Beweis: Wegen p^i Kernpaar ist nach 3.40 (p_1^i, p_2^i) Monomorphismus $(i \in I)$, also ist $\bigcap_I (p_1^i, p_2^i)$ definiert und Monomorphismus.

Für $i \in I$ sei h^i die i-te „Projektion" von $\overline{R}$ in den i-ten „Faktor" R^i des Durchschnitts. Es gilt also

Λ $(i \in I)$

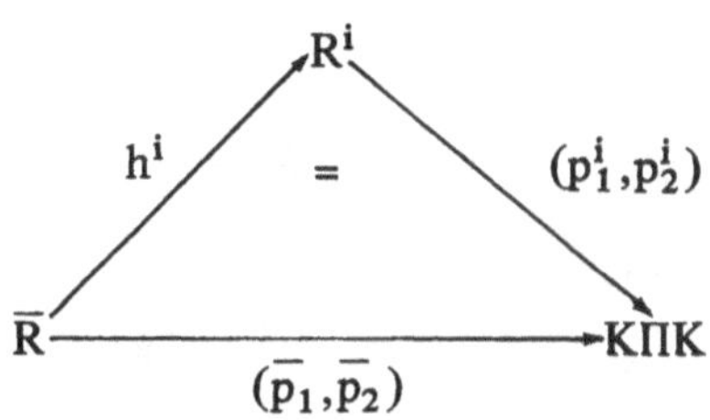

(1)

und $(\overline{p}_1, \overline{p}_2)$ zusammen mit der Familie $[h^i]_I$ hat die universellen Eigenschaften des Durchschnitts.

Wegen $\Lambda\ (i\in I)$

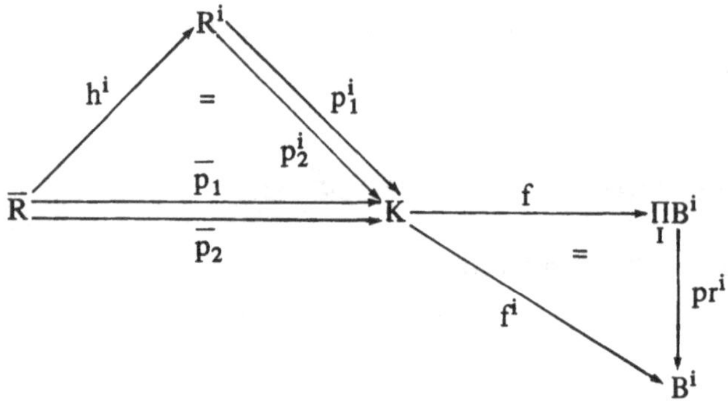

gilt

$\Lambda\ (i\in I)$

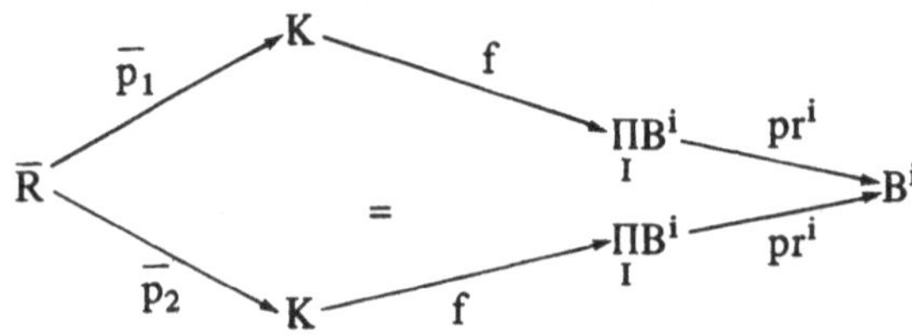

und damit wegen

der Eindeutigkeit der Ergänzung „in das Produkt"

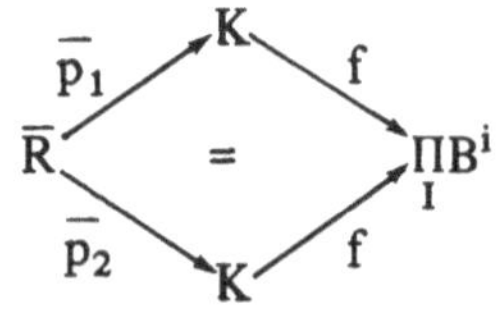

(3)

(3) ist sogar Pullbackdiagramm, denn falls auch

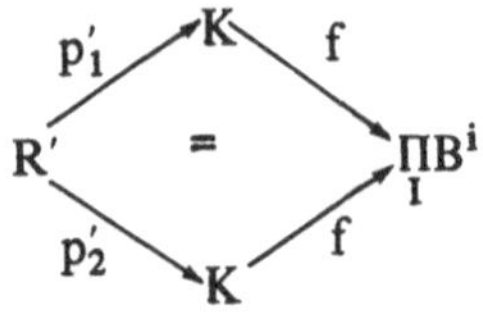

gilt, dann gilt $\Lambda(i\in I)$

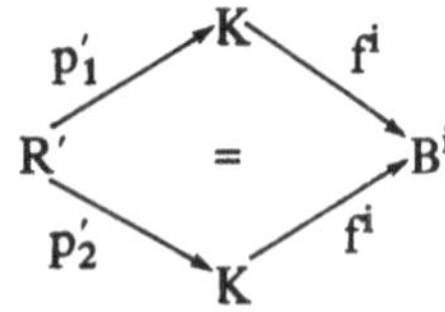

also existiert wegen p^i Kernpaar von f^i (eindeutig) k^i mit

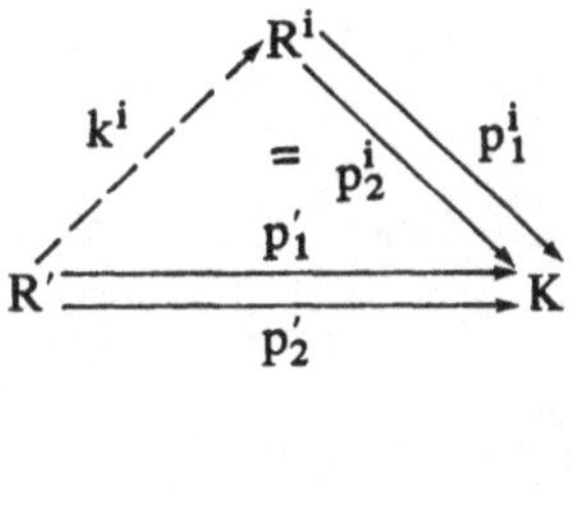

$(i \in I)$. Da $(\overline{p}_1, \overline{p}_2)$ zusammen mit $[h^i]_I$ universell bezüglich (1) ist, existiert (eindeutig) k mit

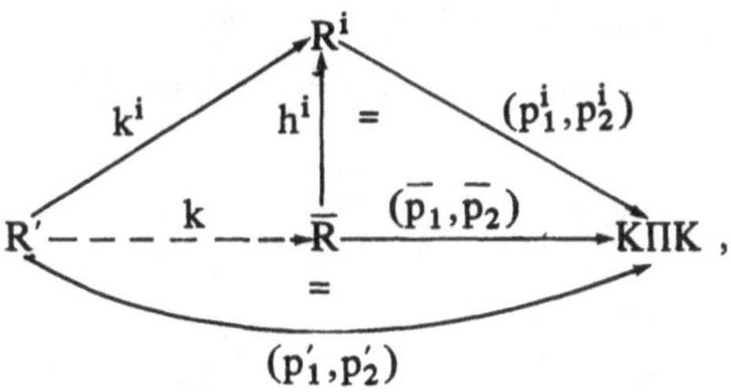

, k ist also insbesondere Ergänzung von

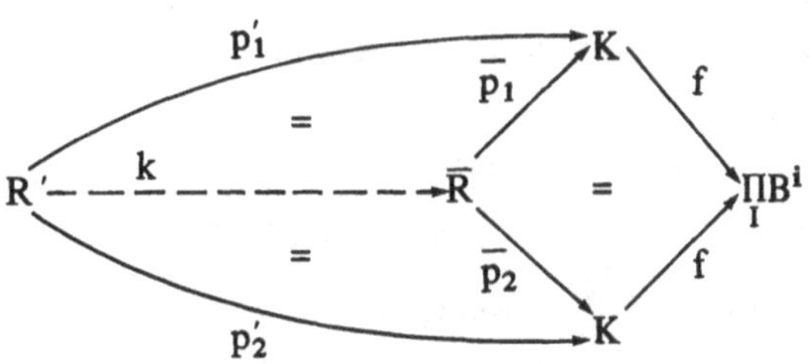

und als solche

(4)

eindeutig bestimmt, denn falls (4) auch für $k' \in \mathrm{Mor}\underline{K}(R', \overline{R})$ gilt, dann gilt $(\overline{p}_1, \overline{p}_2) \circ k' = (p'_1, p'_2) = (\overline{p}_1, \overline{p}_2) \circ k$ und damit wegen $(\overline{p}_1, \overline{p}_2)$ Monomorphismus $k' = k$. Also ist

$\overline{R} \overset{\overline{p}_1}{\underset{\overline{p}_2}{\rightrightarrows}} K$ Kernpaar von $f = (f^i)_I$. q.e.d.

3.52 Definition und Bemerkung

Eine Kategorie $\underline{K}$ heißt *lokal klein* [*lokal endlich*], falls es zu jedem Objekt $K \in |\underline{K}|$ eine [endliche] Menge (nicht nur Klasse) M_K von Monomorphismus mit Ziel K gibt, derart, daß zu jedem Monomorphismus $A \overset{m}{\to} K$ ein $(\hat{A} \overset{\hat{m}}{\to} K) \in M_K$ und ein Isomorphismus i mit

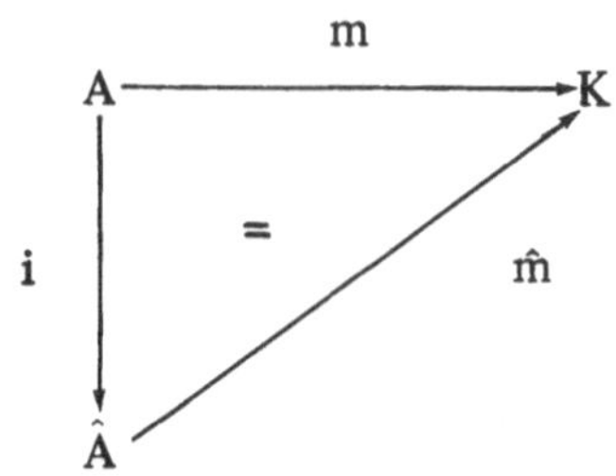

existieren.

Die Kategorie der Mengen ist lokal klein. Man wähle für eine Menge K die Menge der Inklusionen aller Untermengen von K nach K als Menge M_K.

Analog kann man die lokale Kleinheit für die meisten Kategorien zeigen, deren Morphismen „strukturverträgliche" Abbildungen sind.

Der folgende Satz ist eine Verallgemeinerung von 3.26.

3.53 Existenzsatz für Differenzencokerne

Sei $\underline{K}$ lokal kleine [lokal endliche] Kategorie mit [endlichen] Durchschnitten, [endlichen] Produkten, Endobjekt E und Kernpaaren von Morphismen.
Dann gilt:

Falls $\underline{K}$ Differenzencokerne von Kernpaaren besitzt, dann besitzt $\underline{K}$ Differenzencokerne.

Beweis: Sei $f = A \underset{f_2}{\overset{f_1}{\rightrightarrows}} K$ beliebiges Paar in $\underline{K}$.

Sei $M_{K\Pi K}$ eine [endliche] „Repräsentantenmenge" zu $K\Pi K$ aus 3.52.

Sei $M := [\![R \xrightarrow{(p_1,p_2)} K\Pi K \mid R \underset{p_2}{\overset{p_1}{\rightrightarrows}} K$ Kernpaar

$\wedge \bigvee a$ 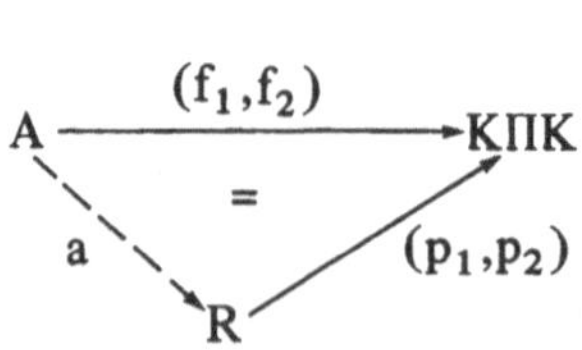]]

$M' := (M \cap M_{K\Pi K}) \cup [\![1_{K\Pi K}]\!]$

M' ist nicht-leere, [endliche] Menge von Monomorphismen mit Ziel $K\Pi K$.

Nach Voraussetzung existiert $\overline{R} \xrightarrow{(\overline{p}_1,\overline{p}_2)} K\Pi K := \cap M'$.

Wegen $K\Pi K \overset{pr_1}{\underset{pr_2}{\rightrightarrows}} K$ Kernpaar von $K \to E$ und
$K\Pi K \xrightarrow{(pr_1, pr_2)} K\Pi K = 1_{K\Pi K}$ ist $\overline{R} \overset{\overline{p}_1}{\underset{\overline{p}_2}{\rightrightarrows}} K$ als Durchschnitt einer nicht-leeren Menge von Kernpaaren mit gemeinsamem Ziel nach 3.51 selbst Kernpaar.

Sei nun $K \overset{c}{\to} C$ Differenzencokern von $[\overline{p}_1, \overline{p}_2]$.

Es wird gezeigt, daß c Differenzencokern von $[f_1, f_2]$ ist.

Nach Definition von M existiert zu jedem $(A_m \xrightarrow{(m_1, m_2)} K\Pi K) \in M'$

a_m mit 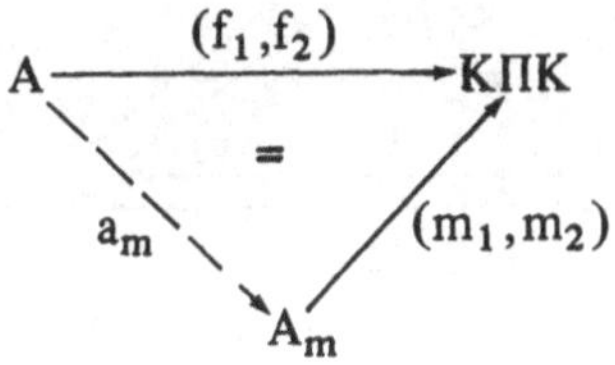 Nach Definition des Durchschnitts (3.49) existiert $\overline{a}$ mit

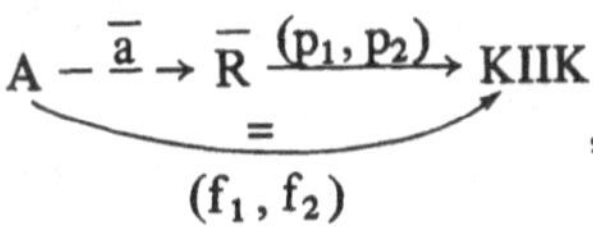 , also mit 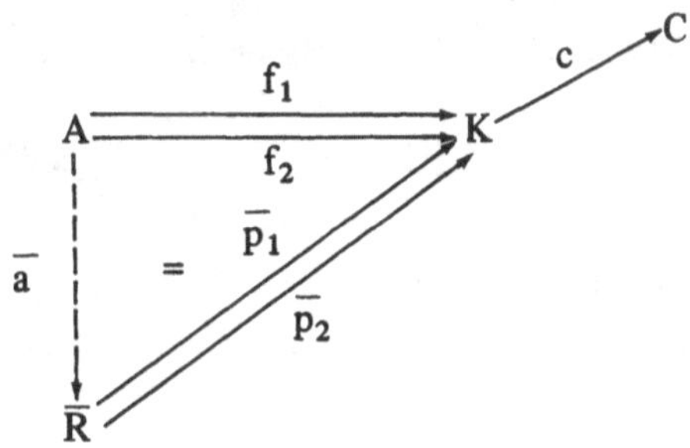

Wegen $c = \mathrm{dcok}(\overline{p}_1, \overline{p}_2)$ gilt deshalb 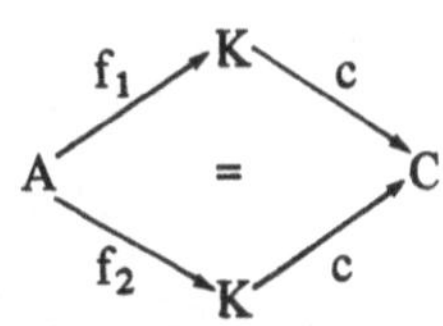

Gelte nun auch 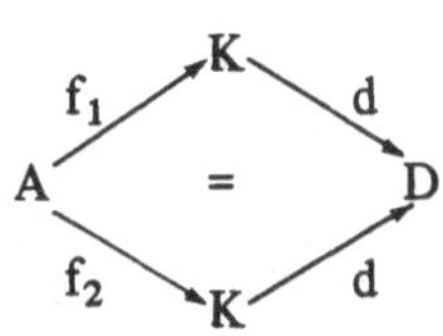 (1)

Nach Voraussetzung existiert ein Kernpaar $R^d \underset{p_2^d}{\overset{p_1^d}{\rightrightarrows}} K$ von d. (2)

o.B.d.A. kann $(R^d \xrightarrow{(p_1^d, p_2^d)} K\Pi K) \in M_{K\Pi K}$ angenommen werden, denn ein Paar, welches sich nur durch Vorschaltung eines Isomorphismus von einem Kernpaar von d unterscheidet, ist selbst Kernpaar von d.

Wegen (1) existiert eindeutig a^d mit

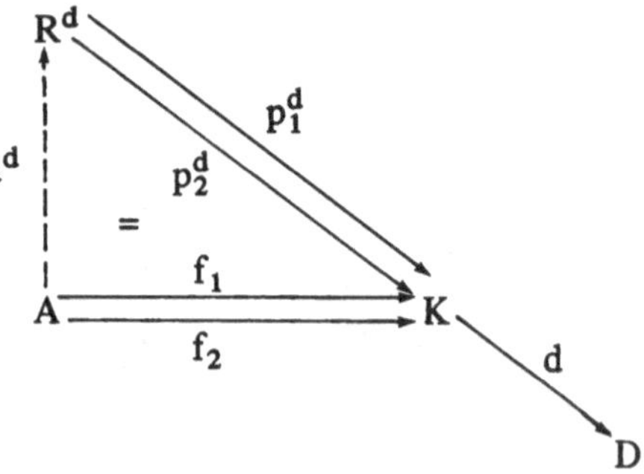

also gilt $(R^d \xrightarrow{(p_1^d, p_2^d)} K\Pi K) \in M'$.

Wegen $(\overline{R} \xrightarrow{(\overline{p}_1, \overline{p}_2)} K\Pi K) = \cap M'$ existiert also

h^d mit

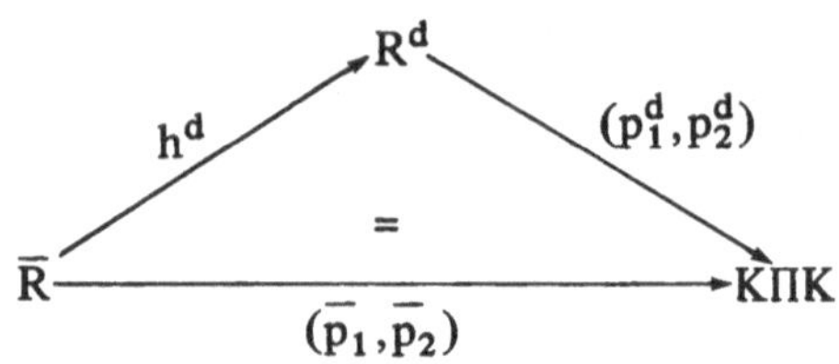

(vgl. 3.49),

also mit

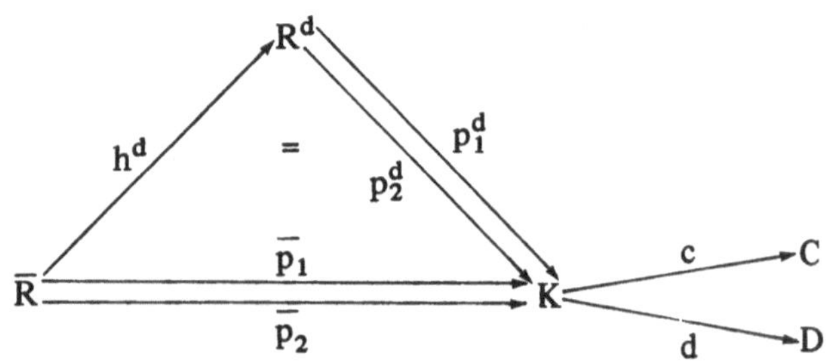

Wegen (2) folgt daraus

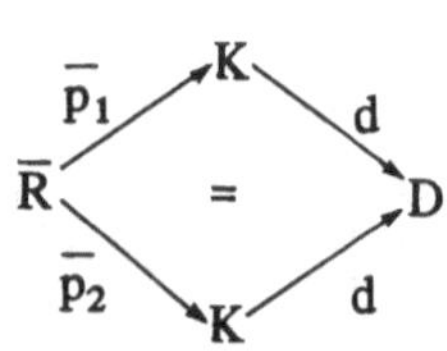

, also existiert

wegen $c = \mathrm{dcok}(\overline{p}_1,\overline{p}_2)$ eindeutig

e mit 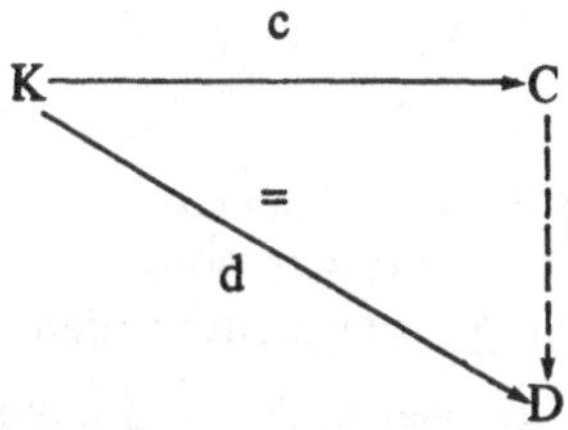 . Also gilt $c = \mathrm{dcok}(f_1,f_2)$. q.e.d.

3.54 Definition und Bemerkung

Das Paar $\overline{R} \overset{\overline{p}_1}{\underset{\overline{p}_2}{\rightrightarrows}} K$ im Beweis von 3.53 heißt von $A \overset{f_1}{\underset{f_2}{\rightrightarrows}} K$ *erzeugtes Kernpaar*.

Als Kernpaar seines Differenzencokerns c, der auch Differenzencokern von $[f_1,f_2]$ ist, ist es durch $[f_1,f_2]$ bis auf Isomorphie eindeutig bestimmt.
$\overline{R} \overset{\overline{p}_1}{\underset{\overline{p}_2}{\rightrightarrows}} K$ ist der Durchschnitt aller Kernpaare, die $A \overset{f_1}{\underset{f_2}{\rightrightarrows}} K$ „umfassen“, d. h. über die $A \overset{f_1}{\underset{f_2}{\rightrightarrows}} K$ faktorisiert.

3.55 Bemerkung

In Kapitel 5 wird gezeigt: Falls $\underline{K}$ Differenzenkerne und [endliche] Produkte besitzt, so besitzt $\underline{K}$ [endliche] „Limites“, insbesondere [endliche] Durchschnitte und Kernpaare. Nach [7],2.8,Satz 1, zweiter Teil ist dies genau dann der Fall, wenn $\underline{K}$ endliche Durchschnitte und [endliche] Produkte besitzt. Die Voraussetzung von 3.53, daß $\underline{K}$ Kernpaare besitzt, ist also schon aus den anderen Voraussetzungen über $\underline{K}$ ableitbar. Die Konstruktion allgemeiner Differenzencokerne ist aus [8] übernommen.

4 Universelle Konstruktionen von Automaten

Nachdem im 2. Kapitel die Kategorie der Automaten $\underline{A}$ eingeführt worden ist und im 3. Kapitel spezielle Limiten in Kategorien untersucht worden sind, soll jetzt die Existenz und Struktur dieser Limiten in $\underline{A}$ untersucht werden.

Besonders ausführlich werden Kernpaare in $\underline{A}$, die sich als Automatenkongruenzen herausstellen, und Differenzencokerne, d. h. Faktorisierungen untersucht, die dann interessante Homomorphiesätze für Automaten liefern.

Das für Automaten wichtige Problem der Reduktion von Zuständen bei gleichem Ein-Ausgabeverhalten wird technisch – anschaulich definiert, kategoriell charakterisiert und stellt sich dann als Lösung eines „universellen" Problems in kategoriellem Sinn heraus. Vorbereitend dazu wird vorher die Kategorie $\underline{A}(I,O)$ der Automaten mit konstantem Ein- und Ausgabealphabet untersucht.

Limeskonstruktionen von Automaten

Es werden Produkte, Differenzenkerne und Pullbacks von Automaten untersucht und interpretiert. Dabei zeigt sich, daß diese – insbesondere auch Urbilder, Durchschnitte und Kernpaare – komponentenweise in $\underline{Me}$ gebildet und dann in eindeutiger Weise strukturiert werden können.

4.1 Satz (Produktautomaten)

Die Kategorie der [endlichen] Automaten ist eine Kategorie mit [endlichen] Produkten.

Beweis: 1. Konstruktion des Produktes:

Sei $[A_j]_{j\in J}$ eine [endliche] Familie von [endlichen] Automaten.

Seien $\prod_J I_j$, $\prod_J O_j$, $\prod_J S_j$ Produkte in $\underline{Me}$. Wegen der Produkteigenschaft von $\prod_J O_j$ bzw. $\prod_J S_j$ existieren eindeutig λ_Π bzw. δ_Π mit $\bigwedge j\in J$

$$\begin{array}{ccccc}
\prod_J O_j & \xleftarrow{\quad\lambda_\Pi\quad} & \prod_J I_j \times \prod_J S_j & \xrightarrow{\quad\delta_\Pi\quad} & \prod_J S_j \\
\Big\downarrow p_j^O & \overset{(1)}{=} & \Big\downarrow p_j^I \times p_j^S & \overset{(2)}{=} & \Big\downarrow p_j^S \\
O_j & \xleftarrow{\quad\lambda_j\quad} & I_j \times S_j & \xrightarrow{\quad\delta_j\quad} & S_j
\end{array}$$

Also ist $\prod_J A_j := (\prod_J I_j, \prod_J O_j, \prod_J S_j, \delta_\Pi, \lambda_\Pi)$ [endlicher] Automat und $p_j := (p_j^I, p_j^O, p_j^S)$ $(j \in J)$ sind Automatenmorphismen.

2. Nachweis der Produkteigenschaften von $\prod_J A_j$

Beh.: $\prod_J A_j$ ist Produkt von $[A_j]_J$ und p_i sind die Projektionen.

Beweis: Sei $[f_j : A \to A_j]_J$ eine Familie von Automatenmorphismen. Wegen der Produkteigenschaften von $\prod_J O_j$, $\prod_J I_j$, $\prod_J S_j$ existieren in Me eindeutig g^O, g^I, g^S, so daß (3), die I-Komponente von (4) und Diagramm (5) in

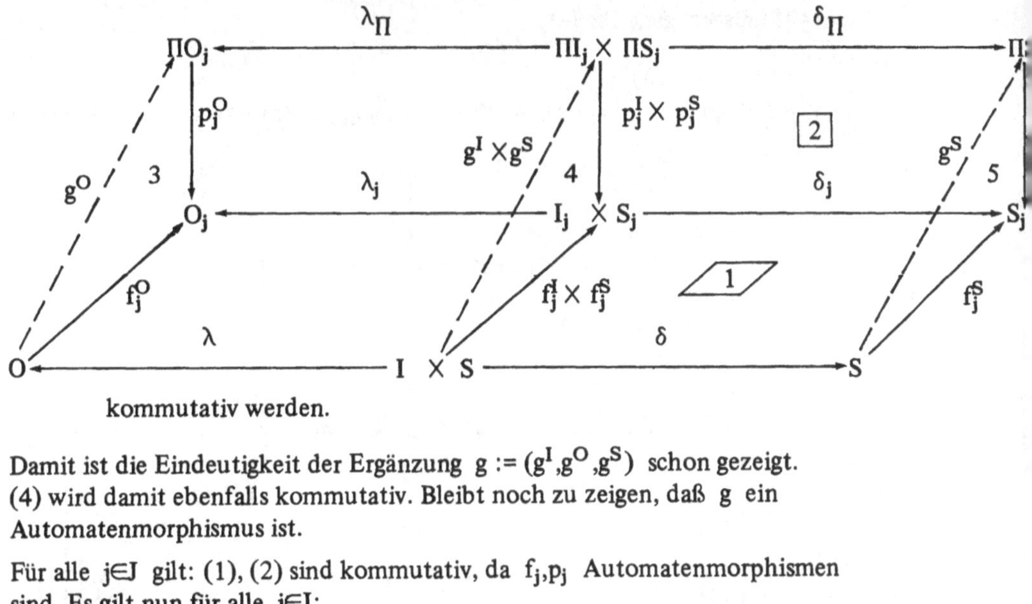

kommutativ werden.

Damit ist die Eindeutigkeit der Ergänzung $g := (g^I, g^O, g^S)$ schon gezeigt. (4) wird damit ebenfalls kommutativ. Bleibt noch zu zeigen, daß g ein Automatenmorphismus ist.

Für alle $j \in J$ gilt: (1), (2) sind kommutativ, da f_j, p_j Automatenmorphismen sind. Es gilt nun für alle $j \in J$:

$$p_j^S \circ \delta_\Pi \circ (g^I \times g^S) \overset{(2)}{=} \delta_j \circ (p_j^I \times p_j^S) \circ (g^I \times g^S) \overset{(4)}{=} \delta_j \circ (f_j^I \times f_j^S) \overset{(1)}{=} f_j^S \circ \delta \overset{(5)}{=} p_j^S \circ g^S \circ \delta .$$

Wegen der Eindeutigkeit der Ergänzung in das Produkt (vgl. 3.16,1) $\prod_J S_j$ gilt also $\delta_\Pi \circ (g^I \times g^S) = g^S \circ \delta$. Entsprechend zeigt man: $\lambda_\Pi \circ (g^I \times g^S) = g^O \circ \lambda$. q.e.d.

4.2 Struktur des Produktautomaten

Für eine Familie $[A_j]_J$ von Automaten liefert die Charakterisierung der Me-Produkte von 3.15,1 folgende explizite Darstellung des Produktautomaten:

$\prod_J A_j = (\prod_J I_j, \prod_J O_j, \prod_J S_j, \delta_\Pi, \lambda_\Pi)$ wobei die Produkte in den Komponenten die kartesischen Produkte sind und für alle $k \in J$

$p_k^S \circ \delta_\Pi([\![x_j]\!]_J, [\![s_j]\!]_J) = \delta_k(p_k^I([\![x_j]\!]_J), p_k^S([\![s_j]\!]_J)) = \delta_k(x_k, s_k) =$
$= p_k^S([\![\delta_j(x_j,s_j)]\!]_J)$, d. h. $\delta_\Pi([\![x_j]\!]_J, [\![s_j]\!]_J) = [\![\delta_j(x_j,s_j)]\!]_J$.

Entsprechend für λ_Π.

Dieser Produktautomat ist die Parallelschaltung der Automaten $A_j (j \in J)$, die in Kapitel 6 noch genauer untersucht wird.

4.3 Satz (Differenzenkernautomaten)

$\underline{A}$ ist eine Kategorie mit Differenzenkernen (dker).

Beweis: Seien $f_1, f_2 \in \mathrm{Mor}\underline{A}(A,A')$.

Dann gilt (ausgezogene Pfeile):

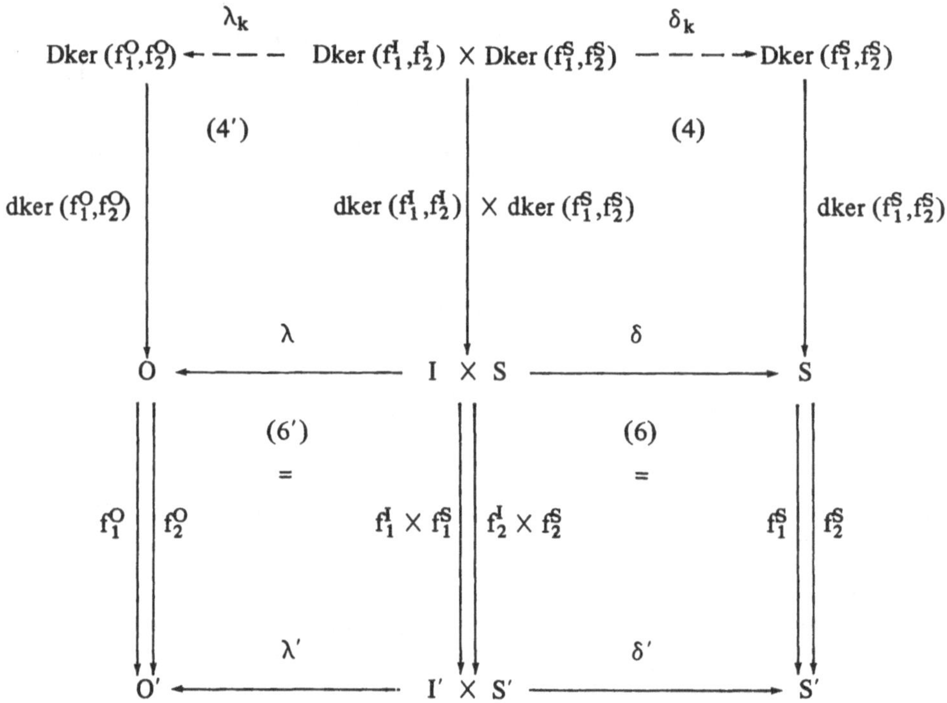

Dabei sind die Gleichheiten der unteren Teildiagramme komponentenweise zu lesen, d. h. $\bigwedge j \in [\![1,2]\!]\ f_j^O \circ \lambda = \lambda' \circ (f_j^I \times f_j^S)$ und $\bigwedge j \in [\![1,2]\!]\ f_j^S \circ \delta = \delta' \circ (f_j^I \times f_j^S)$, also gilt:

$f_1^S \circ \delta \circ (\mathrm{dker}(f_1^I,f_2^I) \times \mathrm{dker}(f_1^S,f_2^S)) \overset{(6)}{=} \delta' \circ (f_1^I \times f_1^S) \circ (\mathrm{dker}(f_1^I,f_2^I) \times \mathrm{dker}(f_1^S,f_2^S))$
$= \delta' \circ [(f_1^I \circ \mathrm{dker}(f_1^I,f_2^I) \times (f_1^S \circ \mathrm{dker}(f_1^S,f_2^S))] \overset{*}{=}$
$\overset{*}{=} \delta' \circ [(f_2^I \circ \mathrm{dker}(f_1^I,f_2^I) \times (f_2^S \circ \mathrm{dker}(f_1^S,f_2^S)] =$

$= \delta' \circ (f_2^I \times f_2^S) \circ (\mathrm{dker}(f_1^I, f_2^I) \times \mathrm{dker}(f_1^S, f_2^S)) =$

$\overset{(6)}{=} f_2^S \circ \delta \circ (\mathrm{dker}(f_1^I, f_2^I) \times \mathrm{dker}(f_1^S, f_2^S))$, wobei an der Stelle „*" die <u>Me</u>-Differenzenkerneigenschaft eingeht.

Wegen dieser Eigenschaft von $\mathrm{dker}(f_1^S, f_2^S)$ gibt es genau ein δ_k, das (4) kommutativ macht.

Analog zeigt man, daß es genau ein λ_k gibt, das (4′) kommutativ macht.

Damit ist

$\mathrm{Dker}(f_1, f_2) := (\mathrm{Dker}(f_1^I, f_2^I), \mathrm{Dker}(f_1^O, f_2^O), \mathrm{Dker}(f_1^S, f_2^S), \delta_k, \lambda_k)$ Automat und

$\mathrm{dker}(f_1, f_2) := (\mathrm{dker}(f_1^I, f_2^I), \mathrm{dker}(f_1^O, f_2^O), \mathrm{dker}(f_1^S, f_2^S)) \in \mathrm{Mor}\underline{A}(\mathrm{Dker}(f_1, f_2), A)$

$\mathrm{dker}(f_1, f_2)$ ist Differenzenkern von $[f_1, f_2]$ in der Kategorie $\underline{A}$, denn:

a) Nach Konstruktion gilt $\mathrm{dker}(f_1, f_2) \circ f_1 = \mathrm{dker}(f_1, f_2) \circ f_2$

b) Sei $A'' \in |\underline{A}|$ und $f = (f_I, f_O, f_S) \in \mathrm{Mor}\underline{A}(A'', A)$ beliebig mit $f_1 \circ f = f_2 \circ f$.

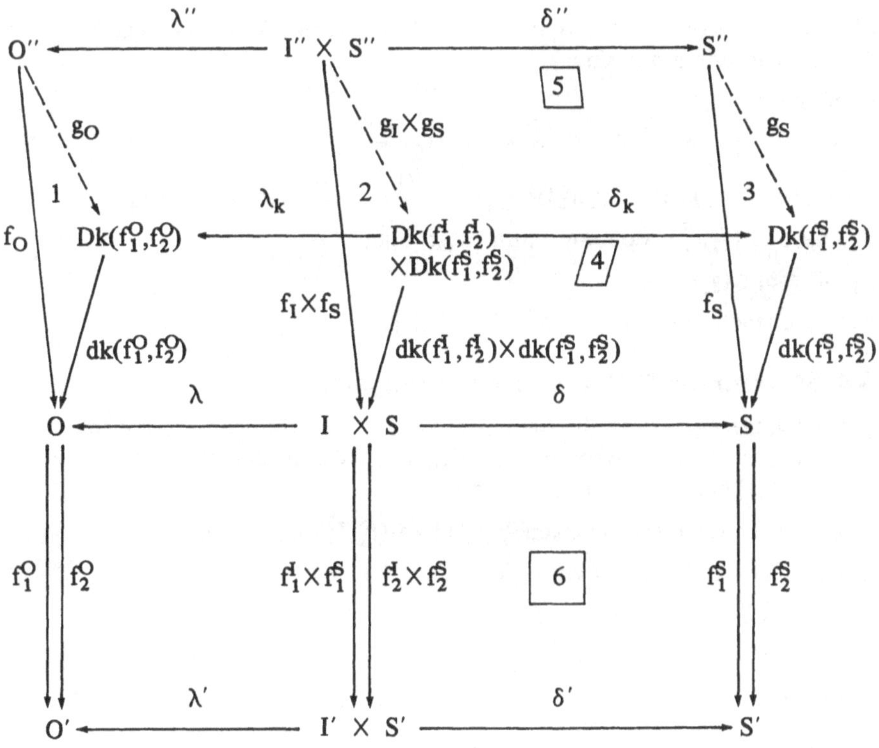

(In diesem Diagramm ist Dker durch Dk und dker durch dk abgekürzt.)

Wegen $f_1^I \circ f_I = f_2^I \circ f_I$, $f_1^O \circ f_O = f_2^O \circ f_O$, $f_1^S \circ f_S = f_2^S \circ f_S$ gibt es in <u>Me</u> genau ein g_O bzw. g_I bzw. g_S, das (1), bzw. die I-Komponente von (2) bzw. (3) kommutativ macht. Damit ist die Eindeutigkeit von $g = (g_I, g_O, g_S)$ mit

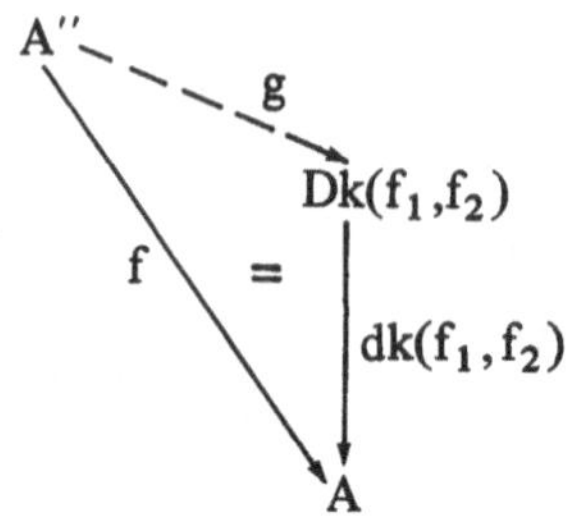

gezeigt.

$g_I \times g_S$ ergänzt (2) kommutativ. Bleibt noch zu zeigen, daß g ein Automatenmorphismus ist.

Die Diagramme (4) und (5) kommutieren, weil f und $\mathrm{dker}(f_1,f_2)$ (s.o.) Automatenmorphismen sind.

Es gilt nun:

$$\mathrm{dker}(f_1^S,f_2^S) \circ g_S \circ \delta'' \overset{(3)}{=} f_S \circ \delta'' \overset{(5)}{=} \delta \circ (f_I \times f_S) \overset{(2)}{=}$$

$$= \delta \circ (\mathrm{dker}(f_1^I,f_2^I) \times \mathrm{dker}(f_1^S,f_2^S)) \circ (g_I \times g_S) \overset{(4)}{=} \mathrm{dker}(f_1^S,f_2^S) \circ \delta_k \circ (g_I \times g_S),$$

und da $\mathrm{dker}(f_1^S,f_2^S)$ Monomorphismus ist, folgt:

$g_S \circ \delta'' = \delta_k \circ (g_I \times g_S)$.

Entsprechend zeigt man $g_O \circ \lambda'' = \lambda_k \circ (g_I \times g_S)$. q.e.d.

4.4 Struktur des Differenzenkernautomaten

Eine explizite Angabe der Basismengen und der Struktur des Differenzenkernautomaten ist möglich, wenn man die Charakterisierung der Me-Differenzenkerne (3.4,1) einsetzt; man erhält dann:

$\mathrm{Dker}(f_1,f_2) = (\mathrm{Dker}(f_1^I,f_2^I), \mathrm{Dker}(f_1^O,f_2^O), \mathrm{Dker}(f_1^S,f_2^S), \delta_k, \lambda_k)$ mit

$\mathrm{Dker}(f_1^I,f_2^I) = [\![x \in I \mid f_1^I(x) = f_2^I(x)]\!]$

$\mathrm{Dker}(f_1^O,f_2^O) = [\![y \in O \mid f_1^O(y) = f_2^O(y)]\!]$

$\mathrm{Dker}(f_1^S,f_2^S) = [\![s \in S \mid f_1^S(s) = f_2^S(s)]\!]$

$\mathrm{dker}(f_1,f_2) = (\mathrm{in}_I, \mathrm{in}_O, \mathrm{in}_S) := \mathrm{in}_A$, wobei in für Inklusion steht.

Für alle $(x,s) \in \mathrm{Dker}(f_1^I,f_2^I) \times \mathrm{Dker}(f_1^S,f_2^S)$ gilt:

$\delta_k(x,s) = \mathrm{in}_S \circ \delta_k(x,s) = \delta \circ (\mathrm{in}_I \times \mathrm{in}_S)(x,s) = \delta(\mathrm{in}_I(x), \mathrm{in}_S(s)) = \delta(x,s)$,

analog für λ_k, d. h.

$\delta_k = \delta \mid_{\mathrm{Dker}(f_1^I, f_2^I) \times \mathrm{Dker}(f_1^S, f_2^S)}$

$\lambda_k = \lambda \mid_{\mathrm{Dker}(f_1^I, f_2^I) \times \mathrm{Dker}(f_1^S, f_2^S)}$.

4.5 Satz (Pullbacks von Automatenmorphismen)

$\underline{A}$ ist eine Kategorie mit Pullbacks.

Beweis: Nach Folgerung 3.42 existieren beliebige Pullbacks, da $\underline{A}$ eine Kategorie mit endlichen Produkten und Differenzenkernen ist.

4.6 Konstruktion und Struktur von Pullbacks in $\underline{A}$

Seien $A, A_1, A_2 \in \underline{A}$ und $f_1 \in \mathrm{Mor}\underline{A}(A_1, A)$, $f_2 \in \mathrm{Mor}\underline{A}(A_2, A)$.

Ein spezielles Pullback dieses Diagramms läßt sich nach der in Satz 3.39 angegebenen Konstruktion wie folgt angeben (s. auch 4.2,4.4):

$P \quad = (P_I, P_O, P_S, \delta_P, \lambda_P)$ mit

$P_I \quad = [\![(x_1, x_2) \in I_1 \times I_2 \mid f_1^I(x_1) = f_2^I(x_2)]\!]$

$P_O \quad = [\![(y_1, y_2) \in O_1 \times O_2 \mid f_1^O(y_1) = f_2^O(y_2)]\!]$

$P_S \quad = [\![(s_1, s_2) \in S_1 \times S_2 \mid f_1^S(s_1) = f_2^S(s_2)]\!]$

$\delta_P\,((x_1, x_2), (s_1, s_2)) = (\delta_1(x_1, s_1), \delta_2(x_2, s_2))$

$\lambda_P\,((x_1, x_2), (s_1, s_2)) = (\lambda_1(x_1, s_1), \lambda_2(x_2, s_2))$

für alle $((x_1, x_2), (s_1, s_2)) \in P_I \times P_S$.

Die „Projektionen" des Pullbacks sind $P \overset{in}{\to} A_1 \Pi A_2 \overset{p_j}{\to} A_j$ (j=1,2).

4.7 Anwendung (vollständiges Urbild)

Sei speziell $f_1 = f \in \mathrm{Mor}\underline{A}(A_1, A)$ und A_2 Unterautomat von A und f_2 der Monomorphismus $in_A = (in_I, in_O, in_S) : A_2 \to A$, dann ist das Pullback (kategoriell) das vollständige Urbild von A_2 unter f. Nach 4.6 gilt:

$P_I = [\![(x_1, x_2) \in I_1 \times I_2 \mid f(x_1) = in_I(x_2) = x_2]\!] = [\![(x_1, f_I(x_1)) \in I_1 \times I_2]\!]$,

entsprechend P_O, P_S.

Die Basismengen P_I, P_O, P_S und die Struktur δ_P, λ_P des Urbildautomaten P sollen nun isomorph so eingeführt werden, daß man einen zu P isomorphen Automaten $f^{-1}[A_2]$ erhält, dessen Basismengen komponentenweise die mengentheoretischen Urbilder sind und dessen Struktur man durch Einschränkung der Struktur von A_1 gewinnt.

Sei der $\underline{Me}$-Isomorphismus $i_I : P_I \to f_I^{-1}[I_2]$ definiert durch $(x_1, f_I(x_1)) \leftrightarrow x_1$ und entsprechend Isomorphismen i_O und i_S in der O- und S-Komponente.

$\lambda_{f^{-1}}, \delta_{f^{-1}}, f^{-1}[A_2]$ seien definiert durch

$$
\begin{array}{llcccc}
P: & P_O & \xleftarrow{\quad\lambda_P\quad} & P_I \times P_S & \xrightarrow{\quad\delta_P\quad} & P_S \\
 & \downarrow i_O & = & \downarrow i_I \times i_S & = & \downarrow i_S \\
f^{-1}[A_2]: & f_O^{-1}[O_2] & \xleftarrow{\quad\lambda_{f^{-1}}\quad} & f_I^{-1}[I_2] \times f_S^{-1}[S_2] & \xrightarrow{\quad\delta_{f^{-1}}\quad} & f_S^{-1}[S_2]
\end{array}
$$

d. h. $\lambda_{f^{-1}} := i_O \circ \lambda_P \circ (i_I^{-1} \times i_S^{-1})$, $\delta_{f^{-1}} := i_S \circ \delta_P \circ (i_I^{-1} \times i_S^{-1})$.

$i := (i_I, i_O, i_S)$ ist damit $\underline{A}$-Isomorphismus von P nach $f^{-1}[A_2]$.

Wegen

$\delta_{f^{-1}}(x,s) = i_S \circ \delta_P \circ (i_I^{-1} \times i_S^{-1})(x,s) = i_S \circ \delta_P((x,f_I(x)),(s,f_S(s))) =$

$= i_S(\delta_1(x,s),\delta_2(f_I(x),f_S(s))) = i_S(\delta_1(x,s),f_S(\delta_1(x,s))) = \delta_1(x,s)$, d. h.

$\delta_{f^{-1}} = \delta_1 \mid_{f_I^{-1}[I_2] \times f_S^{-1}[S_2]}$, entsprechend:

$\lambda_{f^{-1}} = \lambda_1 \mid_{f_I^{-1}[I_2] \times f_S^{-1}[S_2]}$

gilt:

$f^{-1}[A_2] := (f_I^{-1}[I_2], f_O^{-1}[O_2], f_S^{-1}[S_2], \delta_1 \mid_{f_I^{-1}[I_2] \times f_S^{-1}[S_2]}, \lambda_1 \mid_{f_I^{-1}[I_2] \times f_S^{-1}[S_2]})$.

Da A_2 Unterautomat von A_1 und $f: A_1 \to A$ Automatenmorphismus ist, entspricht der Unterautomat $f^{-1}[A_2]$ von A_1 dem, was man anschaulich als Urbildautomat erwartet, und ist andererseits wegen der Isomorphie mit P auch das kategorielle Urbild.

4.8 Anwendung 2 (Durchschnitt)

Seien A_1, A_2 Unterautomaten von A. Dann ist der Durchschnitt von A_1, A_2 kategoriell der Pullback-Automat

$$
P \text{ in } \quad
\begin{array}{ccccc}
 & & A_1 & & \\
 & \nearrow^{q_1} & & \searrow^{in_1} & \\
P & & \text{Pullback} & & A \\
 & \searrow_{q_2} & & \nearrow_{in_2} & \\
 & & A_2 & &
\end{array}
\quad \text{mit „Einbettung“ } in_1 \circ q_1 = in_2 \circ q_2
$$

Nach 4.6 ist

$P_I = [\![(x_1,x_2) \in I_1 \times I_2 \mid in_1^I(x_1) = x_1 = x_2 = in_2^I(x_2)]\!] = [\![(x,x) \mid x \in I_1 \cap I_2]\!]$

Diese Menge ist offensichtlich isomorph zu $I_1 \cap I_2$, der Isomorphismus werde mit i_I bezeichnet $(i_I(x,x) = x)$;

entsprechend $P_O \underset{i_O}{\overset{\approx}{\Rightarrow}} O_1 \cap O_2$, $P_S \underset{i_S}{\overset{\approx}{\Rightarrow}} S_1 \cap S_2$.

$A_1 \cap A_2 := (I_1 \cap I_2, O_1 \cap O_2, S_1 \cap S_2, \delta_\cap, \lambda_\cap)$ mit

$\delta_\cap = i_S \circ \delta_P \circ (i_I^{-1} \times i_S^{-1})$, $\lambda_\cap = i_O \circ \lambda_P \circ (i_I^{-1} \times i_S^{-1})$, ist Automat und

$i = (i_I, i_O, i_S) : P \to A_1 \cap A_2$ Automatenmorphismus (Beweis wie bei 4.7) und es gilt

$\delta_\cap = \delta \mid_{(I_1 \cap I_2) \times (S_1 \cap S_2)}$, $\lambda_\cap = \lambda \mid_{(I_1 \cap I_2) \times (S_1 \cap S_2)}$.

Damit ist der Automat $A_1 \cap A_2$, bei dem die Schnitte komponentenweise in $\underline{Me}$ gebildet worden sind, auch der Durchschnitt in der Kategorie $\underline{A}$. Entsprechend konstruiert man den Durchschnitt einer [endlichen] Menge von Automaten.

Kongruenzen und Faktorautomaten

Es werden Kongruenzrelationen auf Automaten eingeführt, mit den Kernpaaren der Kategorie $\underline{A}$ verglichen und Faktorautomaten nach Kongruenzen als Differenzencokerne definiert.

4.9 Definition und Bemerkung

Sei $A \in |\underline{A}|$. Eine *Automatenrelation* auf A ist ein Tripel $R = (R_I, R_O, R_S)$ von Relationen mit $R_I \subseteq I \times I$, $R_O \subseteq O \times O$, $R_S \subseteq S \times S$ mit $\Lambda(x_1,x_2) \in R_I$ $\Lambda(s_1,s_2) \in R_S$

$\delta_R((x_1,x_2),(s_1,s_2)) := (\delta(x_1,s_1), \delta(x_2,s_2)) \in R_S \wedge$

$\lambda_R((x_1,x_2),(s_1,s_2)) := (\lambda(x_1,s_1), \lambda(x_2,s_2)) \in R_O$.

Der Automat $(R_I, R_O, R_S, \delta_R, \lambda_R)$ werde ebenfalls mit R bezeichnet.

Nach Definition von δ_R und λ_R gilt (komponentenweise)

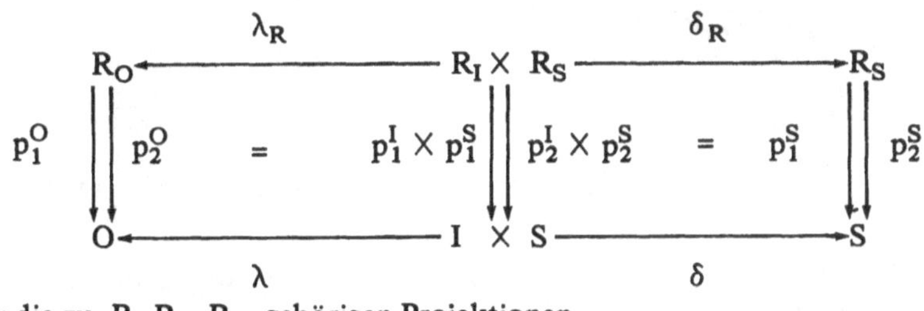

für die zu R_I, R_O, R_S gehörigen Projektionen.

Also ist $R \overset{p_1}{\underset{p_2}{\rightrightarrows}} A$ mit $p_j = (p_j^I, p_j^O, p_j^S)$ $(j=1,2)$ Morphismenpaar in $\underline{A}$.

Eine Automatenrelation $K = (K_I, K_O, K_S)$ auf $A \in |\underline{A}|$ heißt *Automatenkongruenz* (auf A), falls K_I, K_O, K_S Äquivalenzrelationen sind. Der Automat $K = (K_I, K_O, K_S, \delta_K, \lambda_K)$ wird ebenfalls als Automatenkongruenz bezeichnet.

Für eine Automatenrelation R auf $A \in |\underline{A}|$ ist der (komponentenweise) Durchschnitt $\overline{R}$ der Menge aller Automatenkongruenzen auf A, die R (komponentenweise) umfassen, Automatenkongruenz (trivial). $\overline{R}$ heißt die *von* R *erzeugte Automatenkongruenz*.

4.10 Behauptung

Sei $f \in \mathrm{Mor}\underline{A}(A, A')$. Dann ist das nach 4.6 als Pullback konstruierte Kernpaar von f Automatenkongruenz mit zugehörigen Projektionen.

Kernpaare in $\underline{A}$ sind also bis auf Isomorphie Automatenkongruenzen. Kernpaare werden „komponentenweise" konstruiert.

Beweis: Nach 4.6 ist fur $R := (R_I, R_O, R_S, \delta_R, \lambda_R)$ mit

$R_I = [\![(x_1, x_2) \in I \times I \mid f^I(x_1) = f^I(x_2)]\!] = \ddot{A}k(f^I)$,

$R_O = \ddot{A}k(f^O)$, $R_S = \ddot{A}k(f^S)$, $\delta_R : R_I \times R_S \to R_S$ definiert durch

$R_I \times R_S \ni ((x_1, x_2), (s_1, s_2)) \mapsto (\delta(x_1, s_1), \delta(x_2, s_2)) \in R_S$ (1)

$\lambda_R : R_I \times R_S \to R_O$ definiert durch

$R_I \times R_S \ni ((x_1, x_2), (s_1, s_2)) \mapsto (\lambda(x_1, s_1), \lambda(x_2, s_2)) \in R_O$ (2)

und die „Projektionen" $p_j = (p_j^I, p_j^O, p_j^S)$ mit

$(R_I \overset{p_1^I}{\underset{p_2^I}{\rightrightarrows}} I) = (R_I \overset{\subseteq}{\underset{\subseteq}{\rightrightarrows}} {I \times I \atop I \times I} \overset{pr_1^I}{\underset{pr_2^I}{\rightrightarrows}} I) = KP(f^I)$ (3), für O und S entsprechend,

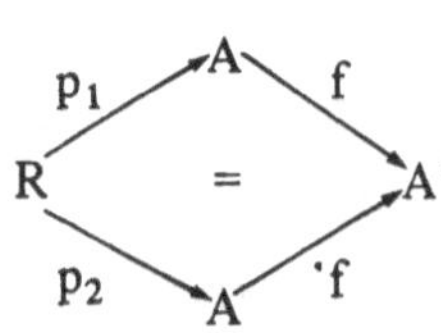

Pullback-Diagramm,

d. h. $R \overset{p_1}{\underset{p_2}{\rightrightarrows}} A$ ist Kernpaar von f, das wegen (3) komponentenweise konstruiert wird.

Wegen (1) und (2) ist $R = (R_I, R_O, R_S, \delta_R, \lambda_R)$ Automatenkongruenz auf A. p_1, p_2 sind die zugehörigen Projektionen. q.e.d.

Zur Konstruktion von Faktorautomaten nach Kongruenzen werden die folgenden Lemmata benötigt:

4.11 Vertauschung von Differenzencokernen mit Produkten

Seien $R \underset{p_2}{\overset{p_1}{\rightrightarrows}} M$ und $R' \underset{p_2'}{\overset{p_1'}{\rightrightarrows}} M'$ Äquivalenzrelationen mit zugehörigen Projektionen auf den Mengen M und M' mit Differenzencokernen $M \overset{c}{\twoheadrightarrow} C := M \xrightarrow{nat_R} M|_R$ und
$M' \overset{c'}{\twoheadrightarrow} C' := M' \xrightarrow{nat_{R'}} M'|_{R'}$.

Dann ist $M{\times}M' \xrightarrow{c \times c'} C{\times}C'$ Differenzencokern von $R{\times}R' \underset{p_2 \times p_2'}{\overset{p_1 \times p_1'}{\rightrightarrows}} M{\times}M'$.

Beweis: c und c' sind surjektive Abbildungen und damit auch $c{\times}c'$. Also ist $c{\times}c'$ Retraktion in $\underline{\text{Me}}$, also nach dem zu 3.11 dualen Satz Differenzencokern und damit nach 3.33 a) Differenzencokern seines Kernpaares, d. h. nach 3.30 Differenzencokern von

$$(\text{Äk}(c{\times}c') \underset{p'}{\overset{p}{\rightrightarrows}} M{\times}M') = (\text{Äk}(c{\times}c') \underset{\subseteq}{\overset{\subseteq}{\rightrightarrows}} \begin{matrix}(M{\times}M'){\times}(M{\times}M') \\ (M{\times}M'){\times}(M{\times}M')\end{matrix} \underset{pr_2}{\overset{pr_1}{\rightrightarrows}} M{\times}M')$$

mit

$$\begin{aligned}\text{Äk}(c{\times}c') &= [\![((m_1,m_1'),(m_2,m_2')) \in (M{\times}M'){\times}(M{\times}M') \mid (c{\times}c')(m_1,m_1') = \\ &= (c{\times}c')(m_2,m_2')]\!] = \\ &= [\![((m_1,m_1'),(m_2,m_2')) \in (M{\times}M'){\times}(M{\times}M') \mid c(m_1) = c(m_2) \\ &\wedge c'(m_1') = c'(m_2')]\!] = \\ &= [\![((m_1,m_1'),(m_2,m_2')) \mid (m_1,m_2) \in R \wedge (m_1',m_2') \in R']\!]\end{aligned}$$

nach Definition von c und c'.

Für den $\underline{\text{Me}}$-Isomorphismus $i : \text{Äk}(c{\times}c') \to R{\times}R'$ definiert durch $((m_1,m_1'),(m_2,m_2')) \mapsto ((m_1,m_2),(m_1',m_2'))$ gilt

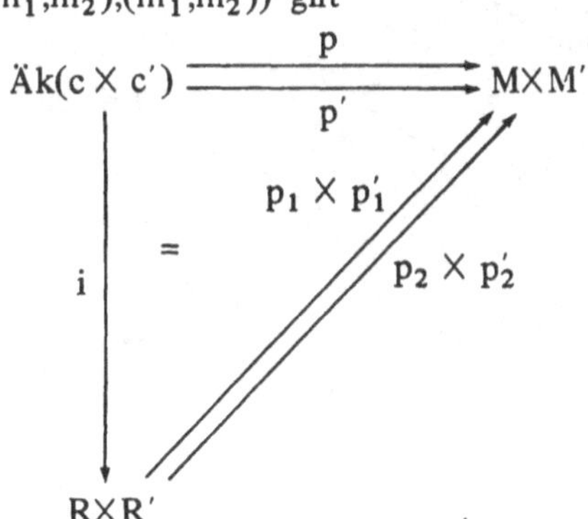

Also ist $c{\times}c'$ Differenzencokern auch von $R{\times}R' \underset{p_2 \times p_2'}{\overset{p_1 \times p_1'}{\rightrightarrows}} M{\times}M'$. q.e.d.

4.12 Differenzencokerne von Automatenkongruenzen

Sei $K = (K_I, K_O, K_S, \delta_K, \lambda_K)$ Kongruenz auf $A \in |\underline{A}|$ mit Projektionen $p_1, p_2 \in \mathrm{Mor}\underline{A}(K,A)$ (vergl. 4.9). Dann existieren eindeutig δ_C, λ_C mit

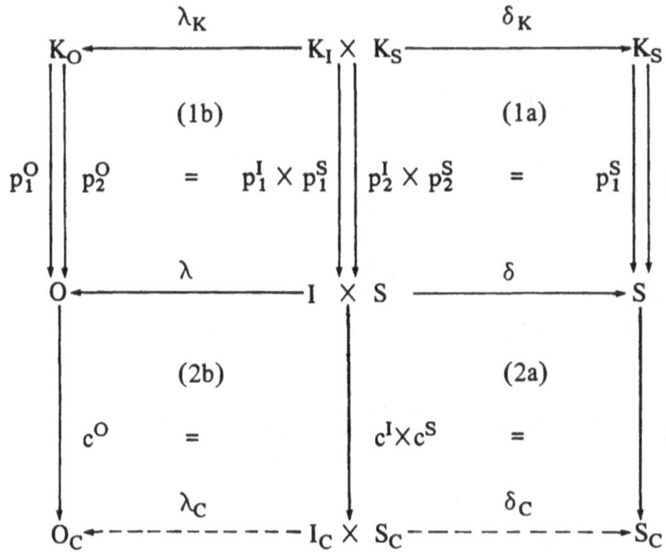

wobei $I_C := \mathrm{Dcok}(p_1^I, p_2^I)$, $c^I := \mathrm{dcok}(p_1^I, p_2^I)$, entsprechend für O und S.
$c := (c^I, c^O, c^S) \in \mathrm{Mor}\underline{A}(A,C)$ mit $C = (I_C, O_C, S_C, \delta_C, \lambda_C) \in |\underline{A}|$ ist Differenzencokern von $p_1 = (p_1^I, p_1^O, p_1^S)$ und $p_2 = (p_2^I, p_2^O, p_2^S)$.

Beweis: Nach 4.11 ist $c^I \times c^S = \mathrm{dcok}(p_1^I, p_2^I) \times \mathrm{dcok}(p_1^S, p_2^S)$ Differenzencokern von $p_1^I \times p_1^S$ und $p_2^I \times p_2^S$.

Wegen

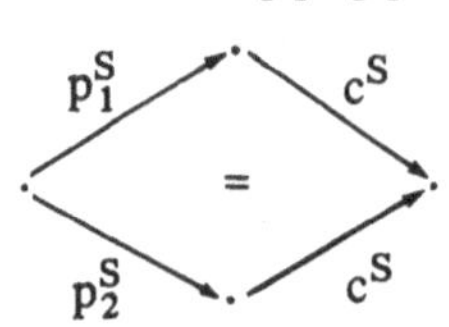

und der Kommutativität von (1a) gilt:

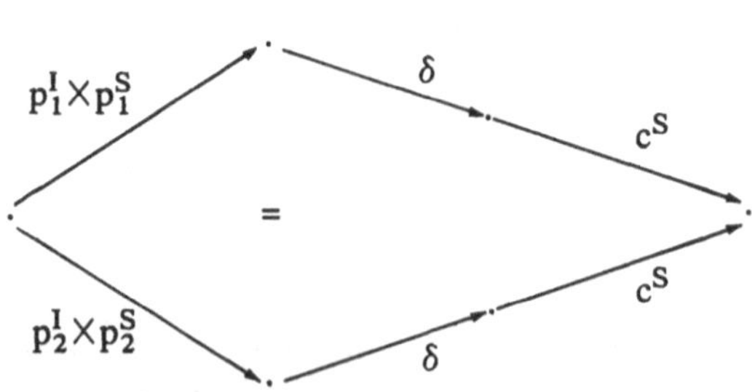

Wegen $c^I \times c^S = \mathrm{dcok}(p_1^I \times p_1^S, p_2^I \times p_2^S)$ existiert also eindeutig eine kommutative Ergänzung δ_C von (2a). Ebenso folgt, daß eindeutig eine kommutative Ergänzung λ_C von (2b) existiert. $C = (C_I, C_O, C_S, \delta_C, \lambda_C) \in |\underline{A}|$ ist trivial.

$c \in \mathrm{Mor}\underline{A}(A,C)$ gilt nach Konstruktion von δ_C und λ_C.

Nachweis der Differenzencokern-Eigenschaften von c:

Nach Definition von c^I, c^O, c^S als Differenzencokerne gilt:

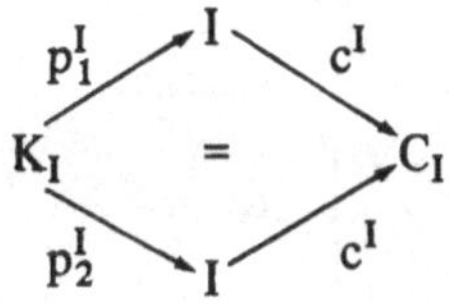

, entsprechend für O und S,

also

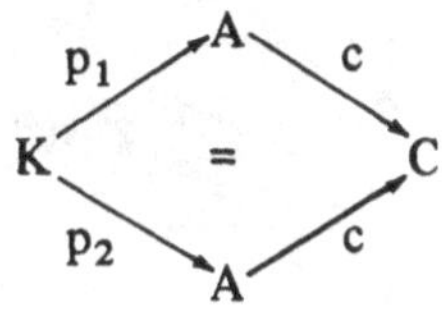

.

Gelte nun auch für $A' \in |\underline{A}|$, $f = (f^I, f^O, f^S) \in \mathrm{Mor}\underline{A}(A, A')$

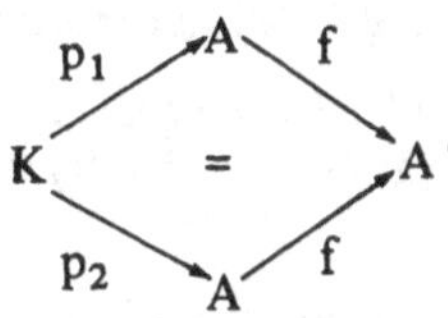

.

Dann existieren wegen der dcok-Eigenschaft von c^I, c^O, c^S eindeutig g^I, g^O, g^S mit

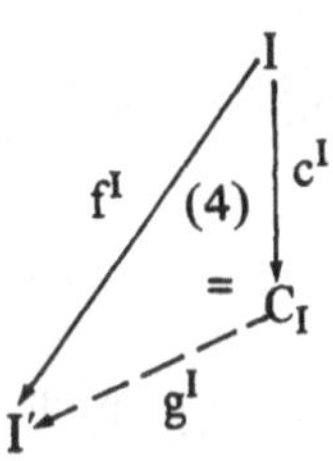

bzw.

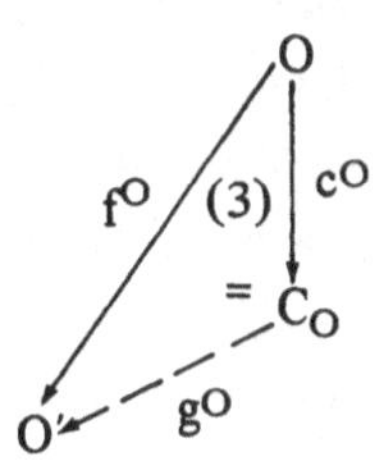

bzw.

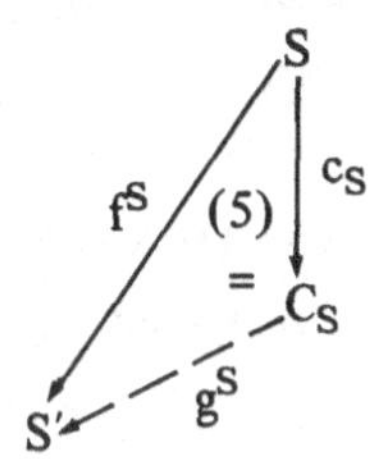

Hieraus folgt insbesondere, daß es höchstens ein $g \in \mathrm{Mor}\underline{A}(C, A')$

mit

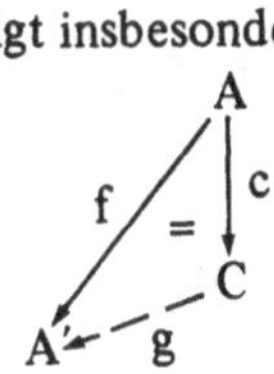

gibt.

Es bleibt $g := (g^I, g^O, g^S) \in \mathrm{Mor}\underline{A}(C,A')$ zu zeigen, d. h. die Kommutativität von (7a), (7b) in

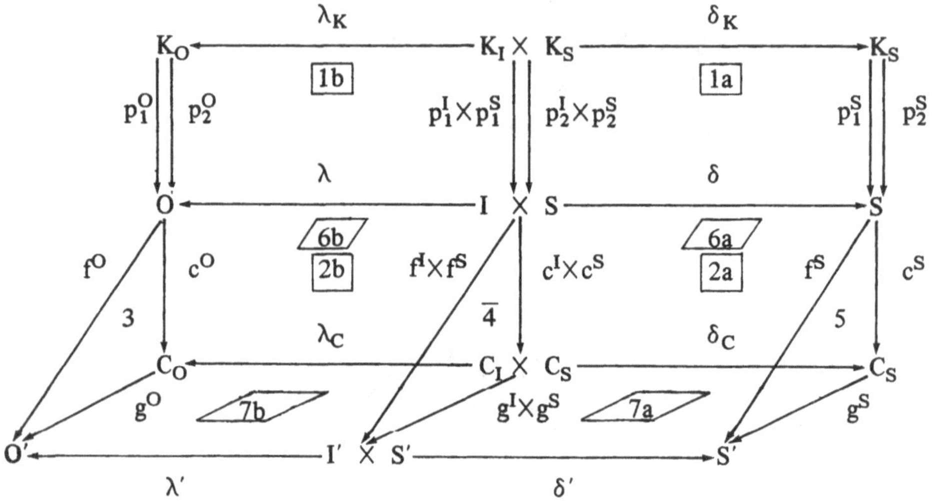

Aus der Kommutativität von (4) und (5) (siehe Diagramm) folgt die von $(\overline{4})$. (6a) und (6b) sind wegen $f \in \mathrm{Mor}\underline{A}(A,A')$ kommutativ und damit (1a) bis (6b).

Wegen der Kommutativität von $(\overline{4})$, (6a), (5), (2a) bzw. $(\overline{4})$, (6b), (3), (2b) (in dieser Reihenfolge) gilt $\delta' \circ (g^I \times g^S) \circ (c^I \times c^S) = g^S \circ \delta_C \circ (c^I \times c^S)$ bzw. $\lambda' \circ (g^I \times g^S) \circ (c^I \times c^S) = g^O \circ \lambda^C \circ (c^I \times c^S)$.

Daraus folgt wegen $c^I \times c^S$ Epimorphismus die Kommutativität von (7a) und (7b). q.e.d.

4.13 Bemerkung: Struktur des Differenzencokerns

Man kann nach Konstruktior den Differenzencokern der Kongruenz K mit den Projektionen p_1, p_2 wie folgt angeben:

$\mathrm{Dcok}(p_1, p_2) = A/K = (I/K_I, O/K_O, S/K_S, \delta_C, \lambda_C)$

$\mathrm{dcok}(p_1, p_2) = \mathrm{nat} = (\mathrm{nat}_I, \mathrm{nat}_O, \mathrm{nat}_S)$; dabei gilt:

$\delta_C([x]_{K_I}, [s]_{K_S}) = \delta_C\ (\mathrm{nat}_I \times \mathrm{nat}_S)\ (x,s) = \mathrm{nat}_S\ (\delta(x,s)) = [\delta(x,s)]_{K_S}$ und entsprechend

$\lambda_C([x]_{K_I}, [s]_{K_S}) = [\lambda(x,s)]_{K_O}$ für alle $([x]_{K_I}, [s]_{K_S}) \in I/K_I \times S/K_S$.

4.14 Definition

Der in 4.13 angegebene Automat A/K wird *Faktorautomat* von A nach K genannt.

4.15 Satz

Die Kernpaare in $\underline{A}$ sind bis auf Isomorphie genau die Automatenkongruenzen mit den zugehörigen Projektionen.

Beweis: Nach 4.10 ist jedes Kernpaar bis auf Isomorphie eine Automatenkongruenz mit den zugehörigen Projektionen.

Andererseits ist jede Automatenkongruenz K auf A mit ihren Projektionen $p_1, p_2 : K \to A$ Kernpaar ihres Differenzencokerns $nat : A \to A/K$, denn

$Äk(nat_I) = [\![(x,x') \in I \times I \mid nat_I(x) = nat_I(x')]\!] = K_I$, entsprechend

$Äk(nat_O) = K_O$, $Äk(nat_S) = K_S$, nach 4.10 sind die „Projektionen" des Kernpaares von $nat := (nat_I, nat_O, nat_S)$ gerade die Projektionen

$p_j = (K_I \overset{p_j^I}{\to} I,\ K_O \overset{p_j^O}{\to} O,\ K_S \overset{p_j^S}{\to} S)\ (j=1,2)$. q.e.d.

4.16 Definition und Motivation

$A \in |\underline{A}|$ heißt *einfach,* wenn die Diagonale $\Delta_A := (\Delta_I, \Delta_O, \Delta_S)$ und die Allrelation $(I \times I, O \times O, S \times S)$ die einzigen Kongruenzrelationen auf A sind. (Diese beiden können auch zusammenfallen.)

Einfache Automaten treten bei der Zerlegung von Automaten (Kapitel 6) auf.

Homomorphiesätze

Für die Kategorie der Automaten werden „Homomorphiesätze" bewiesen, die den „Abbildungssätzen" in $\underline{Me}$ entsprechen. Dabei wird „Äquivalenzrelation" ersetzt durch „Kongruenz" bzw. „Kernpaar", „Quotient" durch „Faktorautomat" bzw. „Differenzencokern", „Relation" durch „Automatenrelation" bzw. „Morphismenpaar in $\underline{A}$".

4.17 Spezieller Homomorphiesatz

Sei $f : A \to A'$ beliebiger Automatenmorphismus und $K \overset{p_1}{\underset{p_2}{\rightrightarrows}} A$ sein Kernpaar ($K = (Äk(f^I), Äk(f^O), Äk(f^S), \delta_K, \lambda_K)$, (siehe 4.10)). Dann gibt es genau ein $\bar{f} \in Mor\underline{A}(A/K, A')$ mit

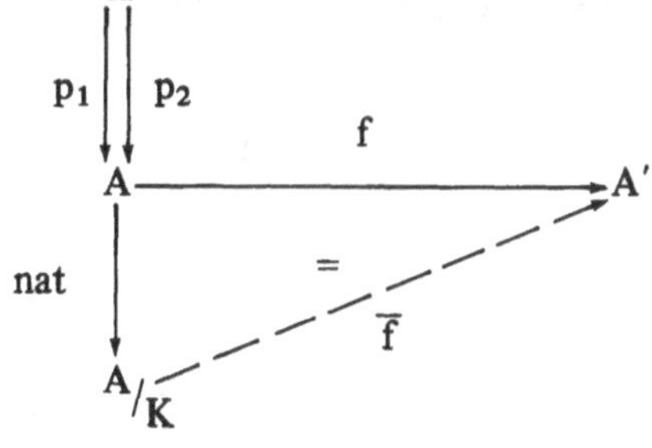

(1)

Darüberhinaus ist $\bar{f}$ Monomorphismus.

Falls f Epimorphismus ist, so ist $\bar{f}$ Isomorphismus.

Beweis: Wegen $nat = (nat_I, nat_O, nat_S) = dcok(p_1, p_2)$ (siehe 4.13) und

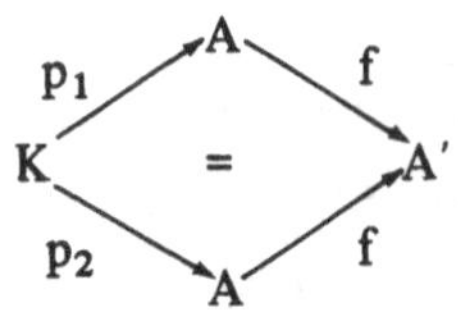

existiert eindeutig $\bar{f}$ mit (1).

Bleibt noch zu zeigen, daß $\bar{f}$ ein Monomorphismus ist. Dies folgt jedoch sofort aus dem Abbildungssatz in $\underline{Me}$ in den Komponenten I,O und S, da hiernach g_I, g_O, g_S injektiv, also g ein Monomorphismus ist.

Wenn $f = \bar{f} \circ nat$ ein Epimorphismus ist, dann ist $\bar{f}$ ein Epi und als Mono ein Iso in $\underline{A}$. q.e.d.

4.18 Folgerung

Aus dem letzten Teil von 4.17 folgt: In $\underline{A}$ ist jeder Epimorphismus Differenzencokern.

4.19 Definition

Seien $A, A' \in |\underline{A}|$, $f \in Mor\underline{A}(A, A')$,

$f[A] := (f_I[I], f_O[O], f_S[S], \delta' \mid_{f_I[I] \times f_S[S]}, \lambda' \mid_{f_I[I] \times f_S[S]})$ ist offensichtlich Unterautomat von A'. $f[A]$ heißt *Bildautomat von* A *unter* f.

4.20 Satz

Seien $A, A' \in |\underline{A}|$, $f \in Mor\underline{A}(A, A')$, „in" die Einbettung von $f[A]$ in A'. Dann gibt es genau einen Epimorphismus f' mit

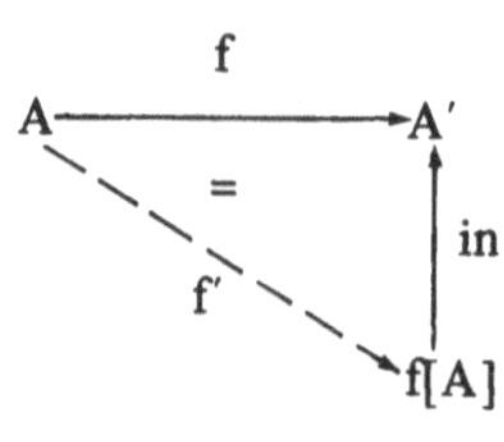

Falls f Monomorphismus ist, so ist f′ Isomorphismus.

Beweis:

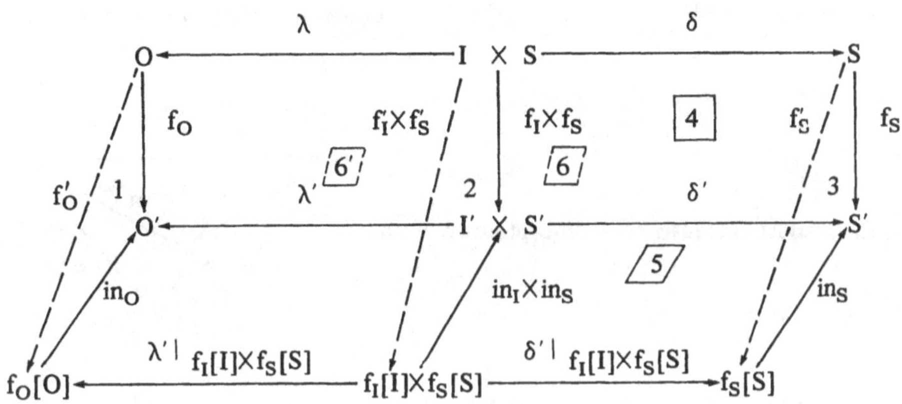

In $\underline{Me}$ existieren surjektive f_O', f_I', f_S' eindeutig so, daß (1), die I-Komponente von (2) und (3) kommutativ werden. Damit ist die Eindeutigkeit von f′ schon gezeigt. (2) wird dann kommutativ. (4), (5) sind kommutativ, da f und in Automatenmorphismen sind.

$$in_S \circ \delta' \mid_{f_I[I] \times f_S[S]} \circ (f_I' \times f_S') \overset{(5),(2),(4),(3)}{=} in_S \circ f_S' \circ \delta .$$

Hieraus folgt die Kommutativität von (6), da in_S Monomorphismus ist.

Ebenso zeigt man die Kommutativität von (6′).

Damit ist f′ Automatenmorphismus und wegen der Surjektivität von f_I', f_O', f_S' Epimorphismus.

Falls $f = in \circ f'$ ein Monomorphismus ist, ist f′ ein Monomorphismus, also als Epimorphismus ein Isomorphismus in $\underline{A}$ (vergl. 2.32).
(in $\underline{A}$: Mono $\wedge$ Epi $\Leftrightarrow$ Iso) q.e.d.

4.21 Epi-Mono-Faktorisierung

$\underline{A}$ besitzt bis auf Isomorphie eindeutige Epi-Mono-Faktorisierungen, d. h. zu jedem $\underline{A}$-Morphismus $A \xrightarrow{f} A'$ existiert eine

Faktorisierung 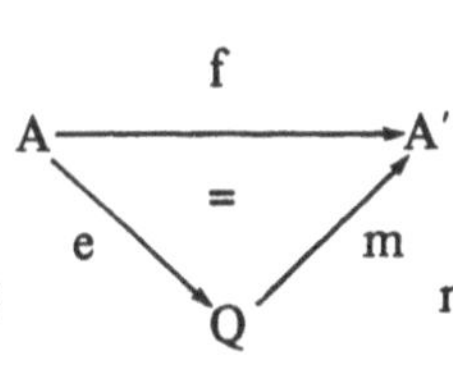 mit Epimorphismus e und Monomorphismus m, und falls auch 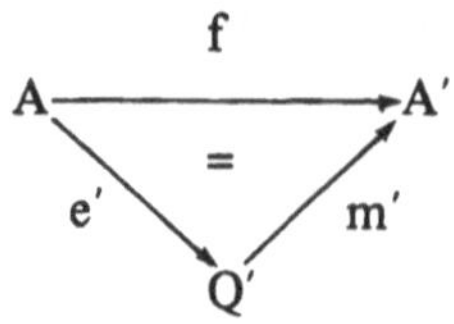

Epi-Mono-Faktorisierung von f ist,

so existiert eindeutig ein Isomorphismus i mit 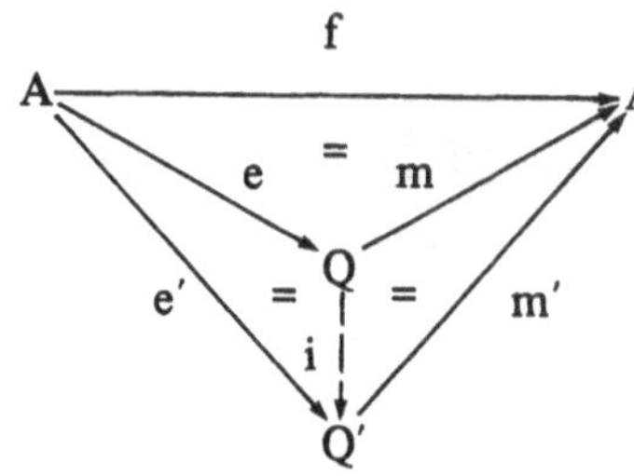

Also stimmen insbesondere die „Cobild"-Faktorisierung aus 4.17 und die „Bild"-Faktorisierung aus 4.20 bis auf Isomorphie überein.

Beweis: Sei 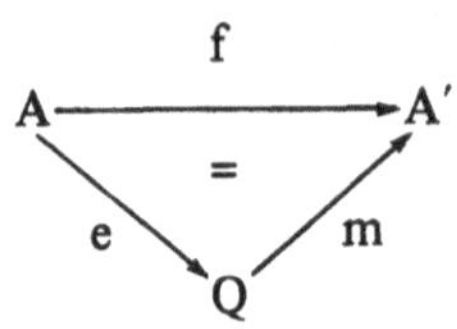

eine Epi-Mono-Faktorisierung in $\underline{A}$.

Sei $K \overset{p_1}{\underset{p_2}{\rightrightarrows}} A$ Kernpaar von f. Wegen m Mono ist $K \overset{p_1}{\underset{p_2}{\rightrightarrows}} A$ auch Kernpaar von e. Nach 4.18 ist e Differenzencokern, also nach 3.33a) Differenzencokern seines Kernpaares $K \overset{p_1}{\underset{p_2}{\rightrightarrows}} A$.

Da dies auch für $A \overset{nat}{\to} A/K$ gilt, existiert eindeutig i mit

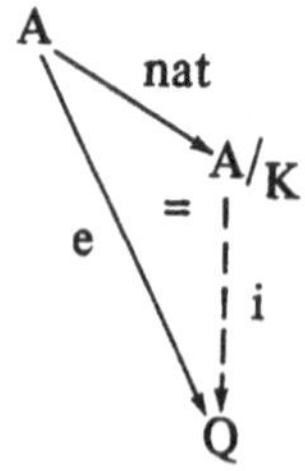

und i ist Isomorphismus.

Wegen

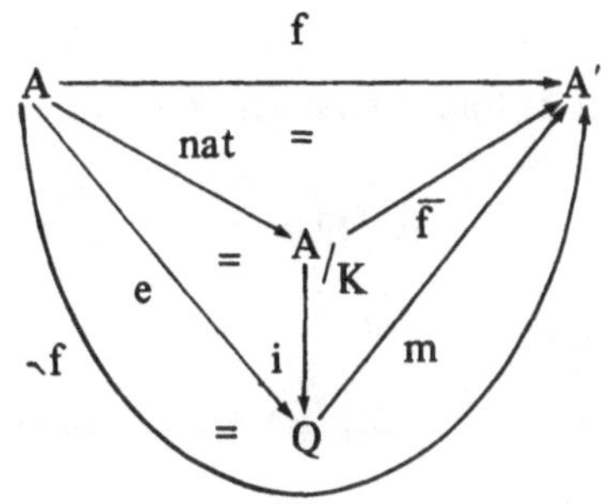

und nat Epimorphismus,

also $m \circ i \circ nat = m \circ e = f = \bar{f} \circ nat \Rightarrow m \circ i = \bar{f}$,

gilt

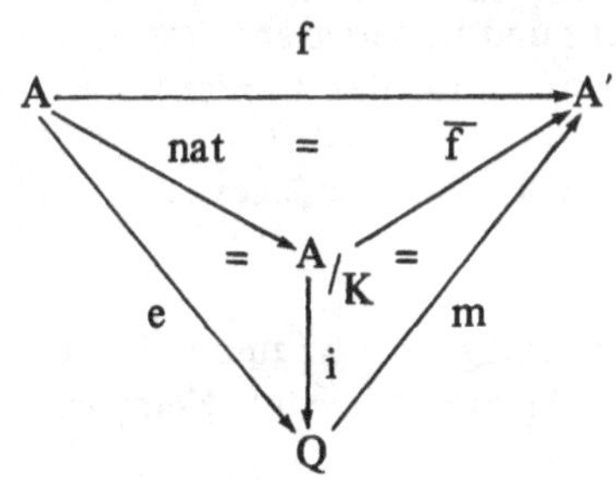

q.e.d.

4.22 Satz

Die Kategorie der [endlichen] Automaten ist lokal klein [lokal endlich]. (vergl. 3.52)

Beweis: Die Unterautomaten eines [endlichen] Automaten A bilden offensichtlich eine [endliche] Menge M_A, die bis auf Bijektion eine Teilmenge der [endlichen] Menge $P(I) \times P(O) \times P(S)$ ist, wobei P(I) u.s.w. die Potenzmenge von I u.s.w. ist.

Zu jedem Unterautomaten von A gehört eindeutig seine Einbettung in A.

Sei also A ein [endlicher] Automat und M_A die [endliche] Menge der Einbettungen von Unterautomaten von A in A.

Sei $f \in Mor\underline{A}(A', A)$ ein beliebiger Monomorphismus. Nach 4.20 existiert ein Isomorphismus f′ mit

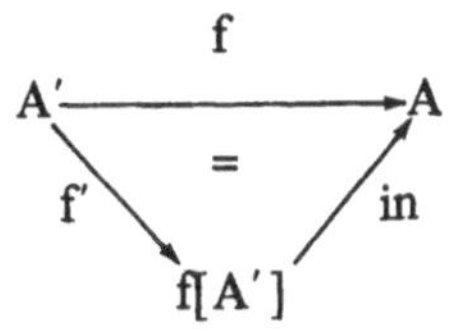

q.e.d.

4.23 Satz

Die Kategorie $\underline{A}$ der [endlichen] Automaten ist eine Kategorie mit Differenzencokernen.

Für ein Paar $f = A' \overset{f_1}{\underset{f_2}{\rightrightarrows}} A$ ist $nat : A \to A/\overline{R}$ Differenzencokern von f_1 und f_2, wobei $\overline{R}$ die von

$R(f) = (R(f_1^I,f_2^I),R(f_1^O,f_2^O),R(f_1^S,f_2^S)) :=$

$:= ([\![(f_1^I(x'),f_2^I(x')) \mid x' \in I']\!],[\![\ldots]\!],[\![\ldots]\!])$ erzeugte Automatenkongruenz

(vergl. 4.9) ist.

Beweis: Die Kategorie $\underline{A}$ der [endlichen] Automaten ist nach 4.22, 3.55, 4.1, 2.34 lokal kleine [lokal endliche] Kategorie mit [endlichen] Durchschnitten, [endlichen] Produkten, Endobjekt und Differenzencokernen von Kernpaaren (die nach 4.13 als Faktorautomaten konstruiert werden).

Nach Satz 3.53 ist damit die Kategorie der [endlichen] Automaten Kategorie mit Differenzencokernen.

Die von $R(f)$ erzeugte Automatenkongruenz ist zusammen mit ihren Projektionen das im Beweis von 3.53 konstruierte von f erzeugte Kernpaar $[\overline{p}_1,\overline{p}_2]$, weil dort

$M' := [\![K \overset{p_1}{\underset{p_2}{\rightrightarrows}} A \mid K$ ist Kongruenz auf A und $R(f) \subseteq K]\!]$ gewählt werden kann.

Nach 4.12 ist $nat : A \to A/\overline{R}$ Differenzencokern von $\overline{p}_1$ und $\overline{p}_2$, also nach 3.53 Differenzencokern von $f = [f_1,f_2]$. q.e.d.

4.24 Allgemeiner Homomorphiesatz

Seien A,A' Automaten, R bzw. R' Automatenrelationen auf A bzw. A', $\overline{R}$ bzw. $\overline{R}'$ die von R bzw. R' erzeugten Automatenkongruenzen auf A bzw. A' (vergl. 4.9), $f : A \to A'$ Automatenmorphismus mit $f[R] \subseteq R'$, d. h. $\Lambda(i_1,i_2) \in R_I\ (f^I(i_1),f^I(i_2)) \in R'_I$, für O und S entsprechend.

Dann existiert eindeutig $\overline{f}$ mit

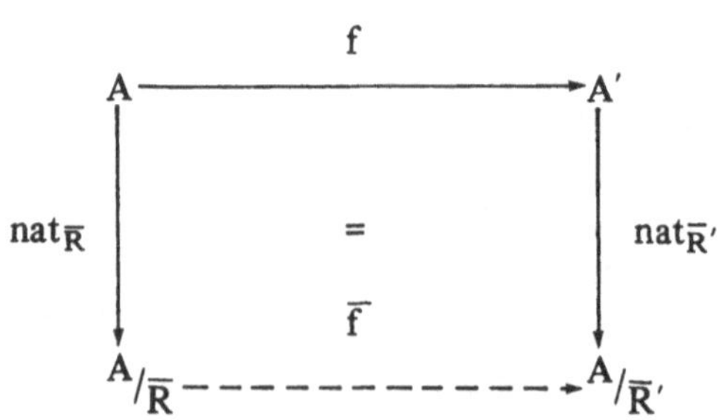

Beweis: Sei $R \overset{p_1}{\underset{p_2}{\rightrightarrows}} A$ das zu R gehörige Paar (vgl. 4.9) und $\overline{R}$ die von $(R(p_1^I,p_2^I),R(p_1^O,p_2^O),R(p_1^S,p_2^S)) = (R_I,R_O,R_S)=R$ erzeugte Automatenkongruenz, dann ist nach 4.23 $nat_{\overline{R}}$ Differenzencokern von $R \overset{p_1}{\underset{p_2}{\rightrightarrows}} A$.

$\tilde{f} : R \to R'$ definiert durch $R_I \ni (i_1,i_2) \overset{\tilde{f}^I}{\mapsto} (f^I(i_1),f^I(i_2)) \in R'_I$, für O und S entsprechend, ist Automatenmorphismus (wegen $f \in Mor\underline{A}(A,A')$) mit

$$\begin{array}{ccc} R & \xrightarrow{\tilde{f}} & R' \\ p_1 \Big\downarrow\Big\downarrow p_2 & = & p'_1 \Big\downarrow\Big\downarrow p'_2 \\ A & \xrightarrow{f} & A' \end{array}$$

Wegen $nat_{\overline{R}'} \circ p'_1 = nat_{\overline{R}'} \circ p'_2$ gilt deshalb $nat_{\overline{R}'} \circ f \circ p_1 = nat_{\overline{R}'} \circ f \circ p_2$.
Wegen $nat_{\overline{R}} = dcok(p_1,p_2)$ existiert also eindeutig $\overline{f}$ mit

$$\begin{array}{ccc} R & \xrightarrow{\tilde{f}} & R' \\ p_1 \Big\downarrow\Big\downarrow p_2 & = & p'_1 \Big\downarrow\Big\downarrow p'_2 \\ A & \xrightarrow{f} & A' \\ nat_{\overline{R}} \Big\downarrow & = & \Big\downarrow nat_{\overline{R}'} \\ A/_{\overline{R}} & \overset{\overline{f}}{\dashrightarrow} & A'/_{\overline{R}'} \end{array}$$

q.e.d.

Automaten mit konstanten Ein- und Ausgabealphabeten

Zur Behandlung von Reduktionen von Automaten benötigt man die in diesem Abschnitt untersuchten Kategorien von Automaten mit konstanten Ein- und Ausgabealphabeten.

4.25 Definition

Für $I,O \in |\underline{Me}|$ fest sei $\underline{A}(I,O)$ die Unterkategorie von $\underline{A}$, deren Objekte die Automaten $A = (I,O,S,\delta,\lambda)$ sind mit S,δ,λ beliebig und deren Morphismen die Automatenmorphismen der Form $f = (1_I, 1_O, f_S)$ sind.

4.26 Satz

Die Kategorie $\underline{A}(I,O)$ der [endlichen] Automaten ist eine Kategorie mit [endlichen] Coprodukten.

Beweis: Sei $[A_j]_J \subseteq |\underline{A}(I,O)|$ eine [endliche] Familie von Automaten aus $\underline{A}(I,O)$, d. h.

$\bigwedge(j\in J)\ A_j = (I,O,S_j,\delta_j,\lambda_j)$.

1. Konstruktion des Coproduktes: Wegen $I\times(\dot{\bigcup_J} S_j) = \dot{\bigcup_J}(I\times S_j) = \coprod_J(I\times S_j)$ (in $\underline{Me}$) mit Injektionen $(I\times S_j \to I\times\dot{\bigcup_J} S_j) = (I\times S_j \xrightarrow{1_I\times in_j} I\times(\dot{\bigcup_J} S_j))$ existieren eindeutig δ und λ mit

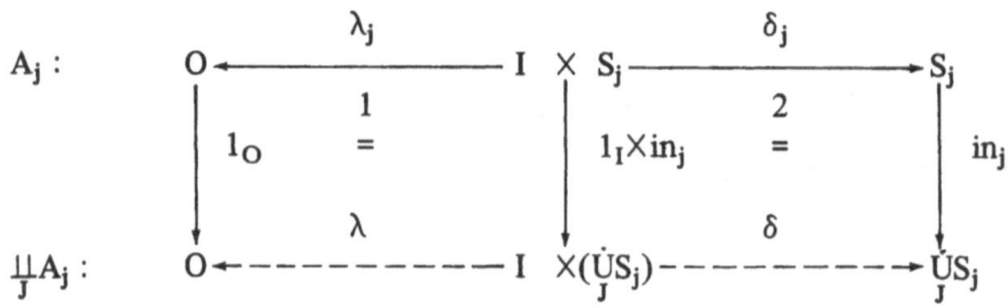

Also ist, da die [endliche] disjunkte Vereinigung von [endlichen] Mengen eine [endliche] Menge ist, mit den so definierten δ und λ

$\coprod_{j\in J} A_j := (I,O,\dot{\bigcup_J} S_j,\delta,\lambda)$ [endlicher] Automat und für jedes $j\in J$ $(1_I,1_O,in_j)\in\underline{A}(I,O)\ (A_j,\coprod_J A_j)$.

2. Nachweis der Coprodukteigenschaft von $(\coprod_J A_j,[(1_I,1_O,in_j]_J)$

   Sei $A' = (I,O,S',\delta',\lambda')\in|\underline{A}(I,O)|$, $[f_j]_J$ eine Familie von Automatenmorphismen mit $\bigwedge(j\in J)\ f_j\in\underline{A}(I,O)\ (A_j,A')$.

   Zu zeigen ist: Es existiert eindeutig

   $g = (1_I,1_O,g_S)\in\underline{A}(I,O)\ (\coprod_J A_j,A')$ mit $\bigwedge(j\in J)$

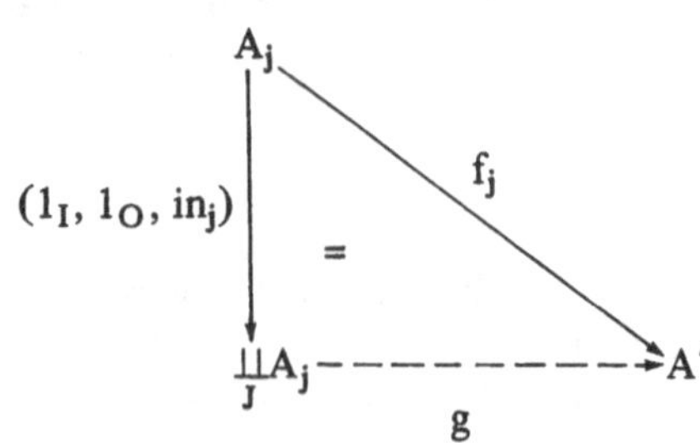

Wegen der Coprodukteigenschaft von $(\dot{\bigcup\limits_J} S_j,[in_j]_J)$ in $\underline{Me}$ existiert eindeutig g_S, so daß für jedes $j \in J$ (3) im folgenden Diagramm kommutativ ist:

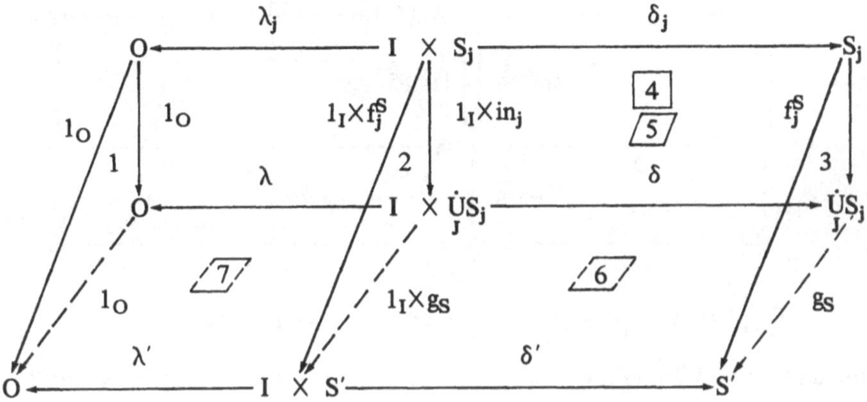

Damit ist insbesondere die Eindeutigkeit von $g = (1_I, 1_O, g_S)$ schon gezeigt. (2) ist dann ebenfalls kommutativ. (4) bzw. (5) sind kommutativ, da $(1_I, 1_O, in_j)$ bzw. f_j Automatenmorphismen sind.

Damit gilt für alle $j \in J$:

$$\delta' \circ (1_I \times g_S) \circ (1_I \times in_j) \overset{(2)}{=} \delta' \circ (1_I \times f_j^S) \overset{(5)}{=} f_j^S \circ \delta_j \overset{(3)}{=} g_S \circ in_j \circ \delta_j \overset{(4)}{=} g_S \circ \delta \circ (1_I \times in_j).$$

Da $(I \times \dot{\bigcup\limits_J} S_j, [1_I \times in_j]_J)$ Coprodukt in $\underline{Me}$ und die Ergänzung aus dem Coprodukt eindeutig ist, folgt $\delta' \circ (1_I \times g_S) = g_S \circ \delta$, also die Kommutativität von (6). Analog zeigt man die Kommutativität von (7).

Also gilt $g \in \underline{A}(I,O)(\coprod\limits_J A_j, A')$. q.e.d.

4.27 Satz

Die Kategorie $\underline{A}(I,O)$ besitzt Kernpaare, und diese können in $\underline{A}$ konstruiert werden.

Beweis: Sei $f = (1_I, 1_O, f_S) \in \underline{A}(I,O)(A,A')$. Dann ist wegen

$(I \overset{1_I}{\underset{1_I}{\rightrightarrows}} I) = KP(1_I)$, $(O \overset{1_O}{\underset{1_O}{\rightrightarrows}} O) = KP(1_O)$, $(\ddot{A}k(f_S) \overset{p_1^S}{\underset{p_2^S}{\rightrightarrows}} S) = KP(f_S)$ nach 4.10

$$\bar{A} \overset{(1_I, 1_O, p_1^S)}{\underset{(1_I, 1_O, p_2^S)}{\rightrightarrows}} A$$

Kernpaar von f in $\underline{A}$, wobei $\overline{A} = (I,O,\text{Äk}(f_S),\overline{\delta},\overline{\lambda})$ mit $\overline{\delta},\overline{\lambda}$ als eindeutige Ergänzungen in

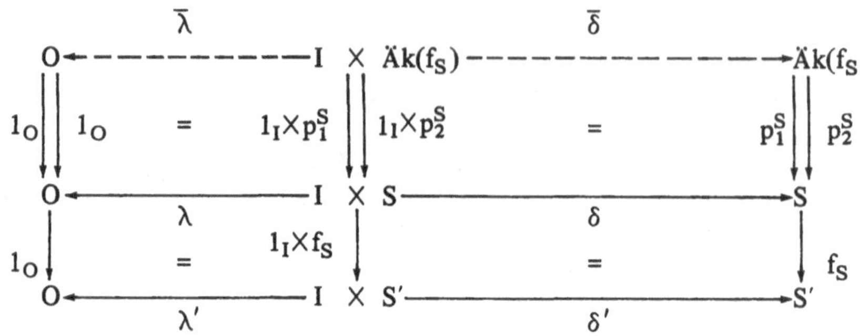

Wegen $\overline{A} \in |\underline{A}(I,O)|$, $p_i := (1_I, 1_O, p_i^S) \in \underline{A}(I,O)(\overline{A},A)$ $(i=1,2)$

und da für ein $\underline{A}(I,O)$-Paar $\widetilde{A} \overset{\widetilde{p}_1}{\underset{\widetilde{p}_2}{\rightrightarrows}} A$ mit $f \circ \widetilde{p}_1 = f \circ \widetilde{p}_2$ für den eindeutig bestimmten $\underline{A}$-Morphismus d mit

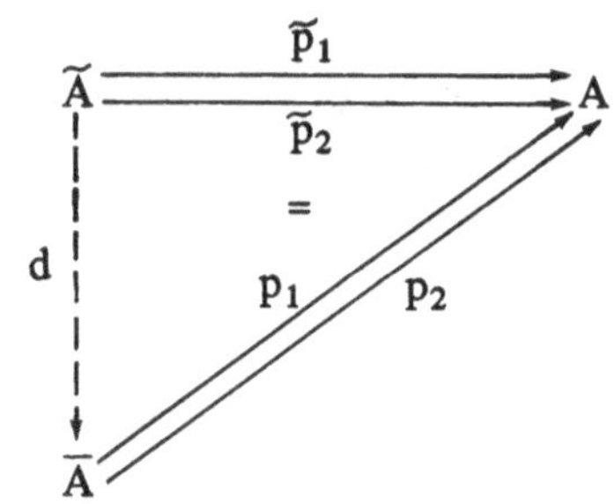

wegen $p_i^I = \widetilde{p}_i^I = 1_I$, $p_i^O = \widetilde{p}_i^O = 1_O$ $(i=1,2)$ $d \in \underline{A}(I,O)(\widetilde{A},\overline{A})$ gilt, ist (p_1,p_2) Kernpaar von f in $\underline{A}(I,O)$. q.e.d.

4.28 Satz

$\underline{A}(I,O)$ ist eine Kategorie mit Differenzencokernen, und diese können in $\underline{A}$ konstruiert werden.

Beweis: 1. Es wird gezeigt, daß der in 4.12 angegebene Differenzencokern in $\underline{A}(I,O)$ liegt.

Seien $f_j = (1_I, 1_O, f_j^S) \in \underline{A}(I,O)(A,A')$ $(j=1,2)$. Dann gilt

$R(f_1^I, f_2^I) = [\![(1_I(x), 1_I(x)) \mid x \in I]\!] = \Delta I$

$R(f_1^O, f_2^O) = [\![(1_O(x), 1_O(x)) \mid x \in O]\!] = \Delta O$

$R(f_1^S, f_2^S) \subseteq S' \times S'$.

$(\Delta I,\Delta O,S'\times S')$ ist offensichtlich eine Automatenkongruenz, also hat der Schnitt aller $(\Delta I,\Delta O,R(f_1^S,f_2^S))$ umfassenden Automatenkongruenzen die Form $(\Delta I,\Delta O,K_S)$. Damit gilt (siehe 3.4.3.)) $\mathrm{dcok}(p_1^I,p_2^I)=1_I$, $\mathrm{dcok}(p_1^O,p_2^O)=1_O$, also
$\mathrm{dcok}(f_1,f_2)=(\mathrm{dcok}(p_1^I,p_2^I),\mathrm{dcok}(p_1^O,p_2^O),\mathrm{dcok}(p_1^S,p_2^S))=(1_I,1_O,\mathrm{dcok}(p_1^S,p_2^S))\in \underline{A}(I,O)$.

2. Sei $g=(1_I,1_O,g^S)$ aus $\underline{A}(I,O)$ beliebig mit $g\circ f_1=g\circ f_2$. Dann hat die in $\underline{A}$ eindeutig existierende Ergänzung h mit $h\circ\mathrm{dcok}(f_1,f_2)=g$ offenbar die Form $(1_I,1_O,h^S)$, liegt also in $\underline{A}(I,O)$. q.e.d.

4.29 Folgerung

Nach 3.55 folgt aus 4.26 und 4.28, daß $\underline{A}(I,O)$ [endliche] „Colimiten" besitzt.

4.30 Satz

In $\underline{A}(I,O)$ stimmen die Epimorphismen, die (komponentenweise) surjektiven Automatenmorphismen und die Differenzencokerne überein.

Beweis: Nach Konstruktion in 4.27 ist jeder Differenzencokern in $\underline{A}(I,O)$ surjektiv. Jeder surjektive Automatenmorphimus in $\underline{A}(I,O)$ ist Epimorphismus in $\underline{A}$ und damit in $\underline{A}(I,O)$.

Sei nun $f=(1_I,1_O,f_S)\in\underline{A}(I,O)(A,A')$ und f_S nicht surjektiv. Dann sei
$\hat{S}':=[\![\hat{s}'\mid s'\in S'\setminus f_S[S]]\!]\neq\phi$.
Sei $A''=(I,O,S'',\delta'',\lambda'')\in\underline{A}(I,O)$ definiert durch $S'':=S'\dot{\cup}\hat{S}'$,
$\delta'':I\times S''\to S''$ mit
$I\times S'\ni(x,s')\mapsto\delta'(x,s')$

$$I\times\hat{S}'\ni(x,\hat{s}')\mapsto\begin{cases}\delta'(x,s') & \text{falls } \delta'(x,s')\in f_S[S],\\ \widehat{\delta'(x,s')} & \text{sonst}\end{cases}$$

$\lambda'':I\times S''\mapsto O$ mit
$(x,s')\mapsto\lambda'(x,s')$ für $s'\in S'$
$(x,\hat{s}')\mapsto\lambda'(x,s')$, für $\hat{s}'\in\hat{S}'$
$g_1^S,g_2^S:S'\to S''$ durch $S'\ni s'\overset{g_1^S}{\mapsto}s'\in S''$,

$$S'\ni s'\overset{g_2^S}{\mapsto}\begin{cases}s' & \text{falls } s'\in f_S[S]\\ \hat{s}' & \text{sonst}\end{cases}$$

Dann gilt $g_1:=(1_I,1_O,g_1^S)\in\underline{A}(I,O)(A',A'')$ (trivial)
und $g_2:=(1_I,1_O,g_2^S)\in\underline{A}(I,O)(A',A'')$,

denn für $f_S[S] \ni f_S(s) =: s'$ gilt:

$$\begin{array}{ccccc}
\lambda'(x,s') & \xleftarrow{\;\lambda'\;} & (x,s') & \xrightarrow{\;\delta'\;} & \delta'(x,s')=f_S\circ\delta(x,s)\in f_S[S] \\
\Big\downarrow 1_O & & \Big\downarrow 1_I\times g_2^S & & \Big\downarrow g_2^S \\
\lambda'(x,s') & \xleftarrow[\;\lambda''\;]{} & (x,s') & \xrightarrow[\;\delta''\;]{} & \delta'(x,s')
\end{array}$$

für $s'\in S'\setminus f_S[S]$ gilt

$$\begin{array}{ccccc}
\lambda'(x,s') & \xleftarrow{\;\lambda'\;} & (x,s') & \xrightarrow{\;\delta'\;} & \delta'(x,s') \\
\Big\downarrow 1_O & & \Big\downarrow 1_I\times g_2^S & & \Big\downarrow g_2^S \\
\lambda'(x,s') & \xleftarrow[\;\lambda''\;]{} & (x,\hat{s}') & \xrightarrow[\;\delta''\;]{} & \begin{cases} \delta'(x,s') & \text{falls } \delta'(x,s')\in f_S[S] \\ \widehat{\delta'(x,s')} & \text{sonst} \end{cases}
\end{array}$$

Wegen $g_1^S \mid f_S[S] = g_2^S \mid f_S[S]$ gilt $g_1 \circ f = g_2 \circ f$. Also ist das nicht surjektive f nicht Epimorphismus, woraus folgt, daß in $\underline{A}(I,O)$ jeder Epimorphismus surjektiv ist.

Sei nun $f\in\underline{A}(I,O)\,(A,A')$ surjektiv. Dann ist

$f_S = \mathrm{dcok}(\ddot{A}k(f_S) \overset{p_1^S}{\underset{p_2^S}{\rightrightarrows}} S)$, und damit gilt nach 4.27 und 4.28

$f = (1_I, 1_O, f_S) = \mathrm{dcok}(KP(f))$, also ist f Differenzencokern.

Damit ist die Behauptung durch Ringschluß gezeigt.

Reduktion von Automaten

Es soll nun das wichtige Problem untersucht werden, wie man die Anzahl der Zustände eines Automaten reduzieren kann, ohne dabei das Ein-Ausgabeverhalten zu verändern. Da im folgenden also nur Veränderungen in der Zustandsmenge betrachtet werden, beschränken sich die kategoriellen Untersuchungen auf die Kategorie $\underline{A}(I,O)$. Automaten mit gleichem Ein-Ausgabeverhalten werden äquivalent genannt. Um dies mathematisch zu präzisieren, wird zuerst die Äquivalenz von Zuständen definiert.

4.31 Definition

Für einen Automaten $A \in |\underline{A}(I,O)|$ heißen zwei Zustände $s,s' \in S$ *äquivalent* (geschr. $s \equiv s'$), wenn für die Fortsetzung der Ausgabefunktion (vgl. 2.10) $\lambda^* : I^* \times S \rightarrow O^*$ gilt:

$\lambda^s := \lambda^*(-,s) = \lambda^*(-,s') =: \lambda^{s'}$

d. h. $\Lambda\,(w \in I^*)\ \lambda^s(w) = \lambda^*(w,s) = \lambda^*(w,s') = \lambda^{s'}(w)$

Ein Automat heißt *minimal*, wenn seine Zustände paarweise inäquivalent sind.

4.32 Bemerkung

a) Zwei äquivalente Zustände sind für einen äußeren Beobachter nicht zu unterscheiden, da bei gleichem Eingabewort das gleiche Wort ausgegeben wird.

b) Die Zustandsäquivalenz definiert eine Äquivalenzrelation auf der Zustandsmenge.

c) Aus $\Lambda(x \in I)\ (\lambda^s(x) = \lambda^{s'}(x))$ folgt nicht die Äquivalenz von s und s', weil λ^s rekursiv durch

$\lambda^s(wx) = \lambda^*(wx,s) = \lambda^*(w,\delta(x,s))\ \lambda(x,s)$,

also über die Zustandsänderungsfunktion δ, definiert ist und über $\delta(-,s')$ nichts vorausgesetzt ist.

4.33 Definition

a) $H(A) := [\![\lambda^s_A \mid s \in S(A)]\!]$ heißt die *Abbildungsfamilie* des Automaten A

b) Zwei Automaten $A,A' \in |\underline{A}(I,O)|$ heißen *äquivalent*, wenn gilt: $H(A) = H(A')$

4.34 Bemerkung

Äquivalente Automaten haben das gleiche Ein-Ausgabeverhalten und sind deshalb für den äußeren Beobachter ununterscheidbar. Darüberhinaus ist die Relation „äquivalent" in der Klasse $|\underline{A}(I,O)|$ eine Äquivalenzrelation.

4.35 Problemstellung

Es ergeben sich nun folgende Problemkreise für die Untersuchung von äquivalenten und minimalen Automaten:

1. Existenz und Konstruktion eines zu einem vorgegebenen Automaten äquivalenten minimalen Automaten.

2. Charakterisierung von minimalen Automaten.

3. Charakterisierung von äquivalenten Automaten.

Diese Problemstellungen werden im folgenden in obiger Reihenfolge mit kategoriellen Methoden behandelt.

4.36 Übersicht zu Problem 1

Da die Äquivalenz von Zuständen schon eine Äquivalenzrelation auf der Zustandsmenge definiert, ist es naheliegend zu untersuchen, ob damit sogar eine Automatenkongruenz definiert ist. Tatsächlich ist die derart definierte Reduktionskongruenz eine Automatenkongruenz, definiert damit ein Kernpaar und der Differenzencokern dieses Kernpaares hat schon die in Problem 1 gewünschten Eigenschaften.

Hinreichend für die Äquivalenz zweier Automaten $A, A' \in |\underline{A}(I,O)|$ ist dabei die Existenz eines $\underline{A}(I,O)$-Epimorphismus $f: A \to A'$ (oder umgekehrt), der dann Reduktion genannt werden soll, weil die Anzahl der Zustände beim Übergang von A nach A' verringert wird.

Dazu wird zuerst gezeigt, daß jeder $\underline{A}(I,O)$–Morphismus die Äquivalenz von Zuständen bewahrt und „reflektiert".

4.37 Lemma

Sei $f \in \mathrm{Mor}\underline{A}(I,O)\,(A,A')$, dann gilt:

$$\Lambda(s_1,s_2 \in S)\;[(\lambda^{s_1} = \lambda'^{f_S(s_1)}) \wedge (s_1 \equiv s_2 \Leftrightarrow f_S(s_1) \equiv f_S(s_2))]$$

Beweis: Als Spezialfall von 2.36 ergibt sich wegen $f = (1_I, 1_O, f_S)$:

$$\begin{array}{ccc} I^* \times S & \xrightarrow{\;\lambda^*\;} & O^* \\ {\scriptstyle 1_{I^*} \times f_S}\big\downarrow & = & \big\downarrow{\scriptstyle 1_{O^*}} \\ I^* \times S' & \xrightarrow[\;\lambda'^*\;]{} & O^* \end{array}$$

Also gilt für $w \in I^*$ und $s_1 \in S$

$\lambda^{s_1}(w) = \lambda^*(w,s_1) = \lambda'^*(w, f_S(s_1)) = \lambda'^{f_S(s_1)}(w)$ und damit $\lambda^{s_1} = \lambda'^{f_S(s_1)}$.

Daraus folgt unmittelbar für $s_1, s_2 \in S$:

$s_1 \equiv s_2 \Leftrightarrow \lambda^{s_1} = \lambda^{s_2} \Leftrightarrow \lambda'^{f_S(s_1)} = \lambda'^{f_S(s_2)} \Leftrightarrow f_S(s_1) \equiv f_S(s_2)$. q.e.d.

4.38 Definition und Folgerung

Ein $\underline{A}(I,O)$-Epimorphismus $f: A \to A'$ heißt *Reduktion*. Ist $f: A \to A'$ Reduktion, so sind A und A' äquivalent.

Beweis: Es ist H(A) = H(A') zu zeigen.

Weil f als $\underline{A}(I,O)$-Epimorphismus surjektiv ist (vgl. 4.30), genügt es zu zeigen: $\bigwedge(s \in S)\ \lambda^s = \lambda'^{fs(s)}$. Dies folgt aber unmittelbar aus obigem Lemma.

4.39 Satz und Definition

Sei A ein Automat, dann ist $R(A) = (\Delta_I, \Delta_O, \equiv)$ eine Automatenkongruenz auf A, die *Reduktionskongruenz* genannt wird.

Beweis: Nach Definition 4.9 ist für $x \in I$ und $s,s' \in S$ zu zeigen:

a) λ-Verträglichkeit:

$s \equiv s' \Rightarrow \lambda^s = \lambda^{s'} \Rightarrow \lambda(x,s) = \lambda(x,s')$ q.e.d.

b) δ-Verträglichkeit:

Für $s,s' \in S$ sei $s \equiv s'$ und damit $\lambda^*(-,s) = \lambda^*(-,s')$. Weiter seien $x \in I$ und $w \in I^*$ beliebig gegeben, dann gilt:

$\lambda^*(wx,s) = \lambda^*(wx,s')$, also:

$\lambda^*(w,\delta(x,s)).\ \lambda(x,s) = \lambda^*(w,\delta(x,s')).\ \lambda(x,s')$

Da O^* freies Monoid ist, folgt:

$\lambda^*(w,\delta(x,s)) = \lambda^*(w,\delta(x,s'))$

Somit gilt: $\delta(x,s) \equiv \delta(x,s')$, und damit ist $R(A) = (\Delta_I, \Delta_O, \equiv)$ eine Automatenkongruenz. q.e.d.

4.40 Satz

Sei $A \in |\underline{A}(I,O)|$ mit Reduktionskongruenz R(A) und Projektionen $p_1,p_2 : R(A) \rightarrow A$.

Sei $nat_{R(A)} : A \rightarrow A/R(A)$ definiert als

$nat_{R(A)} := dcok(p_1,p_2)$, dann gilt:

1. $A/R(A) = (I,O,S/\equiv,\delta_{A/R},\lambda_{A/R})$, wobei $S/\equiv$ Quotientenmenge von S nach $\equiv$ ist, und für $x \in I$, $s \in S$ gilt:

   $\delta_{A/R}(x,[s]) = [\delta(x,s)]$

   $\lambda_{A/R}(x,[s]) = [\lambda(x,s)]$
2. A/R(A) ist zu A äquivalent
3. A/R(A) ist minimal

Beweis:

1. folgt nach 4.28 unmittelbar aus der Definition von A/R(A) als Differenzen-cokern.
2. folgt aus 4.38, da $nat_{R(A)}$ Reduktion ist.

3. Nach Lemma 4.37 gilt für $s_1, s_2 \in S$:

   $s_1 \equiv s_2 \Leftrightarrow nat_{R(A)}(s_1) \equiv nat_{R(A)}(s_2) \Leftrightarrow [s_1] \equiv [s_2]$.

   Damit ist $A/R(A)$ minimal, denn es gilt:

   $[s_1] \equiv [s_2] \Rightarrow s_1 \equiv s_2 \Rightarrow [s_1] = [s_2]$.

4.41 Übersicht zu Problem 2 von 4.35

Beachtet man, daß nach 4.38 und 4.30 eine Reduktion $f: A \to A'$ die Anzahl der Zustände beim Übergang von A nach A' verringert, so ist wünschenswert, daß man zu jeder Reduktion $f: A \to A'$ eine weitere Reduktion $f': A' \to A/R(A)$ findet, so daß die Komposition $f' \circ f$ gleich der Reduktion $nat_{R(A)}: A \to A/R(A)$ ist, d. h. man kann die Zustandsreduktion stufenweise durchführen. Dieses Reduktionsproblem fällt kategoriell unter die Klasse der sogenannten „speziellen Probleme". Es stellt sich heraus, daß für $A \in |\underline{A}(I,O)|$ $nat_{R(A)}: A \to A/R(A)$ Lösung dieses „speziellen Problems" ist.

Als unmittelbare Folgerung gewinnt man eine kategorielle Charakterisierung von minimalen Automaten durch reduzierte, d. h. durch Automaten, die keine „echte" Reduktion zulassen.

Für eine weitere kategorielle Charakterisierungsmöglichkeit kann man die Unterkategorie der minimalen Automaten in $\underline{A}(I,O)$ betrachten und das „universelle" Problem stellen, ob diese Unterkategorie reflektiv in $\underline{A}(I,O)$ liegt, d. h. ob es zu jedem Automaten A einen minimalen Automaten gibt, der in gewisser Weise die beste Approximation von A unter allen minimalen Automaten ist.

$nat_{R(A)}: A \to A/R(A)$ ist Lösung auch dieses „universellen" Problems.

Dies ist kein Zufall, sondern Spezialfall einer Übertragungstheorie zwischen „universellen" und „speziellen" Problemen. Universelle Probleme im Zusammenhang mit reflektiven werden im 5. Kapitel behandelt. Dort wird auch gezeigt, daß Lösungen von derartigen Problemen bis auf Isomorphie eindeutig sind. Spezielle Probleme und die Übertragungstheorie werden dort allerdings nicht behandelt, dies wird ausführlich in [2] untersucht.

Zuerst wird nun gezeigt, daß $nat_{R(A)}: A \to A/R(A)$ Lösung des oben angedeuteten universellen Reflektionsproblems ist.

4.42 Satz (Universelles Problem)

Sei $A \in |\underline{A}(I,O)|$, dann gilt:

$\bigwedge (A' \in |\underline{A}(I,O)|, A' \text{ minimal})$

$\bigwedge (f \in Mor\underline{A}(I,O)(A,A')) \; \dot{\bigvee} (\bar{f} \in Mor\underline{A}(I,O)(A/R(A),A'))$

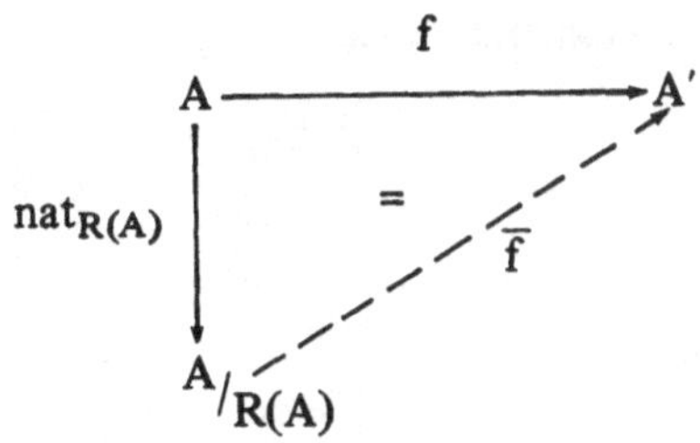

Beweis: Nach 4.37 gilt für $s_1, s_2 \in S$ mit $s_1 \equiv s_2$ auch $f(s_1) \equiv f(s_2)$ und damit $f(s_1) = f(s_2)$, da A' minimal ist.

Also gilt für die Projektionen p_1, p_2 von $R(A)$:

$f \circ p_1(s_1, s_2) = f(s_1) = f(s_2) = f \circ p_2(s_1, s_2)$ und damit $f \circ p_1 = f \circ p_2$.

Daraus folgt die Behauptung wegen $nat_{R(A)} = dcok(p_1, p_2)$ im folgenden Diagramm:

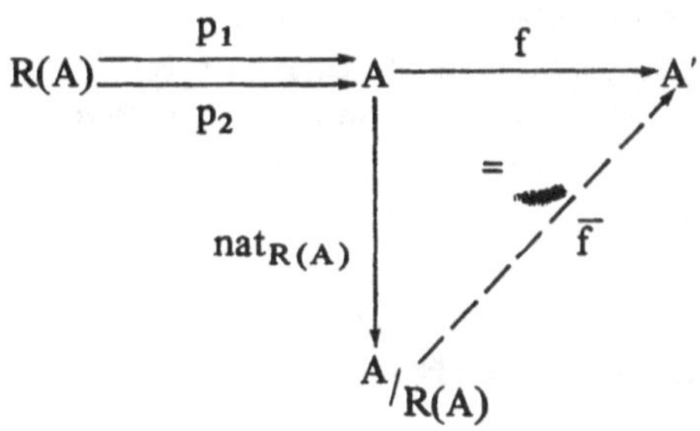

q.e.d.

4.43 Satz (Reduktionsproblem)

Sei $A \in |\underline{A}(I,O)|$, dann gilt:

$\bigwedge (A' \in |\underline{A}(I,O)|) \bigwedge (f : A \to A',$ f Reduktion$)$

$\dot{\bigvee} (f' : A' \to A/R(A),$ f' Reduktion$)$ mit

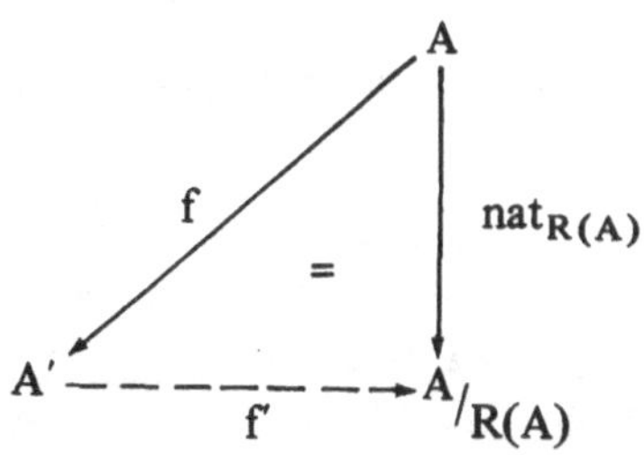

Beweis: Nach letztem Satz existiert eindeutig f_R mit

$$\begin{array}{ccc} A & \xrightarrow{\quad f \quad} & A' \\ {\scriptstyle nat_{R(A)}}\downarrow & = & \downarrow{\scriptstyle nat_{R(A')}} \\ A/R(A) & \xrightarrow[f_R]{- - - - -} & A'/R(A') \end{array}$$

weil $A'/R(A')$ minimal ist. f_R ist $\underline{A}(I,O)$-Epi, da dies für $nat_{R(A')} \circ f$ gilt, aber auch $\underline{A}(I,O)$-Mono, da nach Lemma 4.37 gilt:

$f_R([s_1]) = f_R([s_2]) \Rightarrow [s_1] \equiv [s_2] \Rightarrow [s_1] = [s_2]$

Letzteres gilt, weil $A/R(A)$ minimal ist. Damit ist f_R $\underline{A}$-Isomorphismus (vgl. 2.32) und damit $\underline{A}(I,O)$-Isomorphismus (trivial). Mit $f' := f_R^{-1} \circ nat_{R(A')}$ folgt die Behauptung, wobei die Eindeutigkeit daraus folgt, daß f $\underline{A}(I,O)$-Epimorphismus ist. q.e.d.

4.44 Definition

$A \in |\underline{A}(I,O)|$ heißt *reduziert*, wenn gilt:

$\bigwedge (A' \in |\underline{A}(I,O)|) \bigwedge (f \in Mor\underline{A}(I,O)(A,A'))$

$[f$ Reduktion $\Rightarrow f$ Isomorphismus$]$

4.45 Folgerung

Sei $A \in |\underline{A}(I,O)|$ mit Reduktionskongruenz $R(A)$. Dann sind folgende Aussagen äquivalent:

a) A ist reduziert

b) A ist minimal

c) $nat_{R(A)} : A \to A/R(A)$ ist Isomorphismus

Beweis:

a) ⇒ c): Sei A reduziert, dann ist insbesondere die Reduktion $nat_{R(A)} : A \to A/R(A)$ Isomorphismus.

c) ⇒ b): Sei $nat_{R(A)} : A \xrightarrow{\sim} A/R(A)$. Dann gilt $R_A = \Delta_A$ (Diagonale). Speziell gilt also $\equiv\, = \Delta_S$, und damit ist A minimal.

b) ⇒ a): Sei A minimal, dann ist $nat_{R(A)}$ Isomorphismus, nach 4.43 existiert also zu jeder Reduktion $f : A \to A'$ eine Reduktion $f' : A' \to A$ mit $f' \circ f = nat_{R(A)}$. Damit ist f auch Monomorphismus, weil dies für $nat_{R(A)}$ gilt, und damit als Reduktion auch Isomorphismus. Also ist A reduziert. q.e.d.

4.46 Übersicht zu Problem 3 von 4.35

Die Existenz einer Reduktion $f : A \to A'$ ist zwar hinreichend (vgl. 4.38), aber nicht notwendig für die Äquivalenz von A und A'. Eine notwendige und hinreichende Bedingung gewinnt man dadurch, daß man die Existenz einer verbindenden Folge von Reduktionen mit i.A. unterschiedlichen Richtungen fordert.

Darüberhinaus lassen sich äquivalente Automaten dadurch charakterisieren, daß die zugehörigen minimalen Automaten isomorph sind.

4.47 Definition

Zwei Automaten $A,A' \in |\underline{A}(I,O)|$ heißen *reduktionsäquivalent*, falls Automaten $A = A_1, A_2, \ldots, A_k = A'$ und für jedes $i \in [\![1, \ldots, k-1]\!]$ eine Reduktion $f_i : A_{i+1} \to A_i$ oder $f_i : A_i \to A_{i+1}$ existieren.

4.48 Satz

Für Automaten $A,A' \in |\underline{A}(I,O)|$ sind folgende Aussagen gleichbedeutend:

a) A ist äquivalent zu A'

b) $A/R(A) \cong A'/R(A')$

c) A ist reduktionsäquivalent zu A'

Beweis:

a) ⇒ b) Sei A äquivalent zu A', d.h. es gilt $H(A) = H(A')$.
$h : S/\equiv \to H(A)$, definiert durch $[s] \mapsto \lambda^s$ ist nach Definition der Äquivalenz von Zuständen wohldefiniert und bijektiv.

Damit ist $k := (S/\equiv \overset{h}{\to} H(A) \overset{id}{\to} H(A') \overset{h'^{-1}}{\to} S'/\equiv)$ Bijektion, und es gilt:

$k([s]) = [s'] \Leftrightarrow \lambda^s = \lambda'^{s'}$. Aus $\lambda^s = \lambda'^{s'}$ folgt aber $\lambda^{\delta(x,s)} = \lambda'^{\delta'(x,s')}$,

wegen $\Lambda(w \in I^*)\ \lambda^*(wx,s) = \lambda^*(w,\delta(x,s)).\ \lambda^*(x,s)$.

Damit gilt für $(x,[s]) \in I \times S/\equiv$ nach 4.40:

$\delta'_{A'/R}(x,k([s])) = \delta'_{A'/R}(x,[s']) = [\delta'(x,s')] = k([\delta(x,s)] = k(\delta_{A/R}(x,[s]))$

und $\lambda'_{A'/R}(x,k([s])) = \lambda'_{A'/R}(x,[s']) = [\lambda'(x,s')] = [\lambda(x,s)] = \lambda_{A/R}(x,[s])$.

Also ist das folgende Diagramm kommutativ und damit
$(1_I, 1_O, k) : A/R(A) \rightarrow A'/R(A')$ Isomorphismus

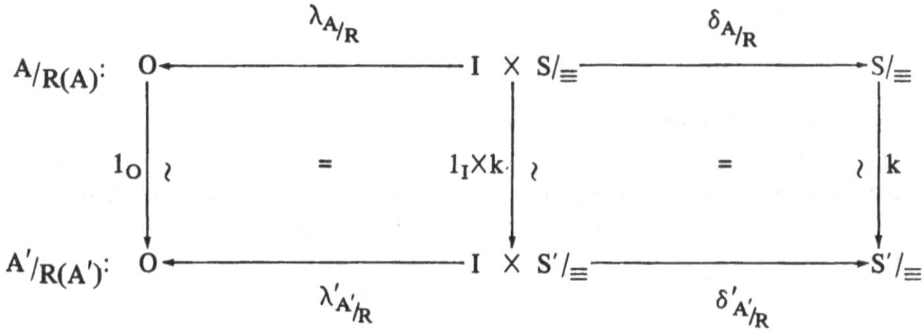

b) ⇒ c) Sei $A/R(A)$ isomorph zu $A'/R(A')$, dann sind A und A' reduktionsäquivalent, da im folgenden Diagramm alle Morphismen Reduktionen sind:

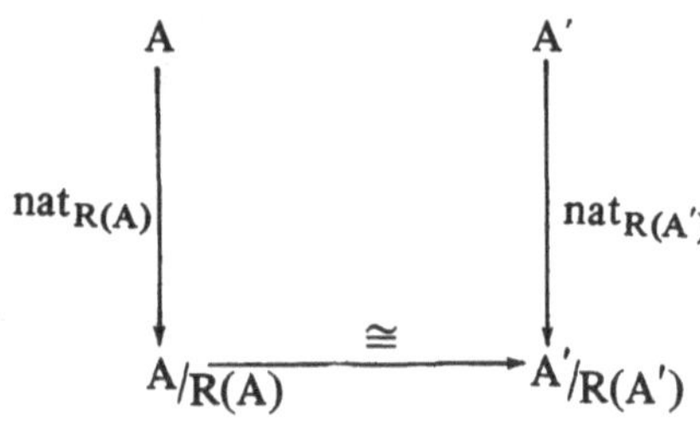

c) ⇒ a) Seien A und A' reduktionsäquivalent. Dann existiert eine Folge von Automaten $A = A_1, \ldots, A_k = A'$ und für jedes $i \in [\![1, \ldots, k-1]\!]$ eine Reduktion $f_i : A_i \rightarrow A_{i+1}$ oder $f_i : A_{i+1} \rightarrow A_i$.

Nach 4.38 gilt damit $H(A_i) = H(A_{i+1})$.

Also sind A_i und A_{i+1} äquivalent. Dies ist offenbar unabhängig davon, ob $f_i : A_i \rightarrow A_{i+1}$ oder $f_i : A_{i+1} \rightarrow A_i$. Da dies für alle $i \in [\![1, \ldots, k-1]\!]$ gilt, ist A äquivalent zu A'. q.e.d.

5 Funktoren, Limites und adjungierte Funktoren

Zum Vergleich von Kategorien führt man als „Homomorphismen" zwischen Kategorien Funktoren ein. Mit Hilfe von Funktoren läßt sich der Begriff „Diagramm" präzisieren. Früher „universell" definierte Begriffe wie Produkt, Kern, Pullback lassen sich als Limites von Diagrammen auffassen. Es stellt sich heraus, daß die bekannten „freien Konstruktionen" Lösungsfunktoren zu durch „Vergißfunktoren" definierten universellen Problemen und damit wichtige Beispiele für adjungierte Funktoren sind.

Funktoren, Bifunktoren, Funktortransformationen

5.1 Definition

Seien $\underline{K}$ und $\underline{L}$ Kategorien. Ein *Funktor* F von $\underline{K}$ nach $\underline{L}$, geschrieben $F : \underline{K} \to \underline{L}$, ist eine Vorschrift, die

1. jedem $\underline{K}$-Objekt A ein $\underline{L}$-Objekt F(A) zuordnet,
2. jedem $\underline{K}$-Morphismus $f : A \to B$ einen $\underline{L}$-Morphismus $F(f) : F(A) \to F(B)$ zuordnet, so daß die beiden folgenden Axiome gelten:

   F 1) Für alle $\underline{K}$-Morphismen gilt: $F(g \circ f) = F(g) \circ F(f)$

   F 2) Für jedes $\underline{K}$-Objekt A ist $F(1_A) = 1_{F(A)}$

   Statt F(A) werde auch FA, statt F(f) Ff geschrieben.

5.2 Bemerkung

Ein Funktor $F : \underline{K}^0 \to \underline{L}$ wird auch *kontravarianter Funktor* $F : \underline{K} \to \underline{L}$ genannt, weil
für $f : B \to A$ in $\underline{K}$ gilt: $F(f) : F(A) \to F(B)$ in $\underline{L}$,
d. h. „F bewirkt eine Umkehrung der Pfeile", denn nach 1.13 läßt sich $f : B \to A$ in $\underline{K}$ als $f^0 : A \to B$ in $\underline{K}^0$ interpretieren, und nach 5.1 gilt

für $f^0 : A \to B$ in $\underline{K}^0 : F(f^0) : F(A) \to F(B)$ in $\underline{L}$

(Wegen $f = f^0$ gilt aber auch $F(f) = F(f^0)$).

Entsprechend gilt für einen kontravarianten Funktor $F : \underline{K} \to \underline{L}$ statt F1)

$F1)^0$: Für alle $\underline{K}$-Morphismen $g : C \to B, f : B \to A$ gilt:

$$F(f \circ g) = F(g) \circ F(f)$$

Ebenso ist ein Funktor $F : \underline{K} \to \underline{L}^0$ auch kontravarianter Funktor $F : \underline{K} \to \underline{L}$. Im Gegensatz dazu heißt dann der in 5.1 definierte Funktor *kovariant*. Er läßt sich auch auffassen als kovarianter Funktor $F : \underline{K}^0 \to \underline{L}^0$.

5.3 Motivation

Da bei Betrachtung von Funktoren offenbar mehrere Kategorien einzeln dualisiert werden können, empfiehlt es sich, das Dualitätsprinzip des 1. Kapitels zu erweitern.

5.4 Definition (J-duale Aussage)

Sei A eine beliebige Aussage der Theorie der Kategorien und $[\underline{K}_i]_{i\in I}$ sei die Familie der Kategorien, die in A vorkommen.

Für eine Untermenge $J \subseteq I$ sei die zu A *J-duale Aussage* $A^0(J)$ dadurch definiert, daß man in A für jedes $j \in J$ $\underline{K}_j$ formal durch $\underline{K}_j^0$ ersetzt und diese Aussage als Aussage über die Familie $[\underline{K}_i]_{i\in I}$ interpretiert.

5.5 Mehrstelliges Dualitätsprinzip

Sei T ein Theorem der Theorie der Kategorien und $[\underline{K}_i]_{i\in I}$ die Familie der in T vorkommenden Kategorien. Dann ist für jede Untermenge $J \subseteq I$ die zu T J-duale Aussage $T^0(J)$ ein Theorem der Theorie der Kategorien.

Begründung: Zu zeigen: $T^0(J)$ gilt für alle Familien $[\underline{K}_i]_{i\in I}$.

Sei $\wedge (i \in I \setminus J) : \underline{L}_i = \underline{K}_i$ und $\wedge (j \in J) : \underline{L}_j = \underline{K}_j^0$.

T gilt nun insbesondere für $[\underline{L}_i]_{i\in I}$. $T^0(J)$ gilt dann nach Definition 5.4 für $[\underline{K}_i]_{i\in I}$. q.e.d.

5.6 Bemerkungen

1. Für $I = J = [\![1]\!]$ ergibt sich das einfache Dualitätsprinzip.
2. Zu jedem gültigen Satz über n Kategorien liefert das Dualitätsprinzip 2^n-1 weitere Sätze.
3. Für $I = [\![1,2]\!]$ ist der zum Begriff „(kovarianter) Funktor von $\underline{K}_1$ nach $\underline{K}_2$" $[\![1]\!]$-duale Begriff „kontravarianter Funktor von $\underline{K}_1$ nach $\underline{K}_2$", der mit dem $[\![2]\!]$-dualen Begriff übereinstimmt. Der $[\![1,2]\!]$-duale Begriff stimmt mit dem ursprünglichen überein.
   Darüber hinaus wird das mehrstellige Dualitätsprinzip in 5.51 bis 5.57 angewendet.

5.7 Lemma

Seien $F : \underline{K}_1 \to \underline{K}_2$ und $G : \underline{K}_2 \to \underline{K}_3$ Funktoren. Dann ist $G \circ F : \underline{K}_1 \to \underline{K}_3$ definiert durch:

$\Lambda (A \in |\underline{K}_1|) : G \circ F(A) := G(F(A))$

$\Lambda (f \in \underline{K}_1) \quad : G \circ F(f) := G(F(f))$ Funktor.

Beweis:

$(G \circ F)(g \circ f) = G(F(g \circ f)) = G((Fg) \circ (Ff)) = G(Fg) \circ G(Ff) = (G \circ F)(g) \circ (G \circ F)(f)$

$(G \circ F)(1_A) = G(F(1_A)) = G(1_{F(A)}) = 1_{G(F(A))} = 1_{(G \circ F)(A)}$.

5.8 Bemerkung

Für jede Kategorie $\underline{K}$ ist die identische Zuordnung $K \to K, f \to f$ Funktor, der *identische Funktor* zu $\underline{K}$. Die „Kategorie der Kategorien und Funktoren" ist keine Kategorie im Sinne unserer (!) Definition 1.1. Dies liegt (nur) daran, daß die Klasse der Funktoren von einer Kategorie in die andere i.A. keine Menge ist.

Die Forderung, daß die Morphismenklassen Mengen seien, ist gerade zur Vermeidung des (in der hier zugrundeliegenden Mengenlehre) widersprüchlichen Begriffs der Kategorie *aller* Kategorien gestellt worden (vgl. „Menge aller Mengen").

5.9 Definition

Seien $\underline{K}$ und $\underline{L}$ Kategorien. Der Funktor $F : \underline{K} \to \underline{L}$ heißt *treu* bzw. *voll,* falls

$\Lambda (K_1, K_2 \in |K|) : F|_{\mathrm{Mor}\underline{K}(K_1,K_2)} : \mathrm{Mor}\underline{K}(K_1,K_2) \to \mathrm{Mor}\underline{L}(F(K_1),F(K_2))$

injektiv bzw. surjektiv ist.

5.10 Beispiel (Vergißfunktoren)

Sei $\underline{K}$ Kategorie von strukturierten Mengen mit strukturverträglichen Abbildungen (z. B.: $\underline{Gr}, {}_R\underline{Mod}, \underline{Top}$). Ordnen wir jedem $\underline{K}$-Objekt die zugrunde liegende Menge und jedem $\underline{K}$-Morphismus die zugrunde liegende mengentheoretische Abbildung zu, so definiert diese Zuordnung einen Funktor $V : \underline{K} \to \underline{Me}$.

5.11 Bemerkung

Die Vergißfunktoren der Beispielkategorien in 5.10 sind treu und bewahren Produkte und Differenzenkerne. Für die Kategorie $\underline{A}$ der Automaten (vgl. 2.26) gilt das gleiche für $V : \underline{A} \to \underline{Me}$, definiert durch

1. $\Lambda (A \in |\underline{A}|) : V(A) = I \times O \times S$
2. $\Lambda (f \in \underline{A}) : V(f) = f_I \times f_O \times f_S$.

5.12 Bemerkung

Wir können auch nur einen Teil der Struktur „vergessen" und erhalten so z. B. einen Vergißfunktor $V : {}_R\underline{Mod} \to \underline{Ab}$. Denn jeder R-Modul „ist" auch abelsche

Gruppe, und jeder R-Modul-Homomorphismus „ist“ auch Gruppenhomomorphismus.

5.13 Beispiel

Sei $\underline{K}$ eine Unterkategorie von $\underline{L}$. Dann ist der Inklusionsfunktor J wie folgt definiert:

1. $\bigwedge (K \in |\underline{K}|)\ J(K) := K \in |\underline{L}|$
2. $\bigwedge (f \in \underline{K})\ J(f) := f \in \underline{L}$

Wie man sofort sieht, ist J treu. J ist genau dann voll, wenn $\underline{K}$ volle Unterkategorie von $\underline{L}$ ist.

5.14 Beispiel

Die Zuordnung nach Definition 2.17, die jedem Automaten $A \in |\underline{A}|$ den unterliegenden gerichteten Zustandsgraphen G_A zuordnet, kann zum Funktor erweitert werden. Dieser Funktor ist dann ein Vergißfunktor von der Kategorie der Automaten in die Kategorie der Graphen: $U : \underline{A} \to \underline{\text{Graph}}$.

Beweis: Seien $A,A' \in |\underline{A}|$, $f \in \text{Mor}\underline{A}(A,A')$, $f=(f_I,f_O,f_S)$.

Der dem Automaten A zugeordnete gerichtete Zustandsgraph war definiert durch:

$G_A = (E,U,q,z) := (I \times S, S, pr_S, \delta)$

$I \times S \underset{\delta}{\overset{pr_S}{\rightrightarrows}} S$

Wir definieren den Funktor $U : \underline{A} \to \underline{\text{Graph}}$ durch:

$V(A) := G_A \qquad V(f) := (f_I \times f_S, f_S)$

Es bleibt zu zeigen, daß $V(f) \in \text{Mor}\underline{\text{Graph}}(G_A, G_{A'})$ ist.

Wegen $f \in \text{Mor}\underline{A}(A,A')$ gilt:

$$
\begin{array}{ccccc}
O & \xleftarrow{\lambda} & I \times S & \xrightarrow{\delta} & S \\
\downarrow f_O & = & \downarrow f_I \times f_S & = & \downarrow f_S \\
O' & \xleftarrow[\lambda']{} & I' \times S' & \xrightarrow[\delta']{} & S'
\end{array}
$$

trivialerweise gilt auch:

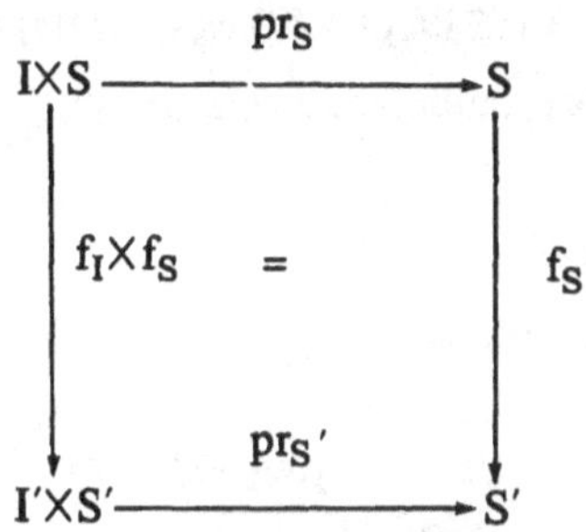

und damit

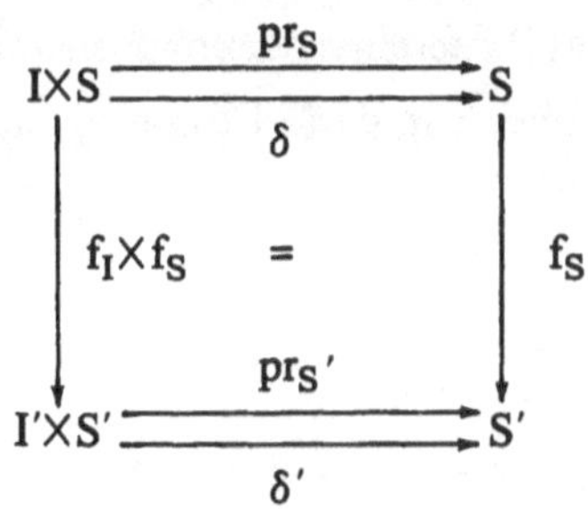

d. h. $V(f) \in \underline{\text{MorGraph}}(G_A, G_{A'})$.

V ist Funktor, denn für $A \overset{f}{\to} A' \overset{f'}{\to} A''$ in $\underline{A}$ gilt

$V(f' \circ f) = (f'_I \circ f_I \times f'_S \circ f_S, f'_S \circ f_S) = ((f'_I \times f'_S) \circ (f_I \times f_S), f'_S \circ f_S) = V(f') \circ V(f)$,

$V(1_A) = (1_I \times 1_S, 1_S) = 1_{V(A)}$.

5.15 Beispiel

$\underline{\text{Mon}}$ sei die Kategorie mit der Klasse $|\underline{\text{Mon}}|$ aller Monoide als Objektklasse, mit $\Lambda\,(A,B \in |\underline{\text{Mon}}|) : \text{Mor}\underline{\text{Mon}}(A,B) := [\![f \mid f : A \to B$ Monoidhomomorphismus$]\!]$,

der assoziativen Hintereinanderausführung von Monoidhomomorphismen als Komposition und den identischen Monoidhomomorphismen als Identitäten.

Sei $\underline{As}$ die Unterkategorie der Morphismen von $\underline{A}$, deren S-Komponente surjektiv ist.

Dann sei $T : \underline{As} \to \underline{\text{Mon}}$, definiert durch:

1. $\Lambda\,(A \in |\underline{As}| = |\underline{A}|)$

   $TA = ([\![t \mid t = \delta^*(w,-), w \in I^*]\!], \circ)$, wobei $\circ$ die Hintereinanderausführung von Abbildungen sei.

2. $\bigwedge (f \in \underline{As},\ f : A \to A') \bigwedge (t \in TA), t = \delta^*(w,-) : Tf(t) = \delta'^*(f_I^*(w),-)$.

$T : \underline{As} \to \underline{Mon}$ ist Funktor, dafür ist zu zeigen:

1. $TA \in |\underline{Mon}|$
2. $Tf \in Mor\underline{Mon}(TA,TA')$
3. T erfüllt die Funktoraxiome

zu 1.
Seien $t_1, t_2 \in TA$. Dann existieren $w_1, w_2 \in I^*$ mit $t_i = \delta^*(w_i,-)$, $i = 1,2$.

Dann ist $\circ : TA \times TA \to TA$ definiert durch

$t_1 \circ t_2 := \delta^*(w_1, \delta^*(w_2,-)) = \delta^*(w_1 w_2,-)$

a) $\circ$ ist assoziativ, da das Hintereinanderschreiben von Wörtern assoziativ ist.

b) $e := \delta^*(\square,-)$ ist Einselement, da $\square$ Einselement in I^* ist.

zu 2.
a) Wohldefiniertheit

Sei $t = \delta^*(w,-) = \delta^*(w',-)$.

Dann gilt $\bigwedge (s \in S) : \delta^*(w,s) = \delta^*(w',s)$,

also $\bigwedge (s \in S) : f_S \delta^*(w,s) = f_S \delta^*(w',s)$ d. h., da $f = (f_I, f_O, f_S)$ Automatenmorphismus ist

und damit

$$\begin{array}{ccc} I^* \times S & \xrightarrow{\ \delta^*\ } & S \\ \downarrow{\scriptstyle f_I^* \times f_S} & = & \downarrow{\scriptstyle f_S} \\ I'^* \times S' & \xrightarrow[\ \delta'^*\ ]{} & S' \end{array}$$

gilt:

$\bigwedge (s \in S) : \delta'^*(f_I^*(w), f_S(s)) = \delta'^*(f_I^*(w'), f_S(s))$ d. h., da f_S surjektiv ist,

$\bigwedge (s' \in S') : \delta'^*(f_I^*(w), s') = \delta'^*(f_I^*(w'), s')$

d. h. $\delta'^*(f_I^*(w),-) = \delta'^*(f_I^*(w'),-)$, also ist Tf als Abbildung wohldefiniert.

b) Tf ist Monoidhomomorphismus, d. h. für $t_1, t_2 \in TA$ beliebig gilt

$Tf(t_1 \circ t_2) = Tf(t_1) \circ Tf(t_2) \in TA'$, denn

$\underline{Tf(t_1) \circ Tf(t_2)} = \delta'^*(f_I^*(w_1),-) \circ \delta'^*(f_I^*(w_2),-)$

$\overset{\text{def.}}{=} \delta'^*(f_I^*(w_1) f_I^*(w_2),-) = \delta'^*(f_I^*(w_1 w_2),-)$

$= Tf(\delta^*(w_1 w_2,-)) = Tf(\delta^*(w_1, \delta^*(w_2,-))) = \underline{Tf(t_1 \circ t_2)}$

und

$Tf(e) = e'$, denn

$Tf(e) = Tf(\delta^*(\square,-))$

$= \delta'^*(f_I^*(\square),-) = \delta'^*(\square,-) = e'$

zu 3.

a) Sei $A \xrightarrow{f} A' \xrightarrow{f'} A''$ in $\underline{As}$ gegeben.

Dann gilt $T(f' \circ f) = Tf' \circ Tf$, denn für alle $t \in TA$ gilt:

$\underline{(Tf' \circ Tf)(t)} = Tf'(Tf(\delta^*(w,-))) = Tf'(\delta'^*(f_I^*(w),-)) =$

$= \delta''^*((f_I'^* \circ f_I^*)(w),-) = \underline{T(f' \circ f)(t)}$

b) $T(1_A) = 1_{TA}$, denn

$\bigwedge (t = \delta^*(w,-) \in TA)$:

$T(1_A)(t) = \delta^*(id_I^*(w),-) = \delta^*(w,-) = t$

5.16 Beispiel

Nach Satz 4.42 hat $A \xrightarrow{nat_A} A_r$ die universelle Eigenschaft, daß für jeden reduzierten Automaten B_r jedes $f : A \to B_r$ eindeutig über nat_A faktorisiert.

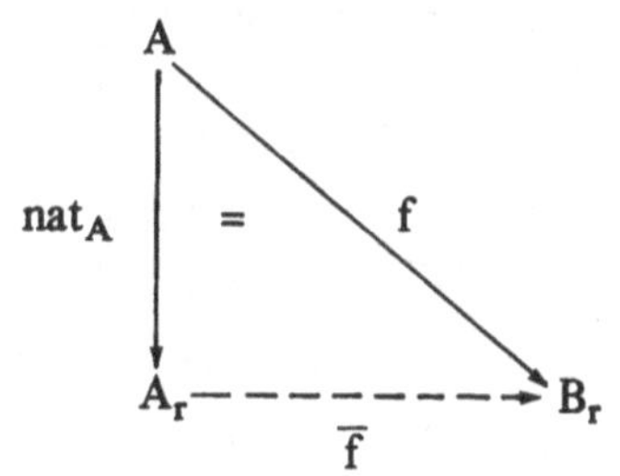

Sei $\underline{A}red(I,O)$ die volle Unterkategorie von $\underline{A}(I,O)$ (Definition 4.25) der reduzierten Automaten.

Red: $\underline{A}(I,O) \to \underline{A}red(I,O)$ definiert durch

1. $\bigwedge (A \in |\underline{A}(I,O)|)$: $RedA = A_r$

$\bigwedge ((f : A \to A') \in \underline{A}(I,O))$: $Redf = \overline{nat_{A'} \circ f}$, wobei $\overline{nat_{A'} \circ f}$ die eindeutig bestimmte Ergänzung in

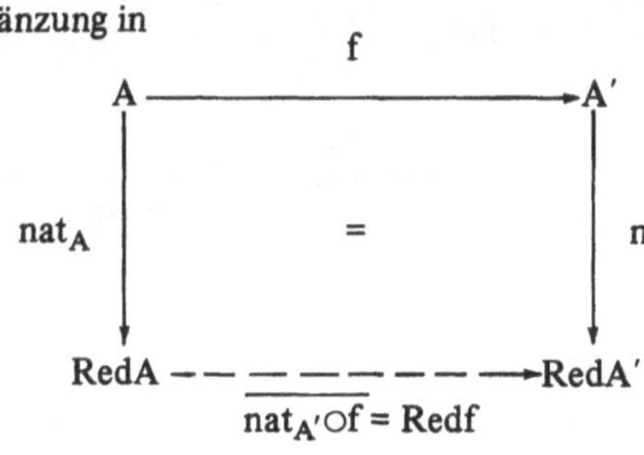

ist,

ist Funktor, denn

1. $\mathrm{Red}\, 1_A = 1_{\mathrm{Red}A}$
2. für $(A \xrightarrow{f} A \xrightarrow{f'} A'') \in \underline{A}(I,O)$ gilt $\mathrm{Red}(f' \circ f) = \mathrm{Red}f' \circ \mathrm{Red}f$

1. $\mathrm{Red}\, 1_A = 1_{\mathrm{Red}A}$, da

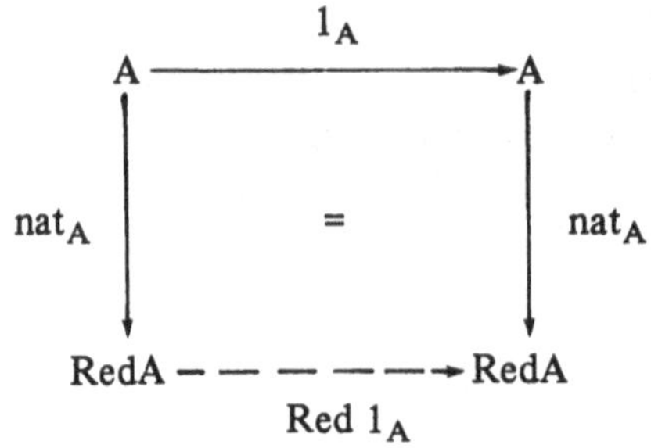

auch mit $1_{\mathrm{Red}A}$ gilt,

2. für $(A \xrightarrow{f} A' \xrightarrow{f'} A'')$ in $\underline{A}(I,O)$ gilt $\mathrm{Red}(f' \circ f) = \mathrm{Red}f' \circ \mathrm{Red}f$, weil

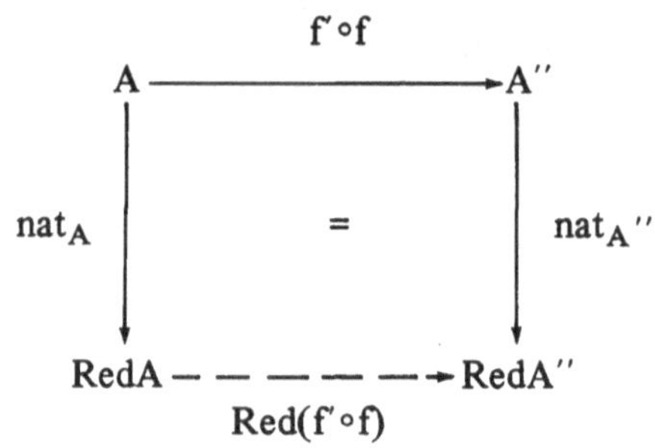

auch mit $\mathrm{Red}f' \circ \mathrm{Red}f$ gilt wegen

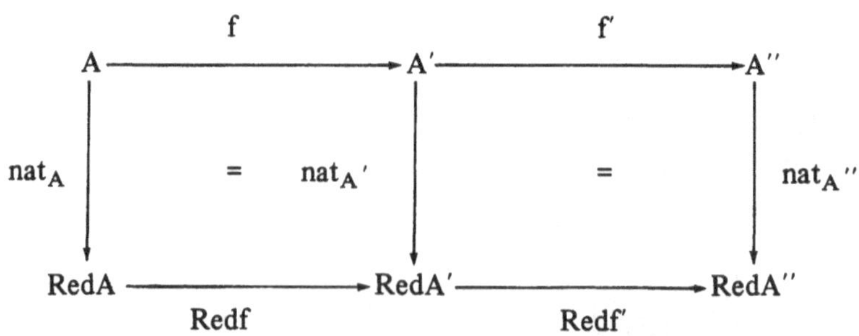

5.17 Beispiel

In 2.35 bis 2.38 wurden die Kategorien $\underline{A}$ und $\underline{A}^*$ eingeführt und verglichen. Diese Kategorien sind isomorph in folgendem Sinne: Es existieren Funktoren

$F : \underline{A} \to \underline{A}^*$ und $G : \underline{A}^* \to \underline{A}$ mit $GF = 1_{\underline{A}}$ und $FG = 1_{\underline{A}^*}$, d. h. F ist „Isomorphismus" in der „Kategorie" aller Kategorien, denn sei $F : \underline{A} \to \underline{A}^*$ durch die Objekt- und Morphismenzuordnung aus 2.35 definiert. Es ist unmittelbar zu sehen, daß diese Zuordnung Morphismenverknüpfung und Identitäten bewahrt.

Sei $G : \underline{A}^* \to \underline{A}$ die ebenfalls in 2.35 angegebene Zuordnung in der Rückrichtung. G ist ebenso Funktor, und die Forderungen $GF = 1_{\underline{A}}$ und $FG = 1_{\underline{A}^*}$ sind offenbar erfüllt.

5.18 Definition

Seien $\underline{K}_0, \underline{K}_1, \underline{K}_2$ Kategorien. Ein *Bifunktor* $F : \underline{K}_1 \times \underline{K}_2 \to \underline{K}_0$ ist eine Zuordnung

1. $|\underline{K}_1| \times |\underline{K}_2| \ni (A_1,A_2) \mapsto F(A_1,A_2) \in |\underline{K}_0|$
2. $\mathrm{Mor}\underline{K}_1(A_1,B_1) \times \mathrm{Mor}\underline{K}_2(A_2,B_2) \ni (f_1,f_2)$

$$\mapsto F(f_1,f_2) \in \mathrm{Mor}\underline{K}_0(F(A_1,A_2),F(B_1,B_2)),$$

für die folgende Axiome gelten:

F1) $\Lambda((A_1 \xrightarrow{f_1} B_1 \xrightarrow{f_1'} C_1) \in \underline{K}_1)\ \Lambda((A_2 \xrightarrow{f_2} B_2 \xrightarrow{f_2'} C_2) \in \underline{K}_2)$

$$F(f_1' \circ f_1, f_2' \circ f_2) = F(f_1', f_2') \circ F(f_1,f_2)$$

F2) $\Lambda (A_1 \in |\underline{K}_1|)\ \Lambda (A_2 \in |\underline{K}_2|)\ F(1_{A_1}, 1_{A_2}) = 1_{F(A_1,A_2)}$

5.19 Mor-Funktor

Sei $\underline{K}$ Kategorie. Für $A_1,A_2 \in |\underline{K}|$ ist $\mathrm{Mor}\underline{K}(A_1,A_2)$ eine Menge und für $f_1 : B_1 \to A_1$ und $f_2 : A_2 \to B_2$ in $\underline{K}$ ist eine Abbildung

$$\mathrm{Mor}\underline{K}(f_1,f_2) : \mathrm{Mor}\underline{K}(A_1,A_2) \to \mathrm{Mor}\underline{K}(B_1,B_2) \text{ definiert durch}$$
$$x \mapsto f_2 \circ x \circ f_1$$

Damit läßt sich der *Mor-Funktor*

$$\mathrm{Mor}\underline{K} : \underline{K}^0 \times \underline{K} \to \underline{Me}$$

als Bifunktor folgendermaßen definieren:

1. $|\underline{K}^0| \times |\underline{K}| = |\underline{K}| \times |\underline{K}| \ni (A_1,A_2) \mapsto \mathrm{Mor}\underline{K}(A_1,A_2) \in |\underline{Me}|$
2. $\mathrm{Mor}\underline{K}^0(A_1,B_1) \times \mathrm{Mor}\underline{K}(A_2,B_2) =$

   $\mathrm{Mor}\underline{K}(B_1,A_1) \times \mathrm{Mor}\underline{K}(A_2,B_2) \ni (f_1,f_2) \mapsto$

   $\mapsto \mathrm{Mor}\underline{K}(f_1,f_2) \in \mathrm{Mor}\underline{Me}(\mathrm{Mor}\underline{K}(A_1,A_2), \mathrm{Mor}\underline{K}(B_1,B_2))$

$\mathrm{Mor}\underline{K}$ läßt sich als Bifunktor von $\underline{K} \times \underline{K}$ nach $\underline{Me}$ auffassen, der in der ersten Stelle kontravariant (vgl. 5.2) und in der zweiten Stelle kovariant ist, denn es gilt:

F1): Seien $f_1^0 : A_1 \to B_1$, $f_1'^0 : B_1 \to C_1$ $\underline{K}^0$-Morphismen
(d. h. $f_1 : B_1 \to A_1$, $f_1' : C_1 \to B_1$ $\underline{K}$-Morphismen)
und $f_2 : A_2 \to B_2$, $f_2' : B_2 \to C_2$ $\underline{K}$-Morphismen,
dann gilt für alle $x \in \mathrm{Mor}\underline{K}(A_1, A_2)$

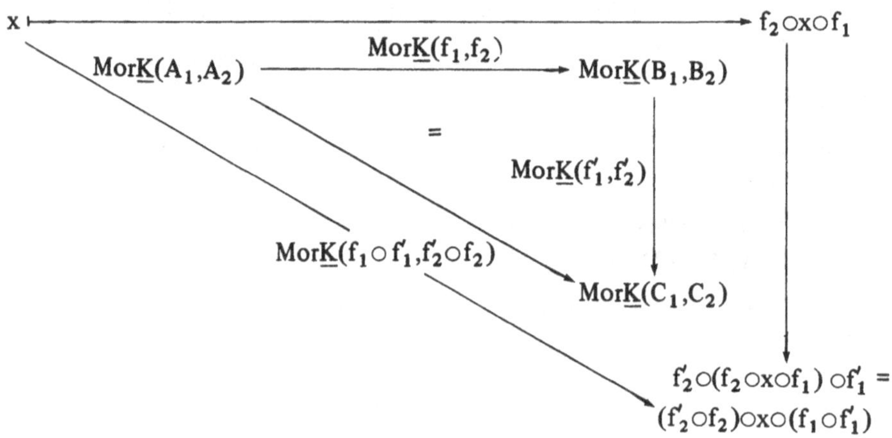

und damit gilt nach 1.13:

$\mathrm{Mor}\underline{K}(f_1'^0 \circ f_1^0, f_2' \circ f_2) = \mathrm{Mor}\underline{K}(f_1 \circ f_1', f_2' \circ f_2)$

$= \mathrm{Mor}\underline{K}(f_1', f_2') \circ \mathrm{Mor}\underline{K}(f_1, f_2) = \mathrm{Mor}\underline{K}(f_1'^0, f_2') \circ \mathrm{Mor}\underline{K}(f_1^0, f_2)$,

d. h. F1) von 5.18.

F2): $\Lambda\,(x \in \mathrm{Mor}\underline{K}(A_1, A_2))$

$\mathrm{Mor}\underline{K}(1_{A_1}^0, 1_{A_2})(x) = \mathrm{Mor}\underline{K}(1_{A_1}, 1_{A_2})(x) = 1_{A_2} \circ x \circ 1_{A_1}$

$= x = 1_{\mathrm{Mor}\underline{K}(A_1, A_2)}(x)$

5.20 Bemerkung

Betrachtet man den Funktor $\mathrm{Mor}\underline{K}$ für ein festes $A \in |\underline{K}|$ in der ersten bzw. zweiten Stelle, so erhält man *Partialfunktoren* $\mathrm{Mor}\underline{K}(A,-) : \underline{K} \to \underline{Me}$ bzw. $\mathrm{Mor}\underline{K}(-,A) : \underline{K}^0 \to \underline{Me}$, indem man definiert:

$\Lambda(f \in \mathrm{Mor}\underline{K}(A_2, A_2'))$:

$\mathrm{Mor}\underline{K}(A,f) : \mathrm{Mor}\underline{K}(A, A_2) \to \mathrm{Mor}\underline{K}(A, A_2')$

durch: $x \mapsto f \circ x$

$\Lambda(f^0 \in \mathrm{Mor}\underline{K}^0(A_1, A_1'))$:

$\mathrm{Mor}\underline{K}(f,A) : \mathrm{Mor}\underline{K}(A_1, A) \to$
$\to \mathrm{Mor}\underline{K}(A_1', A)$

durch: $x \mapsto x \circ f$

5.21 Bemerkung

Monomorphismen, Epimorphismen, Retraktionen und Coretraktionen lassen sich mit dem Mor-Funktor charakterisieren.
Es gilt nämlich:
Ein $\underline{K}$-Morphismus f ist genau dann
Monomorphismus, wenn für alle $K \in |\underline{K}|$ $\mathrm{Mor}\underline{K}(K,f)$ injektiv,
Epimorphismus, wenn für alle $K \in |\underline{K}|$ $\mathrm{Mor}\underline{K}(f,K)$ injektiv,
Retraktion, wenn für alle $K \in |\underline{K}|$ $\mathrm{Mor}\underline{K}(K,f)$ surjektiv,
Coretraktion, wenn für alle $K \in |\underline{K}|$ $\mathrm{Mor}\underline{K}(f,K)$ surjektiv ist.

5.22 Definition

Seien $F : \underline{K} \to \underline{L}$ und $G : \underline{K} \to \underline{L}$ Funktoren. Eine *Funktortransformation* $\eta : F \to G$ ist eine Familie von $\underline{L}$-Morphismen
$[\eta(A) \mid \eta(A) \in \mathrm{Mor}\underline{L}(F(A),G(A))]_{A \in |\underline{K}|}$
für die gilt:
$\wedge (A,B \in |\underline{K}|) \wedge (f \in \mathrm{Mor}\underline{K}(A,B))$

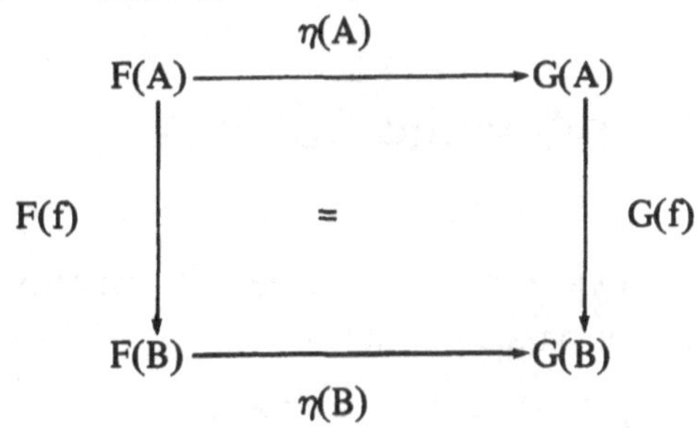

Falls für jedes $A \in |\underline{K}|$ $\eta(A)$ Isomorphismus ist, heißt η *Funktoräquivalenz,* geschrieben $\eta : F \rightleftarrows G$.

5.23 Lemma

Seien $F,G,H : \underline{K} \to \underline{L}$ Funktoren und $\alpha : F \to G$, $\beta : G \to H$ Funktortransformationen. $\beta \circ \alpha : F \to H$ definiert durch: $\beta \circ \alpha(A) := \beta(A) \circ \alpha(A)$ ist Funktortransformation, denn es gilt:

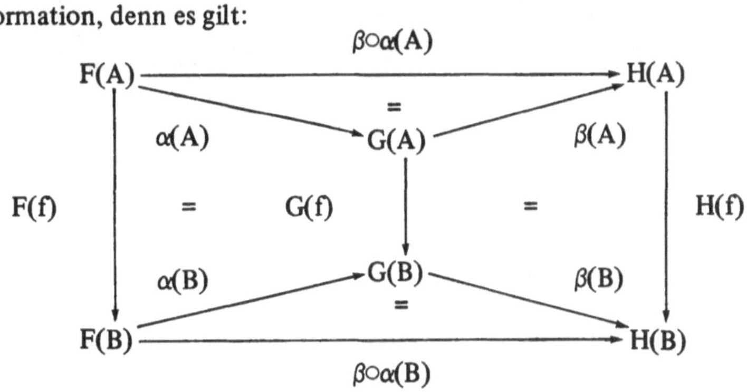

5.24 Beispiel

Mit der Bezeichnungsweise von Beispiel 5.16 ist $nat_{\underline{A}} : 1_{\underline{A}} \to J \circ Red$, definiert durch $nat_{\underline{A}} = [nat_A]_{A \in |\underline{A}(I,O)|}$, Funktortransformation.

Dabei sei $J : \underline{A}red(I,O) \to \underline{A}(I,O)$ Inklusionsfunktor.

Es gilt nämlich nach Definition von Redf:

$\bigwedge (A,B \in |\underline{A}(I,O)|) \bigwedge (f \in Mor\underline{A}(I,O)\,(A,B))$

$$\begin{array}{ccccc}
A & = & 1_{\underline{A}}A & \xrightarrow{nat_{\underline{A}}(A)} & JRed(A) \\
 & & {\scriptstyle f=1_{\underline{A}}f}\downarrow & = \quad (1) & \downarrow{\scriptstyle JRed(f)} \\
B & = & 1_{\underline{A}}B & \xrightarrow[nat_{\underline{A}}(B)]{} & JRed(B)
\end{array}$$

Diagramme, Limites und Colimites

5.25 Definition

Eine Kategorie $\underline{S}$ heißt *kleine Kategorie*, wenn $|\underline{S}|$ eine Menge ist.

In diesem Fall ist auch die Morphismenklasse

$Mor\underline{S} = \bigcup_{(S_1,S_2) \in |\underline{S}| \times |\underline{S}|} Mor\underline{S}(S_1,S_2)$ eine Menge.

5.26 Beispiele

a)

b) 

c) 

d) 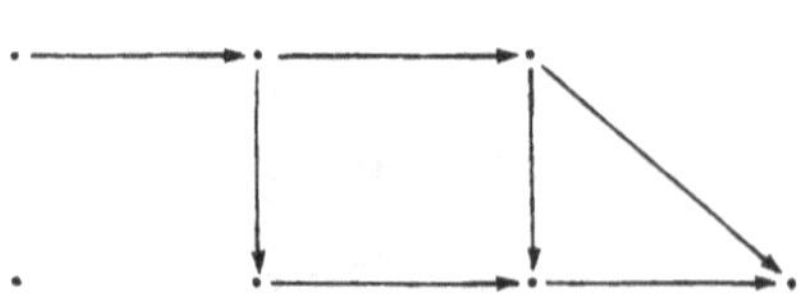

Für die weiteren Betrachtungen sind kleine Kategorien oft durch solche (auch endliche) Schemata gegeben. Dabei werden die Punkte als Objekte und die Pfeile und endlichen Pfeilketten als Morphismen der zugehörigen kleinen Kategorie angesehen, die Komposition ist die Hintereinanderschaltung solcher Ketten. Zu jedem Punkt wird formal eine Identität hinzugenommen.

5.27 Bemerkung

Im Zusammenhang mit Bemerkung 5.8 sei hier erwähnt, daß man eine Kategorie $\underline{\text{Cat}}$ der kleinen Kategorien mit den Funktoren als Morphismen definieren kann. Denn für alle $\underline{S},\underline{T} \in |\underline{\text{Cat}}|$ ist $\text{Mor}\underline{\text{Cat}}(\underline{S},\underline{T})$ Menge, da $\text{Mor}\underline{S}$ und $\text{Mor}\underline{T}$ Mengen sind.

5.28 Satz

Sei $\underline{S}$ kleine Kategorie und $\underline{K}$ Kategorie.

$\underline{\text{Funkt}}(\underline{S},\underline{K})$ sei folgendermaßen definiert:

1. $|\underline{\text{Funkt}}(\underline{S},\underline{K})|$ sei die Klasse der Funktoren von $\underline{S}$ nach $\underline{K}$

2. Für $F_1,F_2 \in |\underline{\text{Funkt}}(\underline{S},\underline{K})|$ sei $\text{Mor}\underline{\text{Funkt}}(\underline{S},\underline{K})(F_1,F_2)$ die Menge der Funktortransformationen von F_1 nach F_2.

3. Die Komposition von Funktortransformationen sei die von 5.23.
   Dann ist $\underline{\text{Funkt}}(\underline{S},\underline{K})$ Kategorie.

Beweis: Da $\underline{S}$ kleine Kategorie ist, ist $\text{Mor}\underline{\text{Funkt}}(\underline{S},\underline{K})(F_1,F_2)$ Menge.

Die Komposition von Funktortransformationen ist assoziativ, da sie „punktweise" durch die assoziative Komposition von $\underline{K}$ definiert ist.

Für jedes $F \in |\underline{\text{Funkt}}(\underline{S},\underline{K})$ ist 1_F definiert durch:

$\Lambda\,(S \in |\underline{S}|)\ \ 1_F(S) = 1_{F(S)}$ Identität zu F.

5.29 Definition

Sei $\underline{S}$ kleine Kategorie. Ein Funktor $D : \underline{S} \to \underline{K}$ heißt *Diagramm in* $\underline{K}$ oder $\underline{K}$-*Diagramm.*

Falls $\underline{S}$ durch ein Schema aus Punkten und Pfeilen gegeben ist, dann ist ein Funktor $D : \underline{S} \to \underline{K}$ dadurch gegeben, daß man jedem Punkt ein $\underline{K}$-Objekt und jedem Pfeil einen $\underline{K}$-Morphismus vom D-Bild des „Quellpunktes" in das D-Bild des „Zielpunktes" des Pfeils zuordnet (vgl. dazu auch [8]).

Konkret kann diese Zuordnung durch Ersetzung der Punkte im Schema durch die zugeordneten $\underline{K}$-Objekte und indizieren der Pfeile durch die zugeordneten $\underline{K}$-Morphismen erfolgen.

Z. B. ist für $A,B,C,P \in |\underline{K}|$, $f,g,p,q \in \underline{K}$

durch 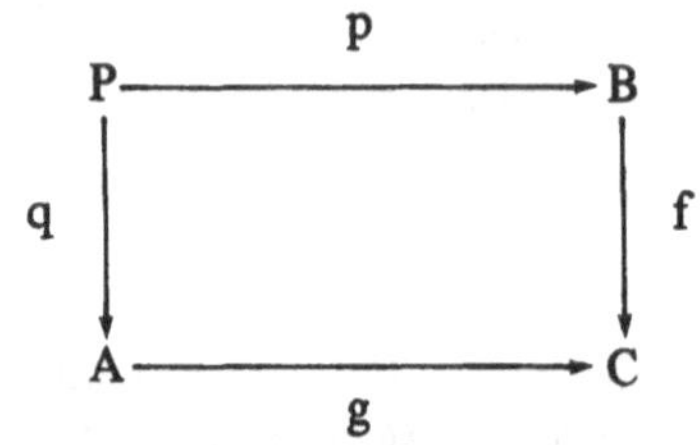 ein $\underline{K}$-Diagramm $D : \underline{S} \to \underline{K}$

gegeben, wobei $\underline{S}$ die durch das Schema

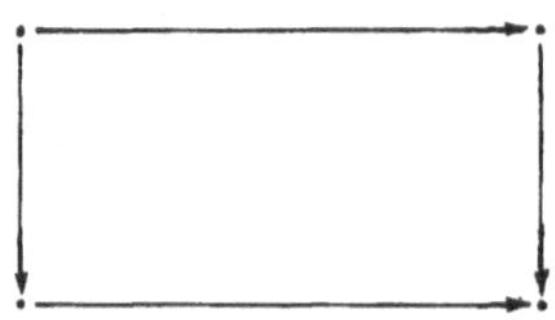

gegebene kleine Kategorie ist.

5.30 Definition und Behauptung

Sei $\underline{S}$ kleine Kategorie, $\underline{K}$ Kategorie. Sei $Z : \underline{K} \to \underline{\mathrm{Funkt}(\underline{S},\underline{K})}$ folgendermaßen definiert:

Für $K \in |\underline{K}|$ sei $ZK \in |\underline{\mathrm{Funkt}(\underline{S},\underline{K})}|$ der durch $|\underline{S}| \ni S \mapsto K \in |\underline{K}|$ definierte *konstante Funktor* (mit Wert K), $\mathrm{Mor}\underline{S}(S,S') \ni s \mapsto 1_K \in \mathrm{Mor}\underline{K}(K,K)$.

Für $k \in \mathrm{Mor}\underline{K}(K,K')$ sei $Zk : ZK \to ZK'$ die durch $\bigwedge (S \in |\underline{S}|)\ Zk(S) := k$ definierte Funktortransformation.

Dann ist Z Funktor, der zu $\underline{S}$ gehörige *Zuordnungsfunktor* von $\underline{K}$.

Beweis: Verifizierung der Funktoreigenschaft für Z:

Für $K \xrightarrow{k} K' \xrightarrow{k'} K''$ in $\underline{K}$ gilt:

$Z(k' \circ k) = [Z(k' \circ k)\,(S)]_{|\underline{S}|} = [k' \circ k]_{|\underline{S}|} = [k']_{|\underline{S}|} \circ [k]_{|\underline{S}|} =$

$= Z(k') \circ Z(k) \in \underline{\mathrm{Funkt}(\underline{S},\underline{K})}\,(ZK,ZK'')$,

für $K \in |\underline{K}|$ gilt $Z(1_K) = [Z(1_K)\,(S)]_{|\underline{S}|} = [1_K]_{|\underline{S}|} = 1_{ZK} \in \underline{\mathrm{Funkt}(\underline{S},\underline{K})}\,(ZK,ZK)$.

q.e.d.

5.31 Definition

Sei $\underline{S} \in |\underline{\mathrm{Cat}}|$. $D : \underline{S} \to \underline{K}$ sei Diagramm.

$(L(D), \ell(D))$ mit $L(D) \in |\underline{K}|$ und $\ell(D) : ZL(D) \to D$ Funktortransformation

heißt *Limes* von D, geschrieben (L(D),ℓ(D)) = (LimD,limD), wenn gilt
Λ (K ∈ |K|) Λ (η ∈ Funkt(S,K) (ZK,D)) $\forall$ (k∈MorK(K,L(D))) mit

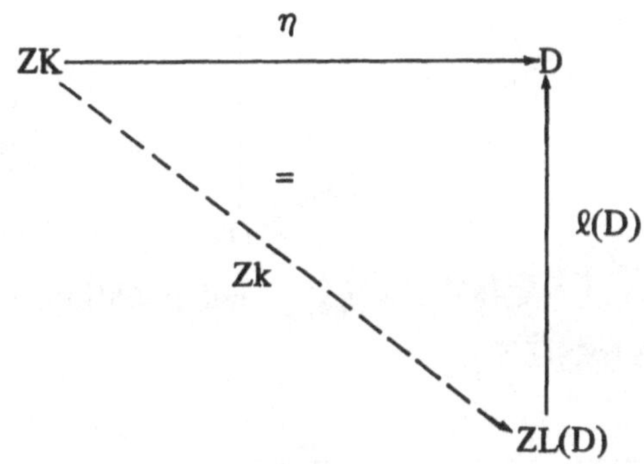

(C(D),c(D)) mit C(D) ∈ |K|, c(D) ∈ Funkt(S,K) (D,ZC(D)) heißt *Colimes* von D, geschrieben (C(D),c(D)) = (ColimD,colimD), wenn gilt:
Λ (K ∈ |K|) Λ (η ∈ Funkt(S,K) (D,ZK) $\forall$ (k∈MorK(C(D),K)) mit

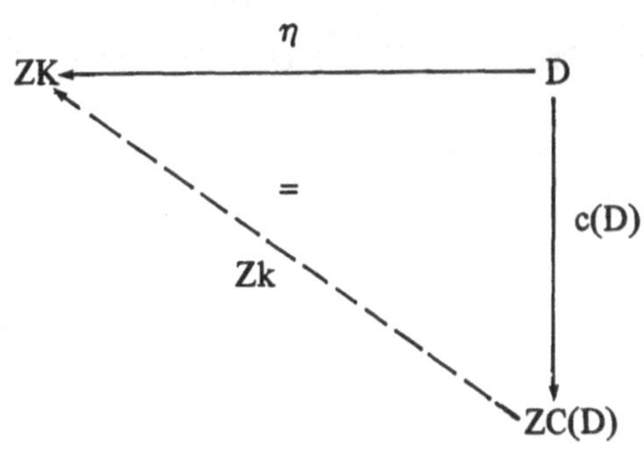

Für eine „Ordnungskategorie" K (d. h. Λ(K,K' ∈ |K|) |K(K,K')| ⩽ 1, die Morphismen werden als Ordnung auf der Objektklasse interpretiert) stimmen „Limes" bzw. „Colimes" mit den aus der Theorie der geordneten Mengen bekannten Begriffen „untere Grenze" bzw. „obere Grenze" überein, weshalb Limes und Colimes manchmal auch so bezeichnet werden (vgl. dazu auch das folgende Lemma).

5.32 Lemma

Sei D : S → K Diagramm. (L,ℓ) mit L ∈ |K|, ℓ = $[\ell S]_{|S|}$ und ℓS∈MorK(L,DS) ist genau dann Limes von D, wenn gilt:

1. $\Lambda\,(S,S' \in |\underline{S}|)\ \Lambda\,(s \in \underline{S}(S,S'))$

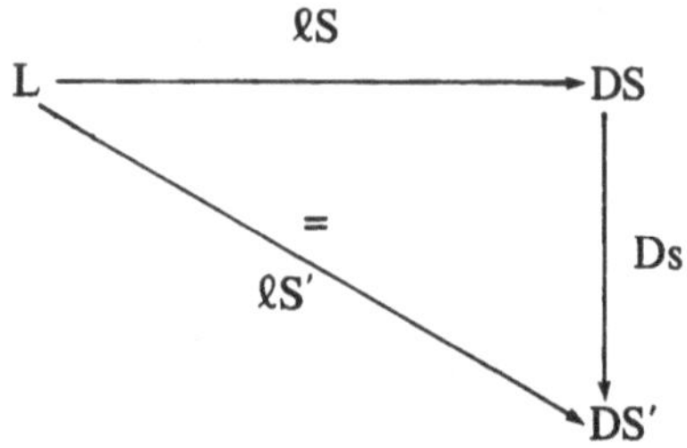

(1)

2. Falls für (K,η) mit $K \in |\underline{K}|$, $\eta = [\eta S]_{|\underline{S}|}$ und $\eta S \in \mathrm{Mor}\underline{K}(K,DS)$ gilt:
$\Lambda\,(S,S' \in |\underline{S}|)\ \Lambda\,(s \in \underline{S}(S,S'))$

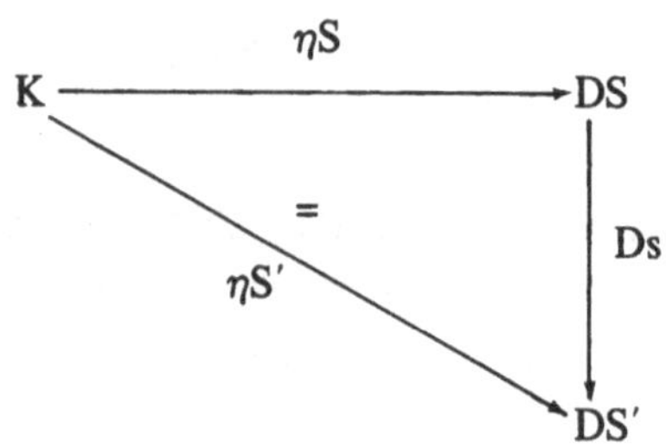

(2)

(η heißt in diesem Fall „verträgliche Familie"), dann existiert eindeutig k mit $\Lambda\,(S \in |\underline{S}|)$

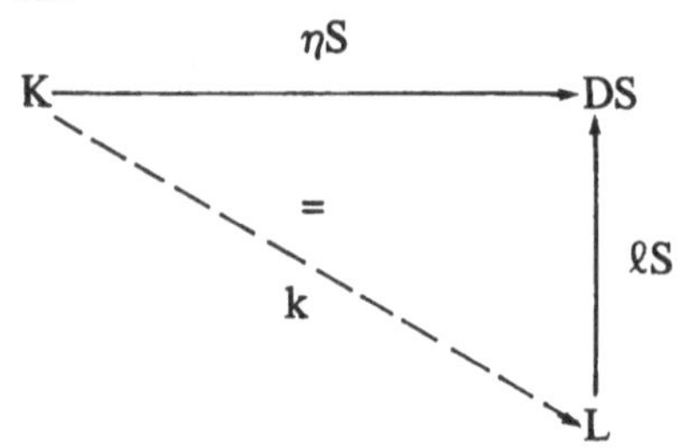

(3)

Beweis: Daß ℓ bzw. η verträgliche Familie ist, bedeutet gerade $\ell \in \underline{\mathrm{Funkt}}(\underline{S},\underline{K})\,(ZL,D)$ (Bedingung 1)) bzw. $\eta \in \underline{\mathrm{Funkt}}(\underline{S},\underline{K})\,(ZK,D)$.
Die Aussage (3) bedeutet: es existiert genau ein k mit

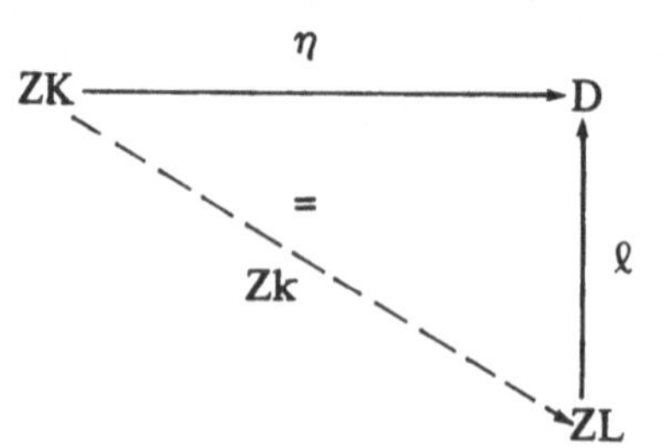

, womit alles gezeigt ist.

5.33 Satz (Produkte sind Limites)

$(P,[p_i]_I)$ ist Produkt (mit Projektionen) einer Familie $[A_i]_I$ von $\underline{K}$-Objekten genau dann, wenn $(P,[p_i]_I)$ Limes von $D : \underline{I} \to \underline{K}$ ist mit $\underline{I}$ definiert durch
$|\underline{I}| = I$,

$$\underline{I}(i,j) = \begin{cases} [\![1_i]\!] & \text{für } j=i \\ \phi & \text{sonst}, \end{cases}$$

D definiert durch $\bigwedge (i \in I)\ D(i) = A_i$.

Beweis: Wegen $\underline{I}(i,j) = \phi$ für $i \neq j$ ist $[p_i]_I = [P \overset{p_i}{\to} A_i]_I$ trivialerweise Funktortransformation von ZP nach D.

$(P,[p_i]_I)$ ist genau dann Limes von D, wenn gilt:

$\bigwedge (K \in |\underline{K}|) \bigwedge (\eta \in \underline{\text{Funkt}(I,K)}\ (ZK,D))\ \overset{1}{\bigvee} (k \in \text{Mor}\underline{K}(K,P))$

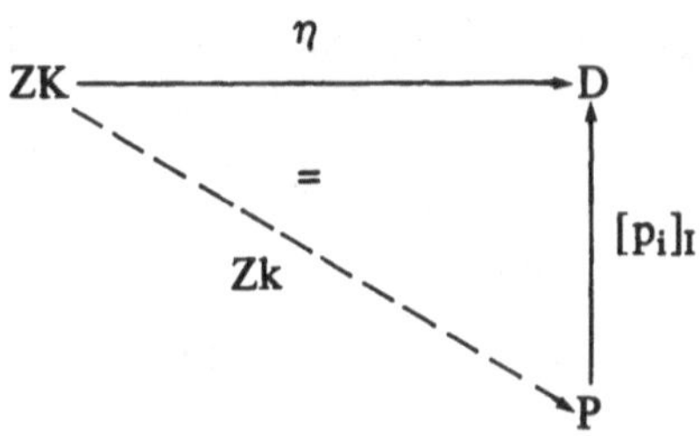

d. h. $\bigwedge (K \in |\underline{K}|) \bigwedge ([\eta_i]_I \mid \eta_i \in \text{Mor}\underline{K}(K,A_i))\ \overset{1}{\bigvee} (k \in \text{Mor}\underline{K}(K,P))$

$\bigwedge (i \in I)$

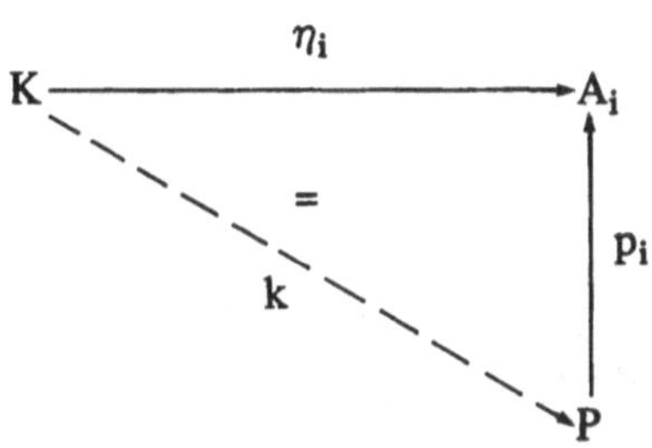

(vgl. Lemma 5.32), d. h. $(P,[p_i]_I)$ ist Produkt von $[A_i]_I$.

q.e.d.

5.34 Satz (Differenzenkerne sind Limites)

Sei die kleine Kategorie $\underline{S}$ gegeben durch $S_1 \overset{s_1}{\underset{s_2}{\rightrightarrows}} S_2$

Sei weiter das Diagramm $D : \underline{S} \to \underline{K}$ gegeben durch $A \overset{f}{\underset{g}{\rightrightarrows}} B$. Dann ist

$L(D) := \text{DKer}(f,g)$ zusammen mit $\ell(D)$, definiert durch $\ell(D)(S_1) := \text{dker}(f,g)$ und $\ell(D)(S_2) := f \circ \text{dker}(f,g) = g \circ \text{dker}(f,g)$, Limes von D.

Beweis:

1. Zu zeigen: $\ell(D) : ZL(D) \to D$ ist Funktortransformation, d. h.:

   $\bigwedge (S,S' \in |\underline{S}|) \bigwedge (s \in Mor\underline{S}(S,S'))$

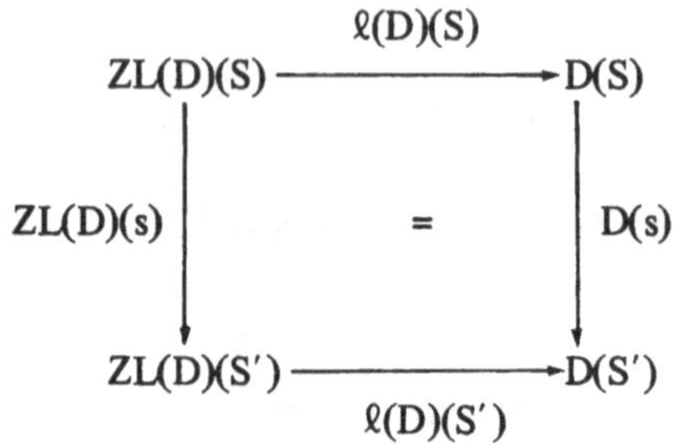

Zu untersuchen ist wegen $Mor\underline{S}(S_2,S_1) = \phi$, $Mor(S_j,S_j) = [\![1_{S_j}]\!]$ (j=1,2) nur der Fall $S = S_1$, $S' = S_2$.

Nun gilt

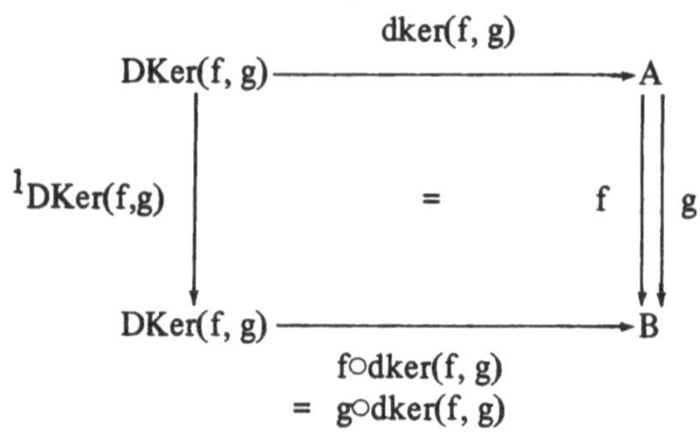

also ist $\ell(D)$ Funktortransformation.

2. Zu zeigen ist:

   $\bigwedge (K \in |\underline{K}|) \bigwedge (\eta : ZK \to D) \stackrel{1}{\bigvee} (k \in Mor\underline{K}(K,L(D)))$

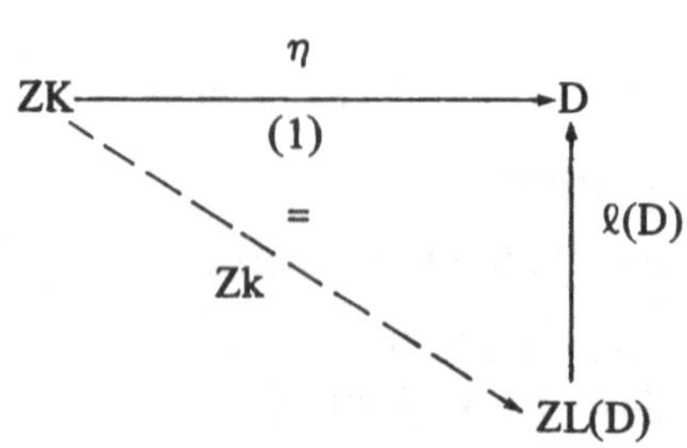

d. h. $\bigwedge (K \in |\underline{K}|) \bigwedge (\eta S_1, \eta S_2)$ mit

$\forall$ (k∈Mor$\underline{K}$(K,DKer(f,g))

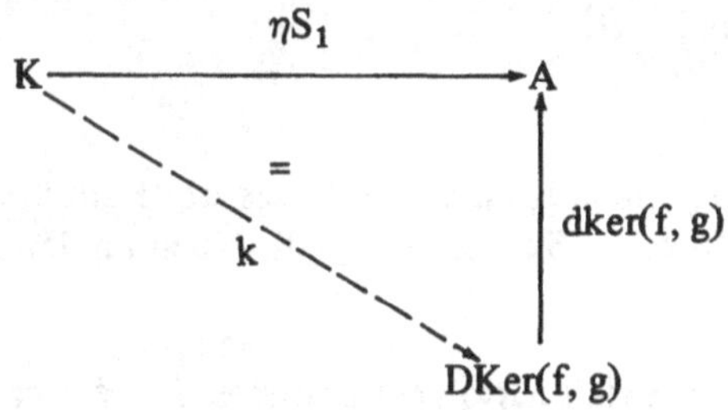

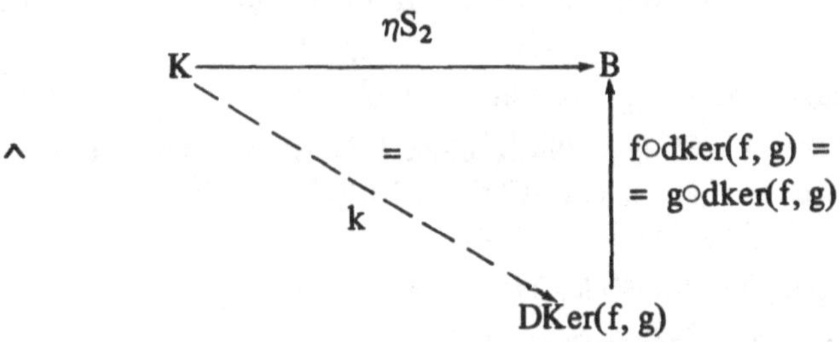

d. h. $\bigwedge (K \in |\underline{K}|) \bigwedge (\eta S_1 \mid f \circ \eta S_1 = g \circ \eta S_1)$ $\forall$ (k∈Mor$\underline{K}$(K,DKer(f,g))

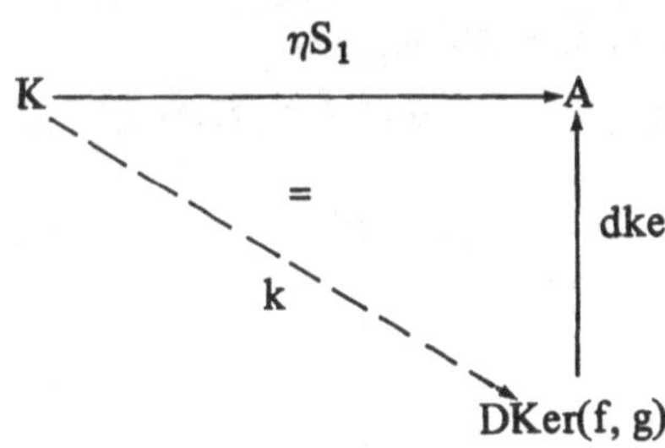

d. h. dKer(f,g) ist Differenzenkern von f und g. q.e.d.

5.35 Bemerkung

Analog zu 5.33 und 5.34 zeigt man, daß Pullbacks und damit insbesondere Durchschnitte und Kernpaare Limites sind.

Dual gilt: Coprodukte, Cokerne und Pushouts sind Colimites.

5.36 Definition

Ein Funktor $F : \underline{K} \to \underline{L}$ *bewahrt* Limites eines Diagramms $D : \underline{S} \to \underline{K}$, wenn für jeden Limes (L,ℓ) von D in $\underline{K}$ $(FL,F\ell)$ mit $F\ell := [F(\ell S)]_{|\underline{S}|}$ Limes von $F \circ D$ in $\underline{L}$ ist.

Eine Familie $[F_i : \underline{K} \to \underline{L}]_I$ von Funktoren *reflektiert* Limites eines Diagramms $D : \underline{S} \to \underline{K}$, wenn (L,ℓ) Limes von D in $\underline{K}$ gilt, falls für jedes $i \in I$ $(F_iL,F_i\ell)$ Limes von $F_i \circ D$ in $\underline{L}$ ist.

5.37 Motivation

Viele kategorielle Begriffe können mit Hilfe des Mor-Funktors in $\underline{Me}$ charakterisiert werden. Der folgende Satz zeigt, daß dies auch für den Begriff „Limes" möglich ist.

5.38 Satz (Charakterisierung von Limites durch den Mor-Funktor)

Für jede Kategorie $\underline{K}$ bewahrt und reflektiert die Familie $[\mathrm{Mor}\underline{K}(K,-)]_{K \in |\underline{K}|}$ Limites (beliebiger Diagramme), d. h.:

Für jedes $\underline{K}$-Diagramm $D : \underline{S} \to \underline{K}$ gilt:

(L,ℓ) mit $L \in |\underline{K}|$, $\ell = [\ell S]_{|\underline{S}|}$, $\ell S \in \mathrm{Mor}\underline{K}(L,DS)$ ist $\underline{K}$-Limes von D genau dann, wenn für jedes $K \in |\underline{K}|$ $(\mathrm{Mor}\underline{K}(K,L),\mathrm{Mor}\underline{K}(K,\ell))$ $\underline{Me}$-Limes von $\mathrm{Mor}\underline{K}(K,D-) := \mathrm{Mor}\underline{K}(K,-) \circ D : \underline{S} \to \underline{Me}$ ist.

Dabei sei $\mathrm{Mor}\underline{K}(K,\ell) := \mathrm{Mor}\underline{K}(K,-)(\ell) = [\mathrm{Mor}\underline{K}(K,\ell S)]_{|\underline{S}|}$.

Beweis: „$\Rightarrow$": Sei $Z_{\underline{Me}} : \underline{Me} \to \underline{\mathrm{Funkt}(\underline{S},\underline{Me})}$ bzw.
$Z_{\underline{K}} : \underline{K} \to \underline{\mathrm{Funkt}(\underline{S},\underline{K})}$

der zu $\underline{S}$ gehörige Zuordnungsfunktor von $\underline{Me}$ bzw. $\underline{K}$ (vgl. 5.30).

Sei nun (L,ℓ) Limes von D, $K \in |\underline{K}|$ beliebig.

Wegen $\ell \in \underline{\mathrm{Funkt}(\underline{S},\underline{K})}(ZL,D)$, d. h. $\wedge (S,S' \in |\underline{S}|) \wedge (s \in \underline{S}(S,S'))$

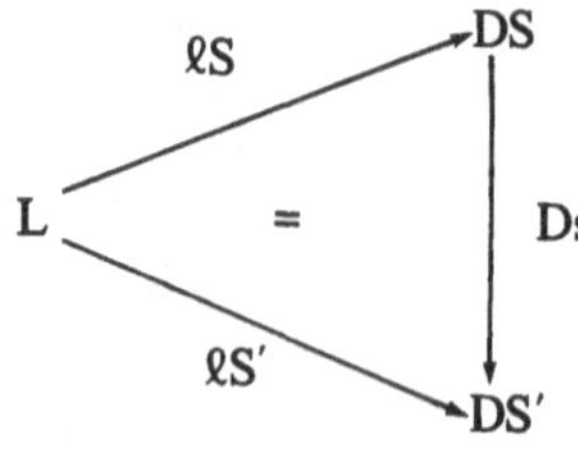

(1)

und $\mathrm{Mor}\underline{K}(K,-)$ Funktor gilt $\Lambda(S,S'\in|\underline{S}|)\ \Lambda\ (s\in\underline{S}(S,S'))$

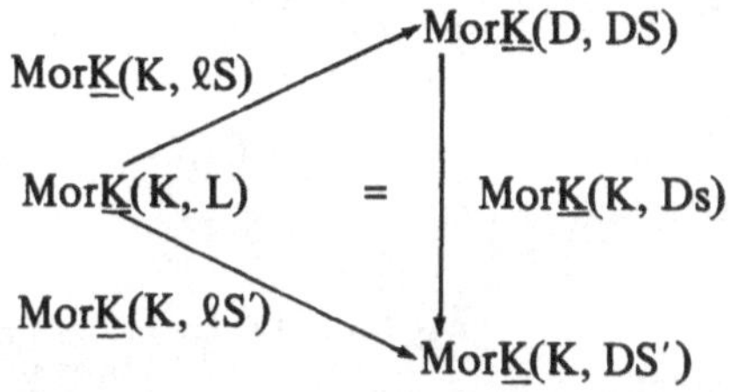

(2)

d. h. $\mathrm{Mor}\underline{K}(K,\ell)\in\underline{\mathrm{Funkt}}(\underline{S},\underline{Me})\ (Z_{\underline{Me}}\mathrm{Mor}\underline{K}(K,L),\ \mathrm{Mor}\underline{K}(K,D-))$.
Sei nun $M\in|\underline{Me}|$ und $\eta\in\mathrm{Funkt}(Z_{\underline{Me}}M,\mathrm{Mor}\underline{K}(K,D-))$, d. h.
$\Lambda\ (S,S'\in|\underline{S}|)\ \Lambda\ (s\in\underline{S}(S,S'))$

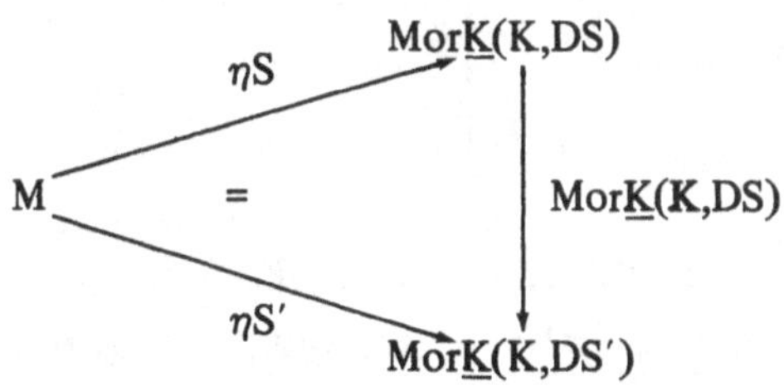

(3) , d. h.

$\Lambda\ (S,S'\in|\underline{S}|)\ \Lambda\ (s\in\underline{S}(S,S'))$
$\Lambda\ (m\in M)\ \ \eta S'(m) = \mathrm{Mor}\underline{K}(K,Ds)\ (\eta S(m)) = Ds\circ\eta S(m)$
d. h. $\Lambda\ (m\in M)\ \Lambda\ (S,S'\in|\underline{S}|)\ \Lambda\ (s\in\underline{S}(S,S'))$
$\eta_m = [\eta_m S]_{|\underline{S}|} := [\eta S(m)]_{|\underline{S}|} \in \underline{\mathrm{Funkt}}(\underline{S},\underline{K})\ (Z_{\underline{K}}K,D)$ (4).
Wegen (L,ℓ) Limes von D in $\underline{K}$ existiert zu jedem $m\in M$ eindeutig $k_m\in\mathrm{Mor}\underline{K}(K,L)$ mit

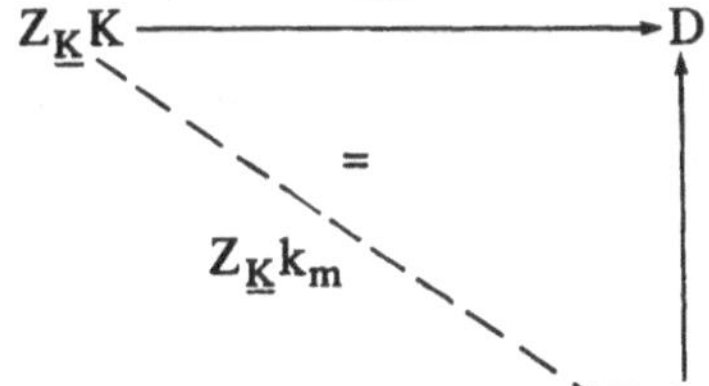

(5)

Nun gilt für f∈Me(M,MorK(K,L))

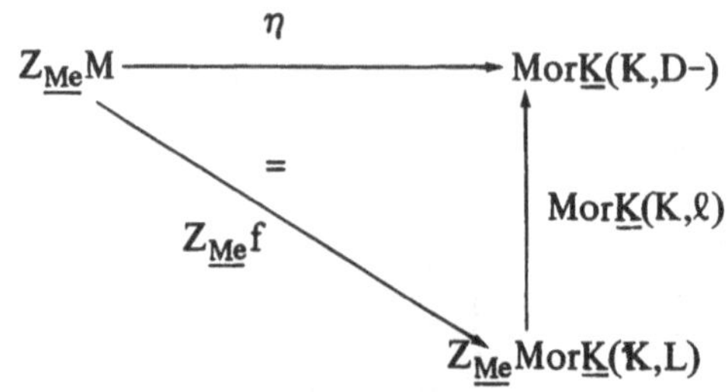

(6)

genau dann, wenn gilt: Λ (m∈M) Λ (S ∈ |S|)
(ηS(m) = MorK(K,ℓS) (f(m)) = ℓS∘(f(m))),
d. h. wenn gilt: Λ (m∈M)

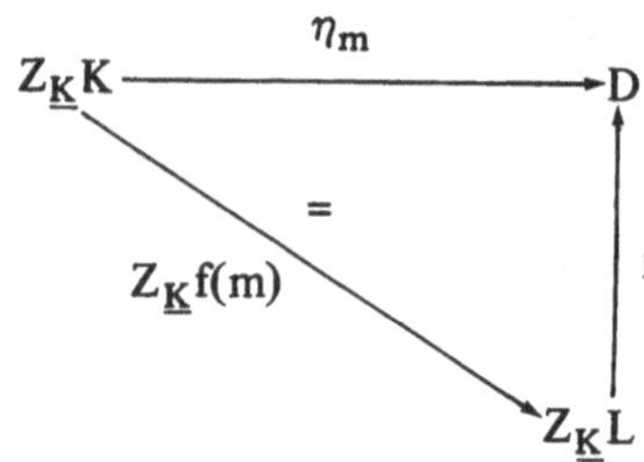

(7)

Wegen (5) existiert also genau ein f∈MorMe(M,MorK(K,L) mit (6), nämlich f definiert durch $m \overset{f}{\mapsto} k_m$. Also ist (MorK(K,L),MorK(K,ℓ)) Limes von MorK(K,D-).

„⇐"

Nach Voraussetzung gilt

MorK(L,ℓ) ∈ Funkt(S,Me) (Z_{Me}MorK(L,L),MorK(L,D-)), also

Λ (S,S'∈ |S|) Λ (s∈S (S,S'))

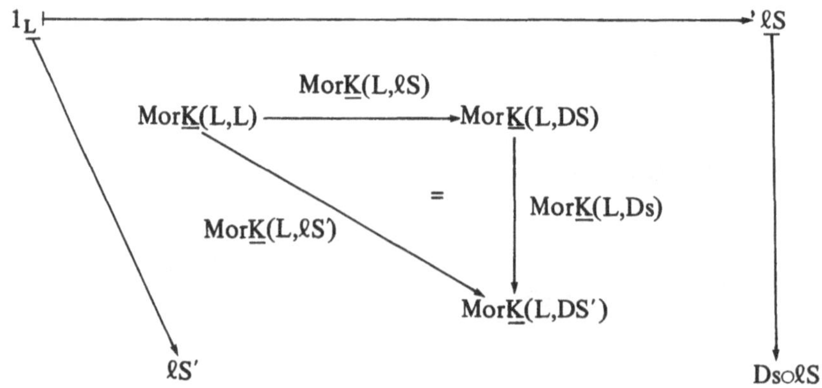

also $\bigwedge (S,S' \in |\underline{S}|) \bigwedge (s \in \underline{S}(S,S'))$

$$\begin{array}{ccc} L & \xrightarrow{\ell S} & DS \\ & \underset{\ell S'}{\searrow} \quad = & \downarrow Ds \\ & & DS' \end{array}$$

damit $\ell \in \underline{\mathrm{Funkt}}(\underline{S},\underline{K})(Z_{\underline{K}}L,D)$.

Sei nun $K \in |\underline{K}|$ und $\eta \in \mathrm{Funkt}(\underline{S},\underline{K})(Z_{\underline{K}}K,D)$ beliebig.

Dann gilt wegen $\mathrm{Mor}\underline{K}(K,-)$ Funktor

$\mathrm{Mor}\underline{K}(K,\eta) = [\mathrm{Mor}\underline{K}(K,\eta S)]_{|\underline{S}|} \in \mathrm{Funkt}(\underline{S},\underline{Me})(Z_{\underline{Me}}\mathrm{Mor}\underline{K}(K,K), \mathrm{Mor}\underline{K}(K,D-))$.

Wegen $(\mathrm{Mor}\underline{K}(K,L),\mathrm{Mor}\underline{K}(K,\ell))$ Limes von $\mathrm{Mor}\underline{K}(K,D-)$ existiert also eindeutig $\bar{f} \in \mathrm{Mor}\underline{Me}(\mathrm{Mor}\underline{K}(K,K),\mathrm{Mor}\underline{K}(K,L))$ mit

$$\begin{array}{ccc} Z_{\underline{Me}}\mathrm{Mor}\underline{K}(K,K) & \xrightarrow{\mathrm{Mor}\underline{K}(K,\eta)} & \mathrm{Mor}\underline{K}(K,D-) \\ & \underset{Z_{\underline{Me}}\bar{f}}{\searrow} \quad = & \uparrow \mathrm{Mor}\underline{K}(K,L) \\ & & Z_{\underline{Me}}\mathrm{Mor}K(K,L) \end{array} \qquad (8)$$

Für $k := \bar{f}(1_K)$ gilt

$$\begin{array}{ccc} Z_{\underline{K}}K & \xrightarrow{\eta} & D \\ & \underset{Z_{\underline{K}}k}{\searrow} \quad = & \uparrow \ell \\ & & Z_{\underline{K}}L \end{array} \qquad (9)$$

(„komponentenweise" für jedes $S \in |\underline{S}|$).

Gelte auch

$$\begin{array}{ccc} Z_{\underline{K}}K & \xrightarrow{\eta} & D \\ & \underset{Z_{\underline{K}}k'}{\searrow} \quad = & \uparrow \ell \\ & & Z_{\underline{K}}L \end{array}$$

Definiere $\tilde{f} \in \mathrm{Mor}\underline{\mathrm{Me}}(\mathrm{Mor}\underline{K}(K,K),\mathrm{Mor}\underline{K}(K,L))$ durch $\tilde{f}(g) = \begin{cases} \bar{f}(g) & \text{für } g \neq 1_K \\ k' & \text{für } g = 1_K \end{cases}$

Dann gilt (8) auch mit $\tilde{f}$ statt $\bar{f}$, woraus wegen der Eindeutigkeit von $\bar{f}$ in (8) $k' = \bar{f}(1_K) = k$ und damit die Eindeutigkeit von k in (9) folgt. Also ist (L,ℓ) Limes von D. q.e.d.

5.39 Definition

Eine Kategorie $\underline{K}$ heißt [*endlich*] *vollständig*, wenn für jede kleine Kategorie [endliche Kategorie] $\underline{S}$ jedes Diagramm $D : \underline{S} \to \underline{K}$ einen Limes besitzt.

5.40 Satz (Vollständigkeit von Kategorien)

Sei $\underline{K}$ eine Kategorie mit [endlichen] Produkten und Differenzenkernen. Dann ist $\underline{K}$ [endlich] vollständig.

Beweis: Sei $D : \underline{S} \to \underline{K}$ Diagramm.

Nach Voraussetzung existieren die Produkte $P = \prod_{S \in |\underline{S}|} D(S)$ und $Q = \prod_{s \in \underline{S}} D(Z(s))$ wobei $Z(s)$ das Zielobjekt des Morphismus s sei. (Objekte, die als Zielobjekt von mehreren $\underline{S}$-Morphismen auftreten, werden entsprechend mehrfach „gezählt")

Die zugehörigen Projektionen seien $p_S : P \to D(S)$ $(S \in |\underline{S}|)$ und

$q_{Z(s)} : Q \to D(Z(s))$ $(s \in \underline{S})$.

Für $D(s) : D(S) \to D(Z(s))$ gilt

$D(s) \circ p_S : P \to D(Z(s))$

$p_{Z(s)} \quad : P \to D(Z(s)) \qquad (s \in \underline{S})$.

Wegen der Produkteigenschaft von Q existiert eindeutig

$p := [p_{Z(s)}]_{s \in \underline{S}} : P \to Q$ mit $\Lambda (s \in \underline{S})\ q_{Z(s)} \circ p = p_{Z(s)}$ (1)

und $q := [D(s) \circ p_S]_{s \in \underline{S}} : P \to Q$ mit $\Lambda (s \in \underline{S})\ q_{Z(s)} \circ q = D(s) \circ p_S$. (2)

Nach Voraussetzung existiert ein Differenzenkern von $P \overset{p}{\underset{q}{\rightrightarrows}} Q$.

Sei $L := \mathrm{DKer}(p,q)$ und $\ell = [\ell S]_{|\underline{S}|}$ definiert durch $\ell S := p_S \circ \mathrm{dker}(p,q)$. (3)

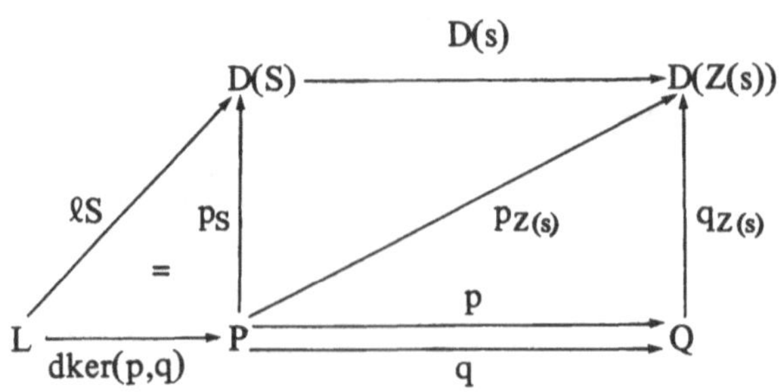

Wir wollen zeigen: (L,ℓ) ist Limes von D.

1. $\ell : ZL \to D$ ist Funktortransformation, d. h.
   $\bigwedge (S,S' \in \underline{S}) \bigwedge (s \in \mathrm{Mor}\underline{S}(S,S'))$

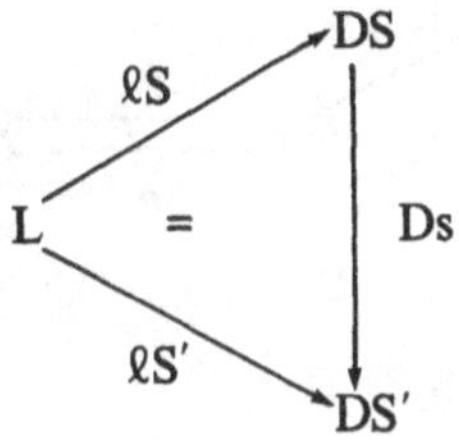

(4), denn wegen

   $q_{Z(s)} \circ p \circ \mathrm{dker}(p,q) = q_{Z(s)} \circ q \circ \mathrm{dker}(p,q)$ folgt mit (1) und (2)
   $\ell S' \overset{(3)}{=} p_{S'} \circ \mathrm{dker}(p,q) = p_{Z(s)} \circ \mathrm{dker}(p,q) = D(s) \circ p_S \circ \mathrm{dker}(p,q) \overset{(3)}{=} D(s) \circ \ell S$
   und damit (4).

2. Limeseigenschaft:
   Sei $K \in |\underline{K}|$ und $\eta : ZK \to D$ Funktortransformation.
   Zu zeigen ist die eindeutige Existenz eines $k : K \to L = \mathrm{DKer}(p,q)$ mit

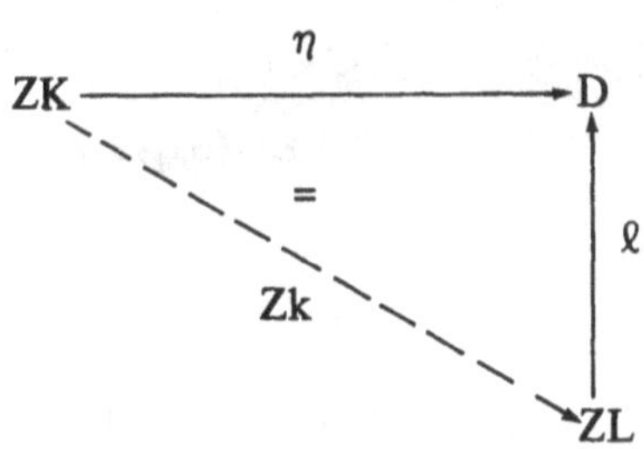

(5)

Zu $[\eta S : K \to DS]_{|\underline{S}|}$ existiert wegen der Produkteigenschaft von P eindeutig $h : K \to P$

mit $\bigwedge (S \in |\underline{S}|)\ p_S \circ h = \eta(S)$ (6)

Da $\eta : ZK \to D$ Funktortransformation ist, gilt für alle $S,S' \in |\underline{S}|$ und alle $s \in \mathrm{Mor}_{\underline{S}}(S,S')$ $\eta S' = D(s) \circ \eta S$.

Damit folgt aus (6):

$p_{Z(s)} \circ h = \eta(Z(s)) = D(s) \circ \eta S = D(s) \circ p_S \circ h.$ (7)

Also gilt

$q_{Z(s)} \circ p \circ h \overset{(1)}{=} p_{Z(s)} \circ h \overset{(7)}{=} D(s) \circ p_S \circ h \overset{(2)}{=} q_{Z(s)} \circ q \circ h$ und damit wegen der

Eindeutigkeit der Ergänzung in das Produkt $Q : p \circ h = q \circ h$. Also existiert (eindeutig) k mit

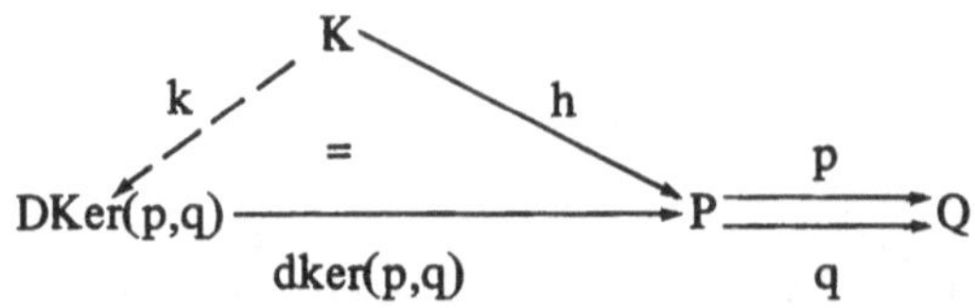

Weiter gilt wegen (3) und (6) für alle $S \in |\underline{S}|$

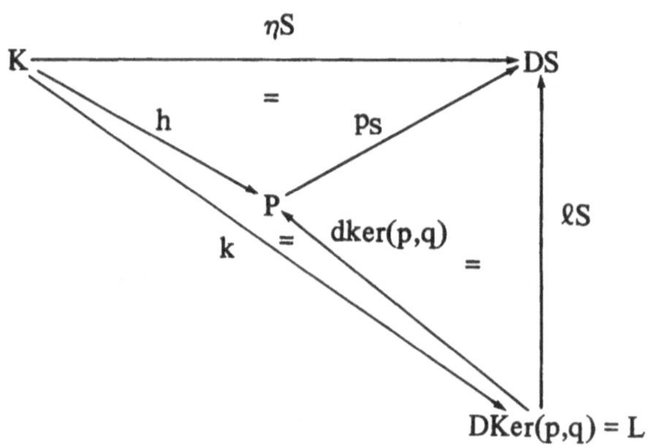

(7)

und damit gilt für k (5).

Gelte nun (5) auch für k'.

Wegen (7) gilt dann für alle $S \in |\underline{S}|$ $p_S \circ \text{dker}(p,q) \circ k' = p_S \circ h$.

Damit gilt wegen der Eindeutigkeit der Ergänzung in das Produkt P $\text{dker}(p,q) \circ k' = h = \text{dker}(p,q) \circ k$, also wegen der Eindeutigkeit der Ergänzung in den Differenzenkern DKer(p,q) $k' = k$, also existiert eindeutig k mit (5)

q.e.d.

Universelle Probleme und adjungierte Funktoren

5.41 Definition

$\underline{G}$ sei eine Kategorie. Eine Unterkategorie $\underline{K}$ von $\underline{G}$ heißt *reflektive Unterkategorie* von $\underline{G}$, wenn gilt:

$\wedge (G \in |\underline{G}|) \vee (S(G) \in |\underline{K}|) \vee (u(G) \in \mathrm{Mor}\underline{G}(G,S(G))$

$\wedge (K \in |\underline{K}|) \wedge (f \in \mathrm{Mor}\underline{G}(G,K)) \overset{\vee}{\vee}! (\bar{f} \in \mathrm{Mor}\underline{K}(S(G),K))$

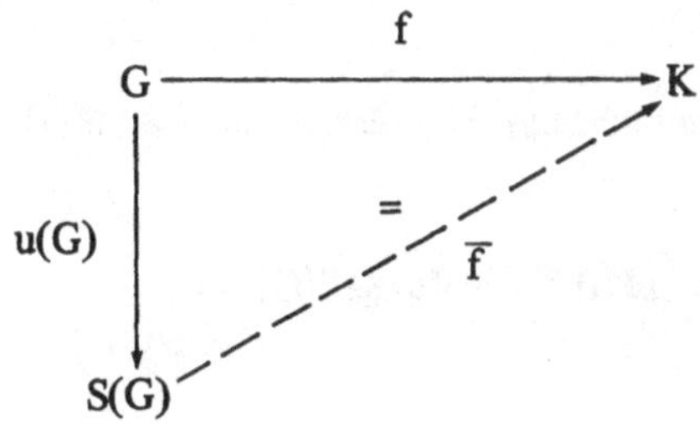

(1)

(1) ist gleichbedeutend mit

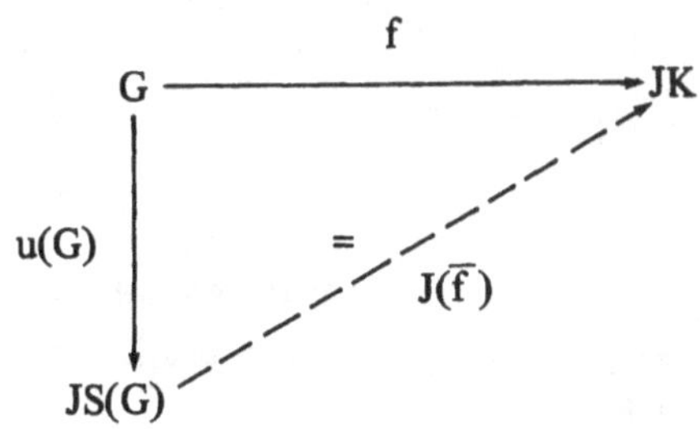

(2)

wobei $J : \underline{K} \to \underline{G}$ der Inklusionsfunktor von $\underline{K}$ sei.

5.42 Beispiel

$\underline{A}$red(I,O) liegt reflektiv in $\underline{A}$(I,O):

Das folgt aus 5.16.

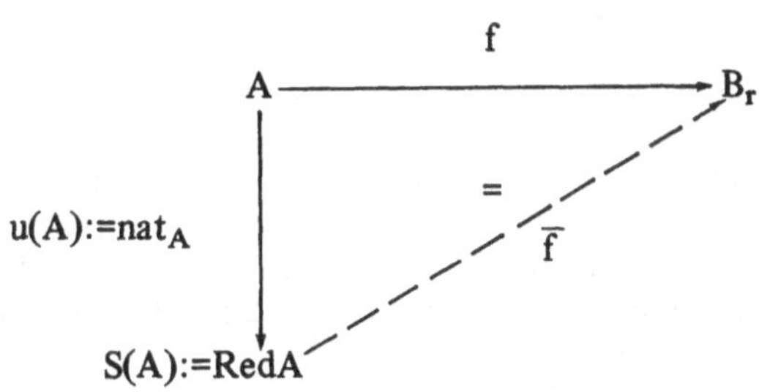

Durch Verallgemeinerung von 5.41 gelangt man zu

5.43 Definition

$\underline{K},\underline{G}$ seien Kategorien, dann versteht man unter dem *universellen Problem* zu einem Funktor $T : \underline{K} \to \underline{G}$:

Für jedes $G \in |\underline{G}|$ wird gesucht ein $S(G) \in |\underline{K}|$ und ein $u(G) \in \mathrm{Mor}\underline{G}(G,TS(G))$ derart, daß gilt:

$\bigwedge (K \in |\underline{K}|) \bigwedge (f \in \mathrm{Mor}\underline{G}(G,TK)) \dot{\bigvee} (\bar{f} \in \mathrm{Mor}\underline{K}(S(G),K))$

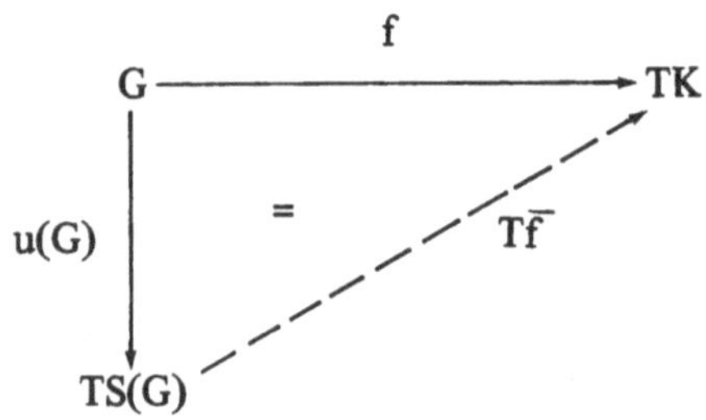

5.44 Beispiel (Colimes als Lösung eines universellen Problems)

Sei $\underline{G} = \underline{\mathrm{Funkt}}(\underline{S},\underline{K})$. Dann ist die Lösung zum universellen Problem des Zuordnungsfunktors $Z : \underline{K} \to \mathrm{Funkt}(\underline{S},\underline{K})$ der Colimes.

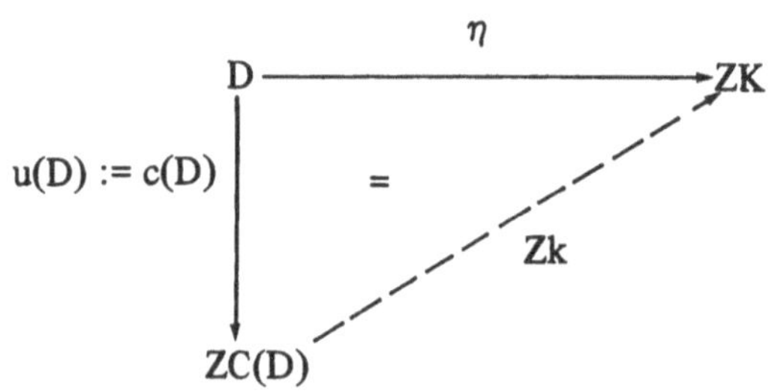

(vgl. 5.31)

5.45 Satz

Das universelle Objekt $S(G) \in |\underline{K}|$ ist bis auf Isomorphie eindeutig bestimmt.

Beweis: Sei neben $(S(G),u(G))$ auch $(S_1(G),u_1(G))$ universell. Dann existiert $k_1 : S(G) \to S_1(G)$ derart, daß im folgenden Diagramm (1) gilt, und $k : S_1(G) \to S(G)$ derart, daß (2) gilt.

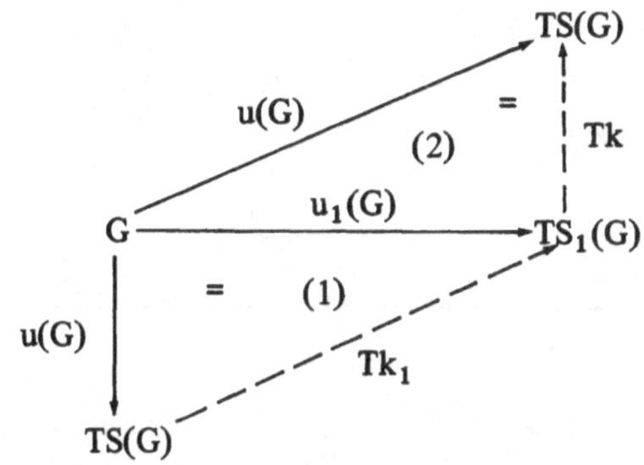

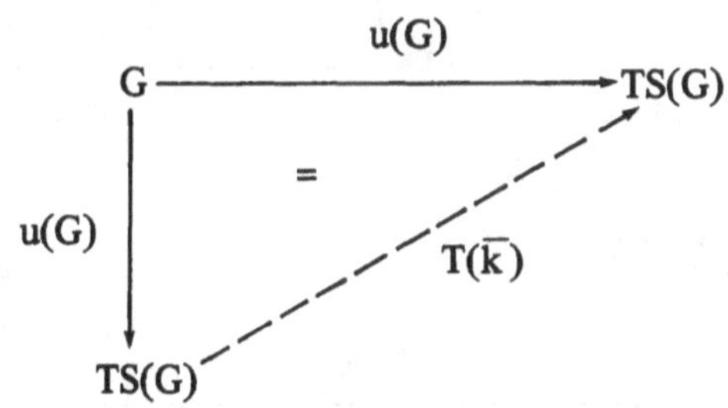

(3)

Da sowohl für $\bar{k} := 1_{S(G)}$ als auch nach (1) und (2) für $\bar{k} := k \circ k_1$ (3) gilt, folgt aus der Eindeutigkeit von $\bar{k}$ mit (3) $k \circ k_1 = 1_{S(G)}$. Ebenso $k_1 \circ k = 1_{S_1(G)}$.

q.e.d.

5.46 Satz und Definition (Lösungsfunktor)

Sei das universelle Problem zum Funktor $T : \underline{K} \to \underline{G}$ lösbar mit Objektzuordnung $S : |\underline{G}| \to |\underline{K}|$ und universellen Morphismen $u(G) : G \to TS(G)$ für alle $G \in |\underline{G}|$. Dann läßt sich S zu einem Funktor $S : \underline{G} \to \underline{K}$ fortsetzen, indem für jedes $g \in \mathrm{Mor}\underline{G}(G,G')$ $Sg \in \mathrm{Mor}\underline{K}(SG,SG')$ als der eindeutig bestimmte Morphismus mit

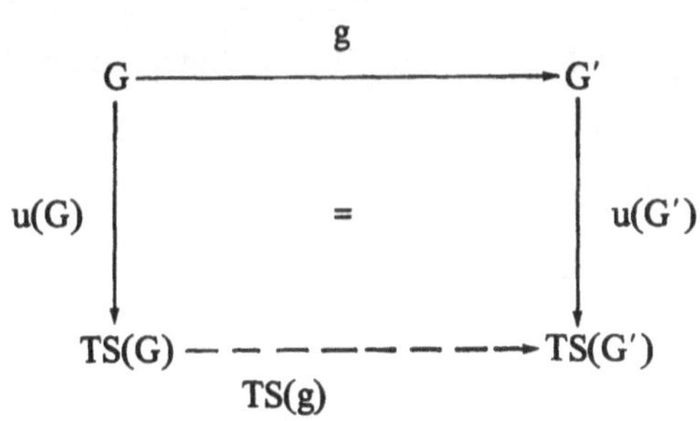

definiert wird.

S heißt *linksadjungierter Funktor zu* T, geschrieben $S \dashv T(\underline{K},\underline{G})$.

Beweis: Zu zeigen:

1. $\bigwedge (G \overset{g}{\to} G' \overset{g'}{\to} G'' \in \underline{G}) : S(g' \circ g) = Sg' \circ Sg$
2. $\bigwedge (G \in |\underline{G}|) : S1_G = 1_{SG}$

1. Es gilt

$$
\begin{array}{ccccc}
G & \xrightarrow{\quad g \quad} & G' & \xrightarrow{\quad g' \quad} & G'' \\
{\scriptstyle u(G)}\downarrow & (1)\ = & \downarrow{\scriptstyle u(G')} & (2)\ = & \downarrow{\scriptstyle u(G'')} \\
TSG & \xrightarrow[\quad TSg \quad]{} & TSG' & \xrightarrow[\quad TSg' \quad]{} & TSG''
\end{array}
$$

$S(g' \circ g)$ ist definiert durch

$$
\begin{array}{ccc}
G & \xrightarrow{\quad g' \circ g \quad} & G'' \\
{\scriptstyle u(G)}\downarrow & (3)\ = & \downarrow{\scriptstyle u(G'')} \\
TSG & \xrightarrow[\quad TS(g' \circ g) \quad]{} & TSG''
\end{array}
$$

Aus (1) und (2) folgt, daß auch $T(Sg' \circ Sg)$ (3) kommutativ macht. Damit folgt $S(g' \circ g) = Sg' \circ Sg$.

2. gilt wegen $T(1_{SG}) = 1_{TSG}$ und da $S1_G$ definiert ist durch

$$
\begin{array}{ccc}
G & \xrightarrow{\quad 1_G \quad} & G \\
{\scriptstyle u(G)}\downarrow & = & \downarrow{\scriptstyle u(G)} \\
TSG & \xrightarrow[\quad T(S1_G) \quad]{} & TSG
\end{array}
$$

q.e.d.

5.47 Folgerung

a) Da die Umkehrung des Satzes in 5.46 trivial ist, gilt damit:
Das universelle Problem zum Funktor $T : \underline{K} \to \underline{G}$ ist genau dann lösbar, wenn ein linksadjungierter Funktor $S \dashv T(\underline{K},\underline{G})$ existiert.

b) Für $\underline{S}$ fest definiert der Colimes als Lösung des zum Zuordnungsfunktor $Z : \underline{K} \to \underline{\text{Funkt}}(\underline{S},\underline{K})$ gehörigen universellen Problems einen Funktor $\text{Colim} : \underline{\text{Funkt}}(\underline{S},\underline{K}) \to \underline{K}$.

5.48 Satz (Charakterisierung von adjungierten Funktoren)

Sei $T : \underline{K} \to \underline{G}$ Funktor.

Ein Funktor $S : \underline{G} \to \underline{K}$ ist linksadjungiert zu T genau dann, wenn eine Funktoräquivalenz

$\eta : \text{Mor}\underline{K}(S-,-) \overset{\sim}{\to} \text{Mor}\underline{G}(-,T-)$ existiert, wobei

$\eta(G,-) : \text{Mor}\underline{K}(SG,-) \to \text{Mor}\underline{G}(G,T-)$ für alle $G \in |\underline{G}|$ und

$\eta(-,K) : \text{Mor}\underline{K}(S-,K) \to \text{Mor}\underline{G}(-,TK)$ für alle $K \in |\underline{K}|$

Funktortransformationen sind und $\eta(G,K)$ für alle $G \in |\underline{G}|$ und alle $K \in |\underline{K}|$ Bijektionen sind.

Beweis: Wir werden die Äquivalenz folgender Aussagen zeigen:

I Das universelle Problem zu T ist für alle $G \in |\underline{G}|$ (d. h. lokal) lösbar.

II $\bigwedge (G \in |\underline{G}|) \bigvee (SG \in |\underline{K}|) \bigvee (\eta(G,-) : \text{Mor}\underline{K}(SG,-) \overset{\sim}{\to} \text{Mor}\underline{G}(G,T-))$

III Es existiert ein Funktor $S : \underline{G} \to \underline{K}$ und eine Funktoräquivalenz
$\eta : \text{Mor}\underline{K}(S-,-) \overset{\sim}{\to} \text{Mor}\underline{G}(-,T-)$

Mit Folgerung 5.47 folgt dann die Behauptung.

Wir zeigen dazu:

1. Teil: I $\Leftrightarrow$ II
2. Teil: I $\wedge$ II $\Rightarrow$ III

III $\Rightarrow$ II ist trivial, da II Spezialfall von III ist.

1. Teil: I $\Rightarrow$ II:
Voraussetzung: Das universelle Problem zu T sei für ein $G \in |\underline{G}|$ lösbar, d. h.

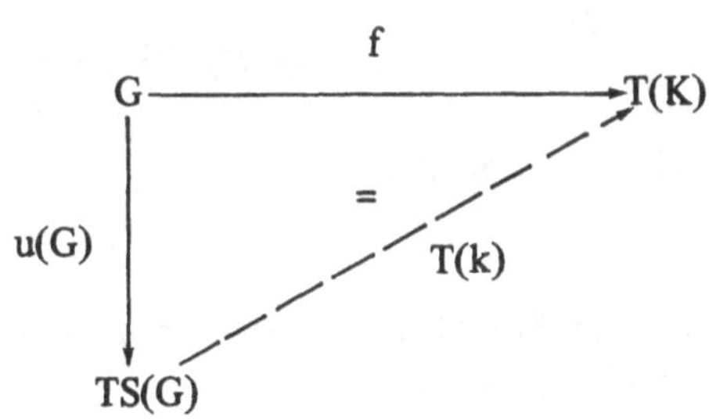

Für alle $K \in |\underline{K}|$ und für alle $f \in \mathrm{Mor}\underline{G}(G,T(K))$ existiert eindeutig $k \in \mathrm{Mor}\underline{K}(S(G),K)$ mit $f = T(k) \circ u(G)$

Zu zeigen: Es existiert $\eta(G,-)$ Funktoräquivalenz

$\eta(G,-) : \mathrm{Mor}\underline{K}(S(G),-) \overset{\sim}{\rightarrow} \mathrm{Mor}\underline{G}(G,T-)$

Wir definieren

$\eta(G,-) := [\eta(G,K) : \mathrm{Mor}\underline{K}(S(G),K) \rightarrow \mathrm{Mor}\underline{G}(G,T(K))]_{K \in |\underline{K}|}$

mit $\eta(G,K)(k) := T(k) \circ u(G)$

Da zu $f \in \mathrm{Mor}\underline{G}(G,T(K))$ eindeutig ein $k \in \mathrm{Mor}\underline{K}(S(G),K)$ existiert mit $f = T(k) \circ u(G) = \eta(G,K)(k)$ folgt, daß $\eta(G,K)$ für alle $K \in |\underline{K}|$ bijektiv ist.

Bleibt zu zeigen: $\eta(G,-)$ ist Funktortransformation.
Das heißt: Es muß gelten

$$\begin{array}{ccc} \mathrm{Mor}\underline{K}(SG,K) & \xrightarrow{\eta(G,K)} & \mathrm{Mor}\underline{G}(G,TK) \\ {\scriptstyle \mathrm{Mor}\underline{K}(SG,g)}\downarrow & = & \downarrow{\scriptstyle \mathrm{Mor}\underline{G}(G,Tg)} \\ \mathrm{Mor}\underline{K}(SG,K') & \xrightarrow[\eta(G,K')]{} & \mathrm{Mor}\underline{G}(G,TK') \end{array}$$

für alle $g \in \mathrm{Mor}\underline{K}(K,K')$.

Für alle $k \in \mathrm{Mor}\underline{K}(SG,K)$ gilt

$$\begin{array}{ccc} k & \overset{\eta(G,K)}{\longmapsto} & Tk \circ u(G) \\ {\scriptstyle \mathrm{Mor}\underline{K}(SG,g)}\downarrow & & \downarrow{\scriptstyle \mathrm{Mor}\underline{G}(G,Tg)} \\ g \circ k & \overset{\eta(G,K')}{\longmapsto} & T(g \circ k) \circ u(G) = Tg \circ Tk \circ u(G) \end{array}$$

Damit ist $\eta(G,-)$ Funktoräquivalenz.

II $\Rightarrow$ I:

Voraussetzung:
Zu jedem $G \in |\underline{G}|$ existiere $SG \in |\underline{K}|$ und eine Funktoräquivalenz $\eta(G,-) : \mathrm{Mor}\underline{K}(SG,-) \overset{\sim}{\rightarrow} \mathrm{Mor}\underline{G}(G,T-)$.

Zu zeigen:
Dann existiert $u(G) : G \to TS(G)$ derart, daß für alle $f : G \to K, K \in |\underline{K}|$, eindeutig ein $k : K \to SG$ existiert mit

$$\begin{array}{ccc} G & \xrightarrow{\quad f \quad} & TK \\ {\scriptstyle u(G)}\Big\downarrow & = & \nearrow {\scriptstyle Tk} \\ TS(G) & & \end{array} \qquad (1)$$

Für ein k, das (1) erfüllt, muß gelten $f = Tk \circ u(G)$.

Wir definieren $u(G) := \eta(G,SG)\,(1_{SG})$.

Dann gilt: $u(G) : G \to TS(G)$, da

$\eta(G,SG) : Mor\underline{K}(SG,SG) \to Mor\underline{G}(G,TS(G))$.

Da $\eta(G,-)$ Funktoräquivalenz ist, gilt

$$\begin{array}{ccc} Mor\underline{K}(SG,SG) & \xrightarrow{\quad \eta(G,SG) \quad} & Mor\underline{G}(G,TS(G)) \\ {\scriptstyle Mor\underline{K}(SG,k)}\Big\downarrow & = & \Big\downarrow{\scriptstyle Mor\underline{G}(G,Tk)} \\ Mor\underline{K}(SG,K) & \xrightarrow[\quad \eta(G,K) \quad]{} & Mor\underline{G}(G,TK) \end{array}$$

Damit gilt für 1_{SG} die Zuordnung

$$\begin{array}{ccc} 1_{SG} & \xmapsto{\quad \eta(G,SG) \quad} & \eta(G,SG)(1_{SG}) = u(G) \\ {\scriptstyle Mor\underline{K}(SG,k)}\Big\downarrow & & \Big\downarrow{\scriptstyle Mor\underline{G}(G,Tk)} \\ k \circ 1_{SG} & \xrightarrow[\quad \eta(G,K) \quad]{} & \eta(G,K)(k) = Tk \circ u(G) = f \end{array}$$

Da $\eta(G,K)$ Bijektion ist, ist $k = [\eta(G,K)]^{-1}(f)$ eindeutig bestimmt.

Für den Nachweis der Existenz wählt man nun $k = [\eta(G,K)]^{-1}(f)$, dann gilt wegen obiger Kommutativität $\eta(G,K)\,(k) = Tk \circ u(G)$ und damit $f = Tk \circ u(G)$, also ist k eindeutig kommutative Ergänzung in (1) und damit der 1. Teil der Behauptung bewiesen.

2. Teil: $\mathrm{I} \wedge \mathrm{II} \Rightarrow \mathrm{III}$

Nach dem Satz in 5.46 folgt aus I die Existenz eines Funktors $S : \underline{G} \to \underline{K}$.

Nach II existiert bereits eine Funktoräquivalenz

$\eta(G,-) : \mathrm{Mor}\underline{K}(SG,-) \stackrel{\sim}{\to} \mathrm{Mor}\underline{G}(G,T-)$.

Bleibt noch zu zeigen: die Existenz einer Funktortransformation

$\eta(-,K) : \mathrm{Mor}\underline{K}(S-,K) \to \mathrm{Mor}\underline{G}(-,TK)$ für alle $K \in |\underline{K}|$.

Sei $\eta(-,K) = [\eta(G,K)]_{G \in |\underline{G}|}$, wobei $\eta(G,K)$ definiert sei wie in II.

Es ist zu zeigen:

$$\begin{array}{ccc}
\mathrm{Mor}\underline{K}(SG,K) & \xrightarrow{\eta(G,K)} & \mathrm{Mor}\underline{G}(G,TK) \\
{\scriptstyle \mathrm{Mor}\underline{K}(Sg,K)} \downarrow & = & \downarrow {\scriptstyle \mathrm{Mor}\underline{G}(g,TK)} \\
\mathrm{Mor}\underline{K}(SG',K) & \xrightarrow[\eta(G',K)]{} & \mathrm{Mor}\underline{G}(G',TK)
\end{array}$$

für alle $g \in \mathrm{Mor}\underline{G}(G,G')$.

Für alle $k \in \mathrm{Mor}\underline{K}(SG,K)$ gilt die Zuordnung

$$\begin{array}{ccc}
k & \xmapsto{\eta(G,K)} & Tk \circ u(G) \\
{\scriptstyle \mathrm{MorK}(Sg,K)} \downarrow & & \downarrow {\scriptstyle \mathrm{MorG}(g,TK)} \\
 & & Tk \circ u(G) \circ g \\
k \circ Sg & \xmapsto[\eta(G',K)]{} & T(k \circ Sg) \circ u(G')
\end{array}$$

Bleibt wegen $T(k \circ Sg) = Tk \circ TS(g)$ zu zeigen: $TS(g) \circ u(G') = u(G) \circ g$

Das gilt aber nach Definition von $S(g)$ in 5.46.

Daß alle $\eta(G,K)$ Bijektionen sind, wurde schon in II festgestellt. Damit ist $\eta : \mathrm{Mor}\underline{K}(S-,-) \stackrel{\sim}{\to} \mathrm{Mor}\underline{G}(-,T-)$ Funktoräquivalenz und der 2. Teil bewiesen.

q.e.d.

5.49 Definition

Sei V Vergißfunktor (d. h. treu). Ein Funktor F heißt *freie Konstruktion* zu V, falls $F \dashv V$ gilt.

5.50 Beispiel

Sei $\underline{\text{Mon}}$ die Kategorie der Monoide aus 5.15 (Halbgruppen mit neutralem Element). Der Vergißfunktor $V : \underline{\text{Mon}} \to \underline{\text{Me}}$ ist definiert durch:

$|\underline{\text{Mon}}| \ni (H, .) \mapsto H \in \underline{\text{Me}}$

$\text{Mor}\underline{\text{Mon}}((H, .),(H', .')) \ni f \mapsto f \in \text{Mor}\underline{\text{Me}}(H,H')$

Um zu zeigen, daß ein Funktor $F \dashv V$ existiert, genügt es nach Satz 5.46 zu zeigen, daß das universelle Problem zum Funktor V lösbar ist. Zugehöriges „Problem"-Diagramm:

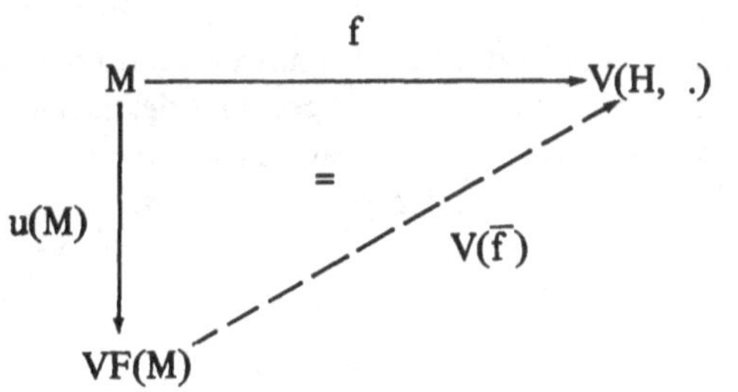

(1)

Sei $F(M) := (\llbracket [m_1 \ldots . m_n] \mid n \in \mathbb{N}, m_i \in M \rrbracket \cup \llbracket \square \rrbracket, \circ)$

Die Elemente von F(M) heißen „Wörter"
□ heißt „leeres Wort"
o sei definiert durch das Hintereinanderschalten zweier Wörter.

$[m_1 \ldots . m_n] \circ [m'_1 \ldots . m'_n] := [m_1 \ldots . m_n m_{n+1} \ldots . m_{n+m}]$ mit

$m_{n+i} := m'_i \quad (i = 1 \ldots m).$

$[m_1 \ldots m_n] \circ \square = \square \circ [m_1 \ldots . m_n] := [m_1 \ldots . m_n]$

Die Assoziativität von „o" ist trivial.

Damit ist $F(M) \in |\underline{\text{Mon}}|$

$u(M) \in \text{Mor}\underline{\text{Me}}(M, VF(M))$ sei definiert durch $u(M)(m) := [m]$.

Es wird gezeigt, daß $M \overset{u(M)}{\to} VF(M)$ Lösung des zu V gehörigen universellen Problems ist.

Sei $(H, .) \in |\underline{\text{Mon}}|$ und $f \in \text{Mor}\underline{\text{Me}}(M, V(H, .))$

Es ist die Existenz und Eindeutigkeit eines $\bar{f} \in \text{Mor}\underline{\text{Mon}}(F(M),(H, .))$ mit (1) zu zeigen.

Aus der Forderung $V(\bar{f}) \circ u(M) = f$ folgt:

$\bigwedge (m \in M)\ (\bar{f} \circ u(M))\ (m) = f(m)$.

Also gilt für $\bar{f}$ notwendig:

$$\bigwedge (m \in M)\ \bar{f}([m]) := f(m) \qquad (2)$$

Damit $\bar{f}$ Monoidhomomorphismus ist, muß außerdem gelten:

$$\bigwedge (n \in \mathbb{N})\ \bigwedge (m_1, \ldots, m_n \in M)$$
$$\bar{f}([m_1 \ldots m_n]) = \bar{f}([m_1]) \circ \bar{f}([m_2]) \circ \ldots \circ \bar{f}([m_n]) = f(m_1) \circ f(m_2) \circ \ldots \circ f(m_n) \qquad (3)$$
$$\bar{f}(\square) = 1 \in H. \qquad (4)$$

Durch (2), (3), (4) ist $\bar{f}$ als Abbildung von $VF(M)$ nach H eindeutig bestimmt, woraus die Eindeutigkeit von $\bar{f}$ mit (1) folgt. Das so definierte $\bar{f}$ ist Monoidhomomorphismus und erfüllt (1). q.e.d.

5.51 Motivation

Es soll nun gezeigt werden, daß die Lösbarkeit des universellen Problems zum Funktor T äquivalent ist zu der Lösbarkeit eines geeignet definierten couniversellen Problems. Dazu wird zuerst die $\underline{G}, \underline{K}$-Dualisierung der Aussage „das zu T gehörige universelle Problem ist lösbar" (vgl. 5.43) formuliert:

5.52 Definition

Sei $T : \underline{K} \to \underline{G}$ Funktor.

das zu T gehörige *couniverselle Problem* ist lösbar genau dann, wenn

$$\bigwedge (G \in |\underline{G}|)\ \bigvee (S(G) \in |\underline{K}|)\ \bigvee (u(G) \in \mathrm{Mor}\underline{G}(TS(G),G))$$
$$\bigwedge (K \in |\underline{K}|)\ \bigwedge (f \in \mathrm{Mor}\underline{G}(T(K),G))$$
$$\dot{\bigvee} (\bar{f} \in \mathrm{Mor}\underline{K}(K,S(G)))\quad u(G) \circ T(\bar{f}) = f$$

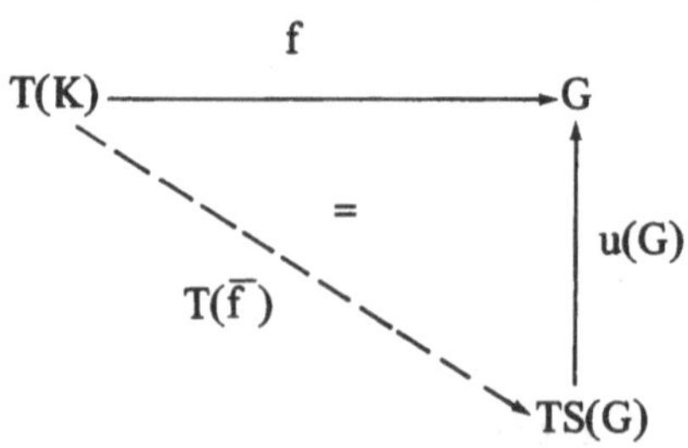

5.53 Satz

Seien $T : \underline{K} \to \underline{G}$ und $S : \underline{G} \to \underline{K}$ Funktoren, dann sind folgende Aussagen äquivalent:

(1): S löst das zu T gehörige universelle Problem (d. h. S ist linksadjungierter Funktor zu T)

(2): Es existiert eine Funktoräquivalenz $\eta : \mathrm{Mor}\underline{K}(S-,-) \rightleftarrows \mathrm{Mor}\underline{G}(-,T-)$

(3): T löst das zu S gehörige couniverselle Problem (d. h. T ist rechtsadjungierter Funktor zu S)

Beweis: (1) ⇔ (2) ist die Aussage des Charakterisierungssatzes. Durch $\underline{G},\underline{K}$-Dualisierung dieses Satzes (vgl. 5.5) gilt für $\underline{K}_1, \underline{G}_1, S_1$ und T_1 statt $\underline{K},\underline{G}$,S und T wegen

$\mathrm{Mor}\underline{K}_1^0(K,K') = \mathrm{Mor}\underline{K}_1(K',K)$ und $\mathrm{Mor}\underline{G}_1^0(G,G') = \mathrm{Mor}\underline{G}_1(G',G)$:

„S_1 löst das zu T_1 gehörige couniverselle Problem" genau dann, wenn

„existiert Funktoräquivalenz $\eta : \mathrm{Mor}\underline{K}_1(-,S_1-) \rightleftarrows \mathrm{Mor}\underline{G}_1(T_1-,-)$" genau dann, wenn

„existiert Funktoräquivalenz $\eta : \mathrm{Mor}\underline{G}_1(T_1-,-) \rightleftarrows \mathrm{Mor}\underline{K}_1(-,S_1-)$".

Also gilt mit $\underline{G}_1 = \underline{K}$, $\underline{K}_1 = \underline{G}$, $S_1 = T$ und $T_1 = S$: (3) ⇔ (2).

5.54 Beispiel

Limites:

Nach Definition 5.31 löst der Limes das couniverselle Problem zum Zuordnungsfunktor, also gilt:

$Z \dashv \mathrm{Lim} : \underline{\mathrm{Funkt}(\underline{S},\underline{K})} \to \underline{K}$.

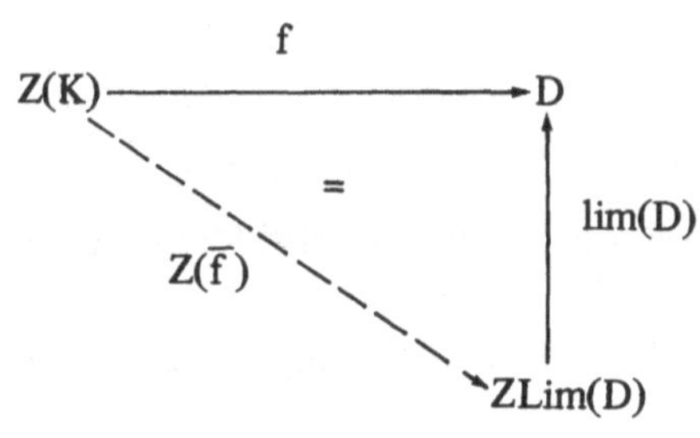

Nach Satz 5.53 löst also der Zuordnungsfunktor das universelle Problem zum Funktor Limes.

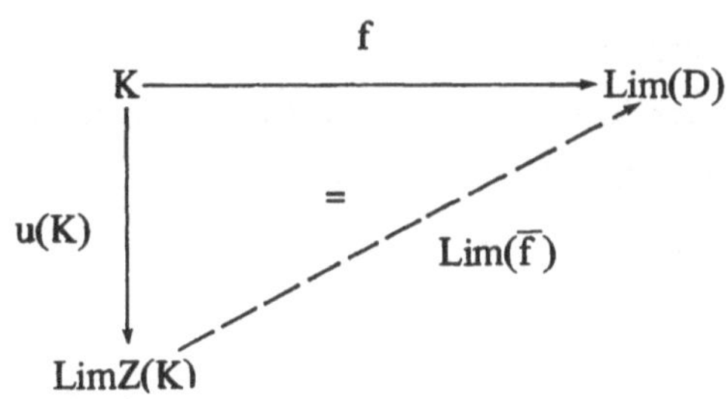

Dieses universelle Problem hat nichts mit dem Colimes zu tun, wie man zunächst hätte vermuten können.

Warnung: Aus der Existenz des Limes eines Diagramms folgt im Allgemeinen nicht, daß auch der Colimes dieses Diagrammes existiert und umgekehrt.

Es gilt vielmehr:
Der Colimes löst das universelle Problem zum Zuordnungsfunktor.

Der Limes löst das couniverselle Problem zum Zuordnungsfunktor,

d. h. $\mathrm{Colim} \dashv Z \dashv \mathrm{Lim} : \underline{\mathrm{Funkt}(\underline{S},\underline{K})} \to \underline{K}$

5.55 Bemerkung

Unter bestimmten Voraussetzungen läßt sich aus der Existenz von beliebigen Limites auf die Existenz von beliebigen Colimites schließen (vgl. [7],S. 88 ff).

5.56 Satz (rechtsadjungierte Funktoren bewahren Limites)

Sei $S \dashv T : \underline{K} \to \underline{G}$. dann überführt T $\underline{K}$-Limites in $\underline{G}$-Limites (d. h. ist $\mathrm{Lim}(D) \in |\underline{K}|$ Limes von $D \in \underline{\mathrm{Funkt}(\underline{S},\underline{K})}$, dann ist $T\mathrm{Lim}(D) \in |\underline{G}|$ Limes von $TD \in \underline{\mathrm{Funkt}(\underline{S},\underline{G})}$).

Beweisskizze: Sei $G \in |\underline{G}|$, dann gilt:

I	$\mathrm{Mor}\underline{G}(G,T\mathrm{Lim}(D))$	$\cong$	
II	$\mathrm{Mor}\underline{K}(SG,\mathrm{Lim}(D))$	$\cong$	
III	$\mathrm{LimMor}\underline{K}(SG,D-)$	$\cong$	(1)
IV	$\mathrm{LimMor}\underline{G}(G,TD-)$	$\cong$	
V	$\mathrm{Mor}\underline{G}(G,\mathrm{Lim}(TD))$		

wobei die Isomorphien funktoriell in G sind (das ist hier nicht gezeigt worden), hieraus folgt, daß $T\mathrm{Lim}(D) \cong \mathrm{Lim}(D)$.

Darüberhinaus läßt sich zeigen, daß der Funktor T auch den universellen Morphismus erhält.

Es gilt: $T(\lim(D)) = \lim(TD)$

Begründung von (1): Es ist

I	$\cong$	II	nach Satz 5.53	
II	$\cong$	III	nach Satz 5.38	($\mathrm{Mor}\underline{G}(SG,-)$ bewahrt Limites)
III	$\cong$	IV	nach Satz 5.53	
IV	$\cong$	V	nach Satz 5.38	

5.57 Folgerung

Die $\underline{G}$,$\underline{K}$-Dualisierung mit Vertauschung von $\underline{G}$ und $\underline{K}$ von Satz 5.56 lautet:
Sei $T \dashv S : \underline{G} \to \underline{K}$. Dann überführt T $\underline{K}$-Colimites in $\underline{G}$-Colimites (vgl. 5.53).

6 Schaltoperationen und Zerlegungen

In diesem Kapitel wird die Coprodukt-, Parallel- und Hintereinanderschaltung von Automaten untersucht, und es werden Kriterien und Sätze angegeben, die es gestattten, einen vorgegebenen Automaten bzgl. dieser Schaltoperationen zu zerlegen. Durch Einführung von „Überdeckungskongruenzen" erreicht man eine einheitliche Darstellung der Zerlegung in „prime" bzw. „semiprime" Automaten (vgl. [19]) und der Zerlegung in „Permutations-Reset-Automaten" (vgl. [20]).

Die Betrachtung von Zerlegungen ist für technische Anwendungen interessant, weil man bestrebt ist, komplizierte Automaten aus „einfachen Bausteinen" zusammenzusetzen.

Coproduktschaltung und Zerlegung in Zusammenhangskomponenten

6.1 Bemerkung

Die Arbeitsweise des Coproduktautomaten $\coprod_{j\in J} A_j$, der in 4.26 eingeführt wurde, beschreibt für $J = [\![1, \ldots, n]\!]$ folgende Schaltskizze:

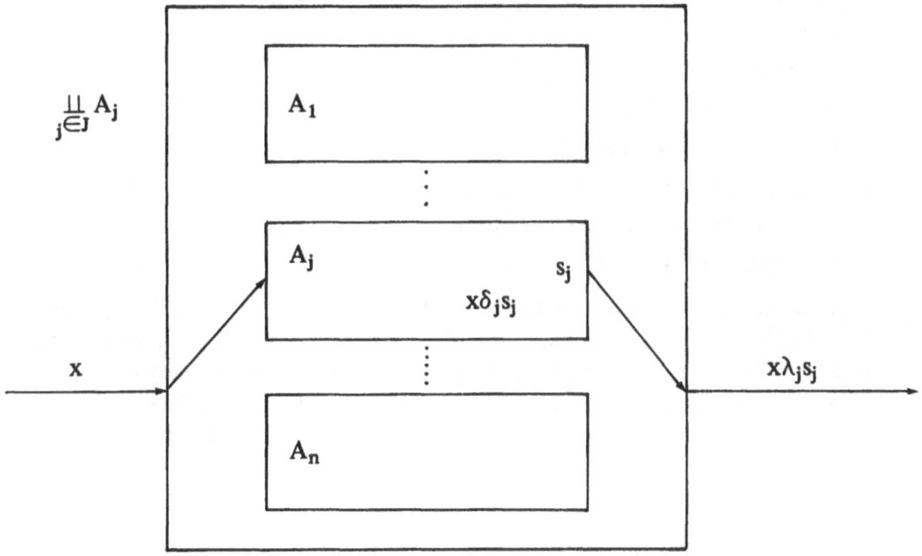

Dabei bewirkt die Eingabe des Coproduktautomaten x in der Komponente A_j, die gerade in „Betrieb" ist, die Änderung des Zustandes von s_j nach $x\delta_j s_j$ und die Ausgabe von $x\lambda_j s_j$. Diese Ausgabe des Teilautomaten A_j wird dann zur Ausgabe des Coproduktautomaten. In allen anderen Komponenten passiert nichts.

6.2 Definition

Sei $A \in |\underline{A}|$; A heißt *schwach zusammenhängend,* wenn für alle A_i (i=1,2) aus $A \cong \coprod_{i=1}^{2} A_i$ folgt: $A \cong A_1$ oder $A \cong A_2$.

6.3 Satz und Bemerkung

1. $A \in |\underline{A}|$ ist genau dann schwach zusammenhängend, wenn je zwei Zustände von A verkettet sind, d. h. zu $s,s' \in S$ existieren Zustände $s = s_O, s_1, \ldots, s_k = s'$ und Wörter $w_O, \ldots, w_{k-1}$ aus I^*, sodaß $\delta^*(w_i,s_i) = s_{i+1}$ oder $\delta^*(w_i,s_{i+1}) = s_i$ für $i = O, \ldots, k-1$ gilt.
2. Graphentheoretisch bedeutet der schwache Zusammenhang von A also, daß der Zustandsgraph von A als ungerichteter Graph zusammenhängend ist.
3. Im Gegensatz zu schwachem Zusammenhang wird Zusammenhang eines Automaten A in der Literatur dadurch definiert, daß A keine „nichttrivialen" echten Unterautomaten besitzt. Eine Zerlegung eines Automaten in zusammenhängende Unterautomaten analog Satz 6.4 ist aber i.a. nicht möglich.

Beweisskizze zu 1.
Die Behauptung folgt aus der Äquivalenz folgender Aussagen:

a) Existieren $s,s' \in S$, die nicht verkettet sind

b) Existieren $s,s' \in S$ und $S_1,S_2 \subset S$ mit $S = S_1 \dot{\cup} S_2$, $s \in S_1$, $s' \in S_2$ und $A = A_1 \amalg A_2$ für $A_i = (I,O,S_i, \delta|_{I \times S_i}, \lambda|_{I \times S_i})$

c) Existieren $A'_1, A'_2 \in |\underline{A}|$ mit $A \cong A'_1 \amalg A'_2$ und $A'_1, A'_2 \ncong A$

Einerseits erhält man die Aussage a) $\Rightarrow$ b), wenn man $S_1 := [\![s_1 \in S \mid s_1$ und s verkettet$]\!]$ und $S_2 = S \backslash S_1$ wählt und die Konstruktion 4.26 des Coprodukts beachtet. Umgekehrt gilt b) $\Rightarrow$ a), weil nach 6.1 der Coproduktautomat stets in einer Komponente arbeitet und damit Zustände aus verschiedenen Komponenten nicht verkettet sein können. b) $\Rightarrow$ c) ist trivial und c) $\Rightarrow$ b) erhält man, wenn man für A_i das Bild von A'_i unter dem Isomorphismus $\varphi : A'_1 \amalg A'_2 \to A$ wählt.

6.4 Satz

Sei $A \in |\underline{A}|$ mit endlicher Zustandsmenge S.

Dann existieren $A_1, \ldots, A_n \in |\underline{A}|$ mit $A \cong \coprod_{i=1}^{n} A_i$ und schwach zusammenhängenden A_i.

Beweis:

1. Fall: A ist schwach zusammenhängend. Dann setze $n = 1$ und $A_1 = A$

2. Fall: A nicht schwach zusammenhängend. Dann existieren A_1, A_2 mit $A \cong \coprod_{i=1}^{2} A_i$ und $A_i \ncong A$ für $i = 1,2$, d. h.: $|S_1| < |S| > |S_2|$

Dieses Verfahren läßt sich dann für A_1 und A_2 (und gegebenenfalls für alle weiteren sich aus dem 2. Fall ergebenden Teilautomaten) fortsetzen, bricht aber nach endlich vielen Schritten ab, da S endlich ist. q.e.d.

6.5 Bemerkung

Die in 6.4 angegebene Zerlegung ist bis auf Reihenfolge und Isomorphie eindeutig und bedeutet anschaulich eine Zerlegung des Zustandsgraphen in seine Zusammenhangskomponenten. Die Zerlegung der Zustandsmenge S ist dabei genau die Klasseneinteilung von S, die durch die Äquivalenzrelation „verkettet" auf S definiert wird.

Parallelschaltung

6.6 Bemerkung

Der in 4.1 und 4.2 beschriebene Produktautomat $\prod_{j \in J} A_j$ entspricht genau einer Parallelschaltung von Automaten, der sich z. B. für $J = [\![1, \ldots, n]\!]$ durch die Schaltskizze auf Seite 150 oben beschreiben läßt.

6.7 Bemerkung

Die Darstellung eines Automaten als Produkt ist insofern bedeutungsvoll, als sich ein Automat mit $|S| = \prod_J |S_j|$ Zuständen realisieren läßt durch Automaten, die zusammen $\sum_J |S_j|$ Zustände haben, wobei i.a. gilt, daß $\sum_J |S_j|$ sehr viel kleiner ist als $\prod_J |S_j|$.

Deshalb soll jetzt eine Möglichkeit angegeben werden, wie ein Automat als Produkt einfacherer Automaten darstellbar ist. Dies gelingt durch Einführung orthogonaler und permutierbarer Kongruenzen in 6.12.

6.8 Definition

Eine Familie $(K_j \overset{p_1^j}{\underset{p_2^j}{\rightrightarrows}} A)_J$ von Kernpaaren heißt *permutierbar*, wenn die Differenzencokerne $\mathrm{dcok}(p_1^j, p_2^j)$ existieren und der induzierte Morphismus $(\mathrm{dcok}(p_1^j, p_2^j))_J$ ein Epimorphismus ist. (siehe Seite 150 unten)

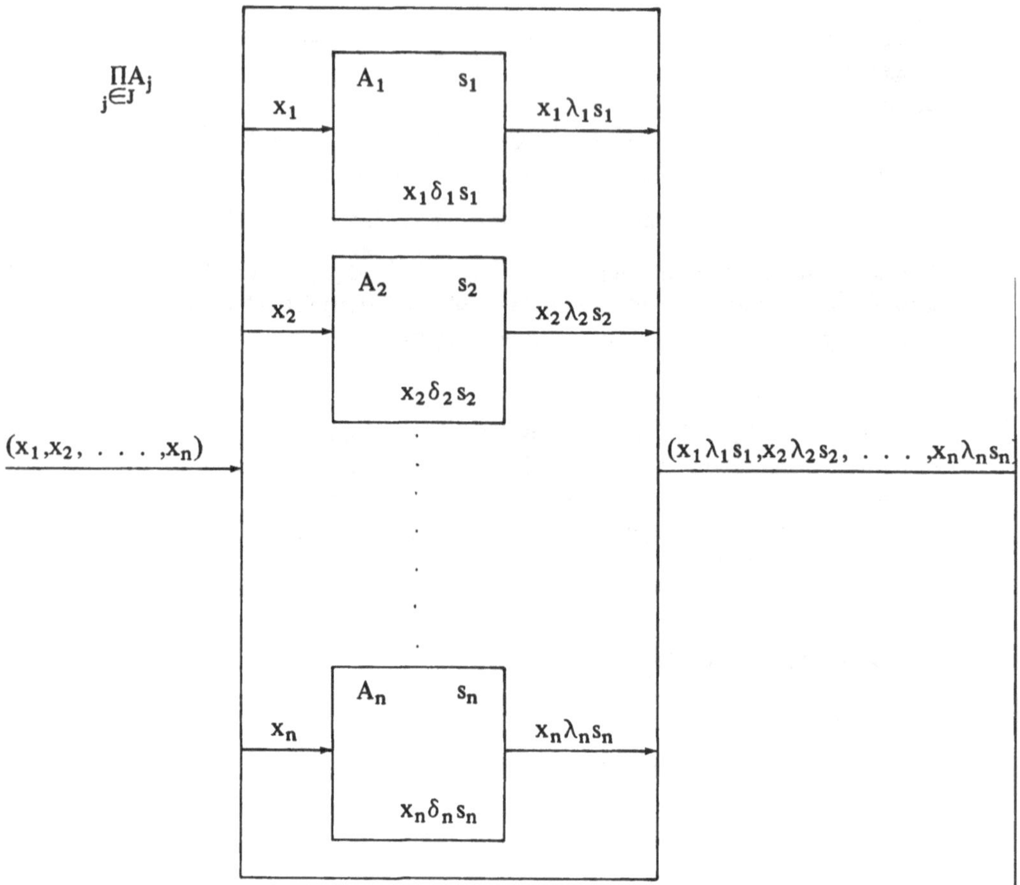
$\prod_{j \in J} A_j$
A_1 s_1
x_1
$x_1 \lambda_1 s_1$
$x_1 \delta_1 s_1$
A_2 s_2
x_2
$x_2 \lambda_2 s_2$
$x_2 \delta_2 s_2$
$(x_1, x_2, \ldots, x_n)$
$(x_1 \lambda_1 s_1, x_2 \lambda_2 s_2, \ldots, x_n \lambda_n s_n)$
A_n s_n
x_n
$x_n \lambda_n s_n$
$x_n \delta_n s_n$

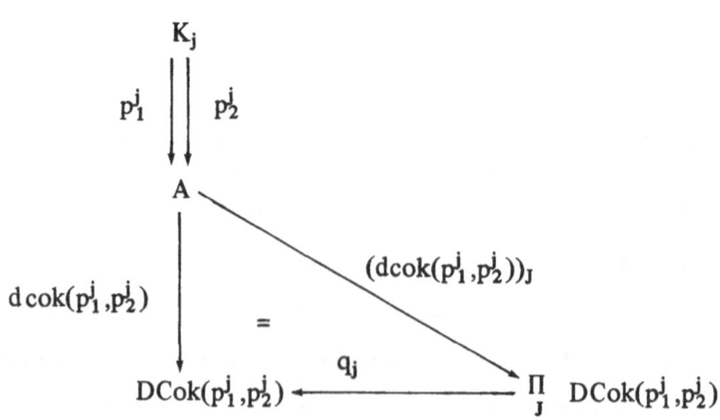
K_j
p_1^j
p_2^j
A
$(\mathrm{dcok}(p_1^j, p_2^j))_J$
$\mathrm{dcok}(p_1^j, p_2^j)$
=
q_j
$\mathrm{DCok}(p_1^j, p_2^j)$
$\prod_J \mathrm{DCok}(p_1^j, p_2^j)$

6.9 Bemerkung

Bei Automaten bedeutet 6.8, daß zu jeder Familie $[s_j]_J \in S^J$ bzw. $[x_j]_J \in I^J$ bzw. $[y_j]_J \in O^J$ ein $s \in S$ bzw. $x \in I$ bzw. $y \in O$ existiert mit $(s,s_j) \in K_j^S$ bzw. $(x,x_j) \in K_j^I$ bzw. $(y,y_j) \in K_j^O$ für alle $j \in J$. Dies folgt unmittelbar aus der Konstruktion von Differenzencokernen von Automatenkongruenzen (vgl. 4.12, 4.13).

6.10 Definition

Eine Familie $(K_j \overset{p_1^j}{\underset{p_2^j}{\rightrightarrows}} A)_J$ von Kernpaaren heißt *orthogonal (komplementär)*, wenn $A \overset{1_A}{\underset{1_A}{\rightrightarrows}} A$ der Durchschnitt $\bigcap_{j \in J}(p_1^j, p_2^j)$ der Familie $[(p_1^j, p_2^j)]_{j \in J}$ ist, wobei nach 3.51 der Durchschnitt als $\bigcap_{j \in J}(p_1^j, p_2^j) := \overline{R} \overset{\overline{p}_1}{\underset{\overline{p}_2}{\rightrightarrows}} A$ definiert sei.

6.11 Satz

Sei $\underline{K}$ eine Kategorie mit Produkten und Differenzencokernen von Kernpaaren. Die Familie $(K_j \overset{p_1^j}{\underset{p_2^j}{\rightrightarrows}} A)_J$ von Kernpaaren ist genau dann orthogonal, wenn $f := (\mathrm{dcok}(p_1^j, p_2^j))_J$ ein Monomorphismus ist.

Beweis: „⇒" Nach Satz 3.33 sind die Kernpaare (p_1^j, p_2^j) Kernpaare ihrer Differenzencokerne. Nach Satz 3.51 ist $\bigcap_{j \in J}(p_1^j, p_2^j)$ Kernpaar von f.

Nach Voraussetzung ist $\bigcap_J(p_1^j, p_2^j) = (A \overset{1_A}{\underset{1_A}{\rightrightarrows}} A)$.

Nach Lemma 3.37 ist f dann ein Monomorphismus.

„⇐" Da f ein Monomorphismus ist, folgt nach Lemma 3.37

$\bigcap_J(p_1^j, p_2^j) = (A \overset{1_A}{\underset{1_A}{\rightrightarrows}} A)$, weil auch $\bigcap_J(p_1^j, p_2^j)$ Kernpaar von f ist, und damit folgt die Orthogonalität der Kernpaare. q.e.d.

6.12 Folgerung

Sei $(K_j \overset{p_1^j}{\underset{p_2^j}{\rightrightarrows}} A)_J$ eine Familie von Kernpaaren in $\underline{A}$.

Diese Familie ist genau dann orthogonal und permutierbar, wenn $(\mathrm{dcok}(p_1^j, p_2^j))_J : A \to \prod_J \mathrm{DCok}(p_1^j, p_2^j)$ ein Isomorphismus ist,

d. h. A läßt sich bis auf Isomorphie als Parallelschaltung der Faktorautomaten auffassen.

Beweis: $\underline{A}$ ist eine Kategorie mit Differenzencokernen und Produkten, erfüllt also die Voraussetzungen von 6.11. Damit gilt: $(K_j \overset{p_1^j}{\underset{p_2^j}{\rightrightarrows}} A)_J$ ist genau dann orthogonal, wenn $f := (\mathrm{dcok}(p_1^j, p_2^j))_J$ ein

Monomorphismus ist, und nach 6.8 genau dann permutierbar, wenn f ein Epimorphismus ist. Damit folgt die Behauptung, weil nach Folgerung 2.32 in $\underline{A}$ gilt, daß f genau dann ein Isomorphismus ist, wenn f ein Mono- und ein Epimorphismus ist. q.e.d.

Hintereinanderschaltung

6.13 Definition

Seien $A_1, A_2 \in |\underline{A}|$ mit $O_1 = I_2$.
Dann heißt der Automat
$A_2 \circ A_1 := (I_1, O_2, S_1 \times S_2, \delta_0 = (\delta_1(1_{I_1} \times p_{S_1}), \delta_2(\lambda_1 \times 1_{S_2})), \lambda_0 = \lambda_2(\lambda_1 \times 1_{S_2}))$
die *Hintereinanderschaltung von* A_1 *und* A_2.

6.14 Bemerkung

Wie $A_2 \circ A_1$ mit A_1 und A_2 zusammenhängt, veranschaulicht folgendes Diagramm:

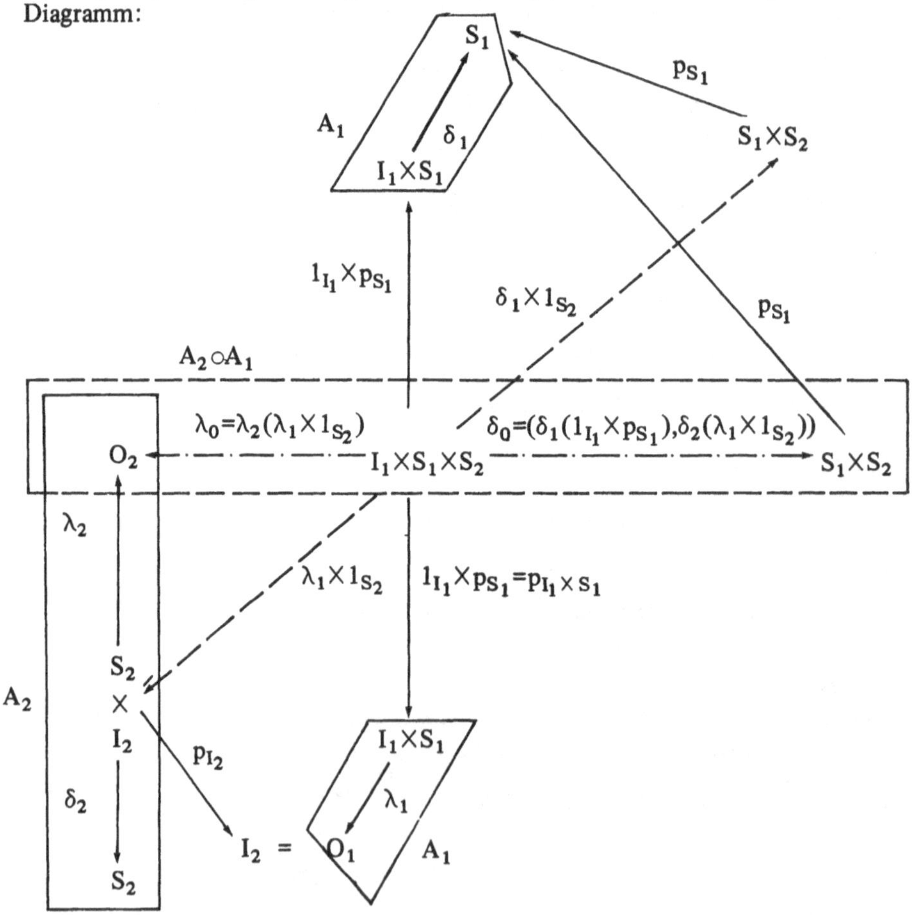

Ausgehend von A_1 und A_2 (□), erhält man die durch λ_1 und 1_{S_2} bzw. durch δ_1 und 1_{S_2} induzierten Abbildungen $\lambda_1 \times 1_{S_2}$ bzw. $\delta_1 \times 1_{S_2}$ von der Menge $I_1 \times S_1 \times S_2$ in die Menge $I_2 \times S_2$ bzw. $S_1 \times S_2$ (– – – →).

Dann ergeben sich δ_0 (—·—→) als induzierte ins Produkt der Abbildungen $\delta_1(1_{I_1} \times p_{S_1})$ und $\delta_2(\lambda_1 \times 1_{S_2})$ und λ_0 (—··—→) als $\lambda_2(\lambda_1 \times 1_{S_2})$.

δ_0, λ_0 bilden mit $I_1, O_2, S_1 \times S_2$ den Automaten $A_2 \circ A_1$ ([– – –]).

6.15 Bemerkung

Die Arbeitsweise der Hintereinanderschaltung läßt sich durch folgende Schaltskizze beschreiben:

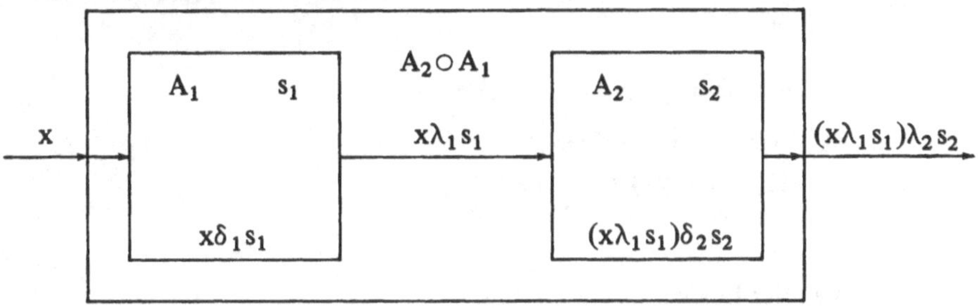

6.16 Satz

$\underline{A}(I,O)$ sei die Kategorie der Automaten mit konstantem I und O, dann ist für $I_2 = O_1$ die „Hintereinanderschaltung"

$H : \underline{A}(I_2,O_2) \times \underline{A}(I_1,O_1) \to \underline{A}(I_1,O_2)$, definiert durch

$\bigwedge (A_1, A_1' \in |\underline{A}(I_1,O_1)|) \bigwedge (A_2, A_2' \in |\underline{A}(I_2,O_2)|)$

$\bigwedge (f \in \mathrm{Mor}\underline{A}(I_1,O_1)(A_1,A_1')) \bigwedge (g \in \mathrm{Mor}\underline{A}(I_2,O_2)(A_2,A_2'))$:

$(H(A_2,A_1) = A_2 \circ A_1 \wedge H(g,f) = (1_{I_1}, 1_{O_2}, f_S \times g_S))$, ein Funktor.

Beweis: I.) Zu zeigen:

$H(g,f) \in \mathrm{Mor}\underline{A}(I_1,O_2)(H(A_2,A_1), H(A_2',A_1'))$

Es gilt nach Definition:

$H(A_2,A_1) = (I_1, O_2, S_1 \times S_2, \delta_0, \lambda_0)$, $H(A_2',A_1') = (I_1', O_2', S_1' \times S_2', \delta_0', \lambda_0')$

mit $I_1' = I_1$ und $O_2' = O_2$, $f_S \times g_S \in \mathrm{Mor}\underline{\mathrm{Me}}(S_1 \times S_2, S_1' \times S_2')$.

Deshalb ist nur die δ- und λ-Verträglichkeit von $H(g,f)$ zu zeigen:

$$\begin{array}{llcccc}
H(A_2,A_1): & O_2 & \xleftarrow{\lambda_0} & I_1 \times S_1 \times S_2 & \xrightarrow{\delta_0} & S_1 \times S_2 \\
H(f,g): & \downarrow 1_{O_2} & & \downarrow 1_{I_1} \times f_S \times g_S & & \downarrow f_S \times g_S \\
H(A_2',A_1'): & O_2 & \xleftarrow{\lambda_0'} & I_1 \times S_1' \times S_2' & \xrightarrow{\delta_0'} & S_1' \times S_2'
\end{array}$$

$\underline{(f_S \times g_S)\delta_0} = (f_S \times g_S)(\delta_1(1_{I_1} \times p_{S_1}), \delta_2(\lambda_1 \times 1_{S_2})) =$
$= (f_S \delta_1(1_{I_1} \times p_{S_1}), g_S \delta_2(\lambda_1 \times 1_{S_2})) =$
$= (\delta'_1(1_{I_1} \times f_S)(1_{I_1} \times p_{S_1}), \delta'_2(1_{I_2} \times g_S)(\lambda_1 \times 1_{S_2})) =$
$= (\delta'_1(1_{I_1} \times f_S p_{S_1}), \delta'_2(1_{O_1} \times g_S)(\lambda_1 \times 1_{S_2})) =$
$= (\delta'_1(1_{I_1} \times f_S p_{S_1}), \delta'_2(\lambda_1 \times g_S)) =$
$= (\delta'_1(1_{I_1} \times p_{S'_1}(f_S \times g_S)), \delta'_2(\lambda'_1(1_{I_1} \times f_S) \times g_S)) =$
$= (\delta'_1(1_{I_1} \times p_{S'_1})(1_{I_1} \times (f_S \times g_S)), \delta'_2(\lambda'_1 \times 1_{S'_2})(1_{I_1} \times f_S) \times g_S)) =$
$= (\delta'_1(1_{I_1} \times p_{S'_1}), \delta'_2(\lambda'_1 \times 1_{S'_2}))(1_{I_1} \times f_S \times g_S) =$
$\underline{= \delta'_0(1_{I_1} \times f_S \times g_S)}$

$\underline{\lambda_0} = \lambda_2(\lambda_1 \times 1_{S_2}) = \lambda'_2(1_{I_2} \times g_S)(\lambda_1 \times 1_{S_2}) =$
$= \lambda'_2(\lambda_1 \times g_S) = \lambda'_2(\lambda'_1(1_{I_1} \times f_S) \times g_S) =$
$= \lambda'_2(\lambda'_1 \times 1_{S'_2})(1_{I_1} \times f_S) \times g_S) = \underline{\lambda'_0(1_{I_1} \times f_S \times g_S)}$

II.) Nachweis der Funktoreigenschaften:

$H(g_1, f_1) \circ H(g_2, f_2) = (1_{I_1}, 1_{O_2}, f_{S_1} \times g_{S_1})(1_{I_1}, 1_{O_2}, f_{S_2} \times g_{S_2})$
$= (1_{I_1}, 1_{O_2}, (f_{S_1} \times g_{S_1})(f_{S_2} \times g_{S_2})) = (1_{I_1}, 1_{O_2}, f_{S_1} f_{S_2} \times g_{S_1} g_{S_2})$
$= H(g_1 \circ g_2, f_1 \circ f_2)$

$H(1_{A_2}, 1_{A_1}) = (1_{I_1}, 1_{O_2}, 1_{S_1} \times 1_{S_2}) = (1_{I_1}, 1_{O_2}, 1_{S_1 \times S_2}) = 1_{H(A_2, A_1)}$.

q.e.d.

6.17 Folgerung

Seien $A_1, A_2 \in |\underline{A}(I_2, O_2)|$, sei $A \in |\underline{A}(I_1, O_1)|$ mit $O_1 = I_2$, sei $f \in \mathrm{Mor}\underline{A}(I_2, O_2)(A_2, A_1)$ eine (retraktive) Reduktion.

Dann existiert eine (retraktive) Reduktion $f' \in \mathrm{Mor}\underline{A}(I_1, O_2)(A_2 \circ A, A_1 \circ A)$.

Beweis: Setze $f' = H(f, 1_A)$. Damit ist f' $\underline{A}(I_1, O_2)$-Morphismus. Weiter ist $f'_S = f_S \times 1_S$ ein Epimorphismus in $\underline{Me}$, also f' eine Reduktion.

Ferner ist f' Retraktion, falls dies für f gilt, weil jeder beliebige Funktor F Retraktionen erhält, denn für g Coretraktion zu f gilt:

$F(f) \circ F(g) = F(f \circ g) = F(1_A) = 1_{F(A)}$

q.e.d.

Permutations-Reset-Zerlegungen durch Überdeckungskongruenzen

6.18 Definition

Ist bei einem Morphismus $f \in Mor\underline{A}(A,A')$ f_O eine Abbildung ins Endobjekt von $\underline{Me}$, also $|O'| = 1$, oder ist bei einer Automatenkongruenz K $K_O = O \times O$, dann ist die jeweilige λ-Verträglichkeit trivial erfüllt. In diesen Fällen soll f *δ-Morphismus* und K *δ-Kongruenz* heißen. Falls f zusätzlich Epimorphismus ist, heiße f *δ-Epimorphismus.*

6.19 Bemerkung

Da δ_0 nach Bemerkung 6.14 eine induzierte Abbildung ins Produkt ist, wobei insbesondere

$$\begin{array}{ccc} I_1\times S_1 & \xrightarrow{\quad\delta_1\quad} & S_1 \\ {\scriptstyle 1_{I_1}\times ps_1}\uparrow & = & \uparrow{\scriptstyle ps_1} \\ I_1\times S_1\times S_2 & \xrightarrow[\quad\delta_0\quad]{} & S_1\times S_2 \end{array}$$

gilt,

ist für ein Endobjekt E in $\underline{Me}$ und $A_1' := (I_1,E,S_1,\delta_1,e_1)$ $p = (1_{I_1},e_2,ps_{S_1})$ δ-Epimorphismus $p : A_2 \circ A_1 \to A_1'$, wobei $e_1 : I_1 \times S_1 \to E$ und $e_2 : O_2 \to E$ die eindeutig existierenden Abbildungen in das Endobjekt sind. Dabei unterscheidet sich A_1 von A_1' offensichtlich nur in der Ausgabe.

6.20 Satz (Zerlegungslemma)

Seien A und A_1 endliche Automaten. Sei f ein δ-Epimorphismus von A auf A_1.

Sei $A_1' = (I, I \times S_1, S_1, \delta_1(f_I \times 1_{S_1}), 1_{I\times S_1})$. Dann existieren ein Automat A_2', eine Reduktion $m \in Mor\underline{A}(I,O)(A_2' \circ A_1', A)$, und ein Morphismus $n \in Mor\underline{A}(I,O)(A, A_2' \circ A_1')$ mit $mn = 1_A$.

6.21 Bemerkung

Das Zerlegungslemma ist also annähernd eine Umkehrung von 6.19, denn ein δ-Epimorphismus $f : A \to A_1$ gestattet bis auf eine retraktive Reduktion eine Zerlegung von A als Hintereinanderschaltung.

Beweis zu 6.20:

I.) f_S ist surjektive Abbildung, d. h.: $\bigwedge (s_1 \in S_1) \quad (f_S^{-1}[\![s_1]\!] \neq \phi)$.

S_1 ist endlich, d. h.: $\bigvee (s_O \in S_1) \bigwedge (s_1 \in S_1) \quad (|f_S^{-1}[\![s_1]\!]| \leqslant |f_S^{-1}[\![s_O]\!]|)$

Dann ist es möglich, für alle $s_1 \in S_1$ eine injektive Abbildung

$a_{s_1} : f_S^{-1}[\![s_1]\!] \to f_S^{-1}[\![s_O]\!]$ und eine surjektive Abbildung

$b_{s_1} = f_S^{-1}[\![s_O]\!] \to f_S^{-1}[\![s_1]\!]$ so zu wählen, daß $b_{s_1} \circ a_{s_1} = 1_{f_S^{-1}[\![s_1]\!]}$.

Dann setze $A'_2 = (I \times S_1, O, f_S^{-1}[\![s_O]\!], \delta'_2, \lambda'_2)$ mit

$\delta'_2(x,s_1,s) = a_{\delta_1(f_I(x),s_1)}(\delta(x,b_{s_1}(s)))$ und

$\lambda'_2(x,s_1,s) = \lambda(x,b_{s_1}(s))$ für alle $x \in I$, $s_1 \in S_1$, $s \in f_S^{-1}[\![s_O]\!]$.

Die Definition von δ'_2 und λ'_2 ist sinnvoll, denn es gilt

$\lambda'_2(x,s_1,s) \in O$ und $\delta'_2(x,s_1,s) \in f_S^{-1}[\![s_O]\!]$, weil $\lambda(x,b_{s_1}(s)) \in O$ und weil

$\delta(x,b_{s_1}(s)) \in f_S^{-1}[\![\delta_1(f_I(x),s_1)]\!]$ wegen

$f_S(\delta(x,b_{s_1}(s))) = \delta_1(f_I(x),f_S(b_{s_1}(s))) = \delta_1(f_I(x),s_1))$ gilt.

Wegen $O'_1 = I \times S_1 = I'_2$ ist $A'_2 \circ A'_1$ definiert.

II.) Sei $m : A'_2 \circ A'_1 \to A$ definiert durch $m := (1_I, 1_O, m_S)$ mit

$m_S(s_1,s) = b_{s_1}(s)$ für alle $s_1 \in S_1$, $s \in f_S^{-1}[\![s_O]\!]$.

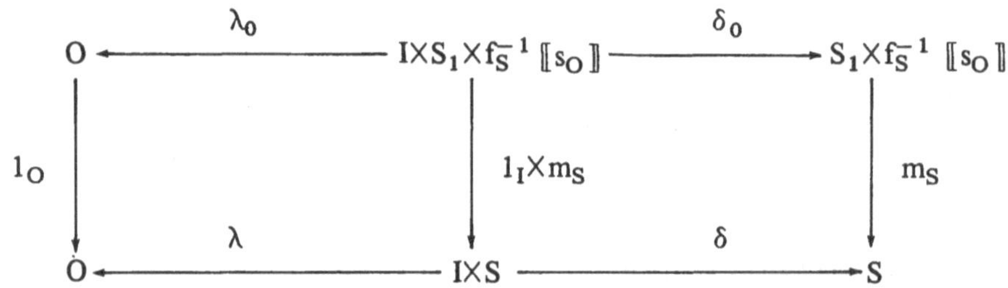

a) Surjektivität von m_S:

$\bigwedge (\bar{s} \in S) \ (f_S(\bar{s}) \in S_1 \ \wedge \ a_{f_S(\bar{s})}(\bar{s}) \in f_S^{-1}[\![s_O]\!]$

$\Rightarrow m_S(f_S(\bar{s}), a_{f_S(\bar{s})}(\bar{s})) = b_{f_S(\bar{s})}(a_{f_S(\bar{s})}(\bar{s})) = \bar{s}$)

b) Homomorphieeigenschaften von $m = (1_I, 1_O, m_S)$

$\bigwedge (x \in I) \ \bigwedge (s_1 \in S_1) \ \bigwedge (s \in f_S^{-1}[\![s_O]\!])$

$\underline{m_S(\delta_0(x,s_1,s))} = m_S(\delta'_1(1_I \times p_{S_1}), \delta'_2(\lambda'_1 \times 1_{f_S^{-1}[\![s_O]\!]}))(x,s_1,s)$

$= m_S(\delta_1(f_I \times 1_{S_1})(1_I \times p_{S_1})(x,s_1,s), \delta'_2(\lambda'_1 \times 1_{f_S^{-1}[\![s_O]\!]})(x,s_1,s))$

$= m_S(\delta_1(f_I \times p_{S_1})(x,s_1,s), \delta'_2(\lambda'_1 \times 1_{f_S^{-1}[\![s_O]\!]})(x,s_1,s))$

$= m_S(\delta_1(f_I(x),s_1), \delta'_2(\lambda'_1(x,s_1),s))$

$= m_S(\delta_1(f_I(x),s_1),\delta'_2(x,s_1,s))$
$= m_S(\delta_1(f_I(x),s_1),a_{\delta_1(f_I(x),s_1)}(\delta(x,b_{s_1}(s))))$
$= b_{\delta_1(f_I(x),s_1)}(a_{\delta_1(f_I(x),s_1)}(\delta(x,b_{s_1}(s))))$
$= \delta(x,b_{s_1}(s)) = \delta(x,m_S(s_1,s)) = \underline{\delta(1_I \times m_S)(x,s_1,s)}$

$\underline{\lambda_0(x,s_1,s)} = \lambda'_2(\lambda'_1 \times 1_{f_S^{-1}[\![s_O]\!]})(x,s_1,s) =$
$= \lambda'_2(x,s_1,s) = \lambda(x,b_{s_1}(s)) = \lambda(x,m_S(s_1,s)) =$
$= \underline{\lambda(1_I \times m_S)(x,s_1,s)}$

III.) Sei $n : A \to A'_2 \circ A'_1$ definiert durch
$n := (1_I, 1_O, n_S)$ mit $n_S : S \to S_1 \times f_S^{-1}[\![s_O]\!]$ definiert durch
$n_S(s) := (f_S(s), a_{f_S(s)}(s))$.
$n \in \mathrm{Mor}\underline{A}(I,O)\,(A, A'_2 \circ A'_1)$, denn:

a) Es gilt:
$\Lambda(s \in S)\,(f_S(s) \in S_1 \;\wedge\; s \in f_S^{-1}[\![f_S(s)]\!] \Rightarrow$
$n_S(s) = (f_S(s), a_{f_S(s)}(s)) \in S_1 \times f_S^{-1}[\![s_O]\!]$
d. h.: Es ist nur noch die δ- und λ-Verträglichkeit von n zu zeigen:

b) $\underline{\delta_0(1_I \times n_S)(x,s)} = \delta_0(x,n_S(s)) = \delta_0(x,f_S(s),a_{f_S(s)}(s)) =$
$= (\delta'_1(1_I \times p_{S_1}), \delta'_2(\lambda'_1 \times 1_{f_S^{-1}[\![s_O]\!]}))(x,f_S(s),a_{f_S(s)}(s))$
$= (\delta_1(f_I \times 1_{S_1})(1_I \times p_{S_1}), \delta'_2(1_{I \times S_1} \times 1_{f_S^{-1}[\![s_O]\!]}))(x,f_S(s),a_{f_S(s)}(s))$
$= (\delta_1(f_I(x),f_S(s)), \delta'_2(x,f_S(s),a_{f_S(s)}(s)))$
$= (f_S\delta(x,s), a_{\delta_1(f_I(x),f_S(s))}(\delta(x,b_{f_S(s)}(a_{f_S(s)}(s)))))$
$= (f_S\delta(x,s), a_{f_S\delta(x,s)}(\delta(x,s))) = \underline{n_S(\delta(x,s))}$

$\underline{\lambda_0(1_I \times n_S)(x,s)} = \lambda_0(x,n_S(s)) = \lambda_0(x,f_S(s),a_{f_S(s)}(s)) =$
$= \lambda'_2(\lambda'_1 \times 1_{f_S^{-1}[\![s_O]\!]})(x,f_S(s),a_{f_S(s)}(s)) =$
$= \lambda'_2(x,f_S(s),a_{f_S(s)}(s)) = \lambda(x,b_{f_S(s)}(a_{f_S(s)}(s))) =$
$= \underline{\lambda(x,s)}$

IV.) $m_S n_S(s) = m_S(f_S(s), a_{f_S(s)}(s)) = b_{f_S(s)}(a_{f_S(s)}(s)) = s$
d. h.: $mn = (1_I, 1_O, m_S)(1_I, 1_O, n_S) = (1_I, 1_O, m_S n_S) = (1_I, 1_O, 1_S) = 1_A$

q.e.d.

6.22 Motivation

Um das Zerlegungslemma anwenden zu können, muß ein δ-Epimorphismus garantiert werden. Eine hinreichende Bedingung für die Existenz eines δ-Epimorphismus wird eine „Überdeckungskongruenz" sein.

Bei geeigneter Wahl der Überdeckungskongruenzen werden die abgespaltenen Faktoren (in 6.20 A'_1) in einem gewissen Sinne eine einfachere Struktur haben als der Automat, von dem man ausgeht.

6.23 Definition

Ein Paar $K \overset{p_1}{\underset{p_2}{\rightrightarrows}} A$ von $\underline{A}$-Morphismen heißt *Überdeckungskongruenz* zu dem Automaten A, wenn eine Reduktion $m' \in \mathrm{Mor}\underline{A}(I,O)(A',A)$ und eine δ-Kongruenz $K \overset{p'_1}{\underset{p'_2}{\rightrightarrows}} A'$ auf A' so existieren, daß $p_i = m' \circ p'_i$ $(i=1,2)$ gilt, vgl. 6.18, 4.9.

6.24 Bemerkung

Im folgenden sollen zwei Möglichkeiten angegeben werden, einen Automaten A durch Überdeckungskongruenzen in Hintereinanderschaltungen bis auf Reduktion zu zerlegen.

6.25 Satz

Zu jedem endlichen Automaten A mit $I \neq \phi$ und $|S| \geqslant 2$ existiert eine δ-Kongruenz $K \overset{p_1}{\underset{p_2}{\rightrightarrows}} A$ (vgl. 6.18, 4.9) mit $K_S \neq S \times S$, so daß für den Faktorautomaten $C := \mathrm{DCok}(p_1, p_2)$ gilt:

Ist K' eine Kongruenz auf C, dann ist $K'_S = S(C) \times S(C)$ oder $K'_I = \Delta I(C)$, $K'_O = \Delta O(C)$ und $K'_S = \Delta S(C)$.

Beweis: Gäbe es Automaten, auf denen keine solche Kongruenz existiert, dann gibt es unter diesen einen Automaten A, der bezüglich $|I| + |S|$ minimal ist.

Es soll nun eine δ-Kongruenz $R \rightrightarrows A$ auf A mit den Eigenschaften des Satzes konstruiert werden.

Skizze zum Beweis:

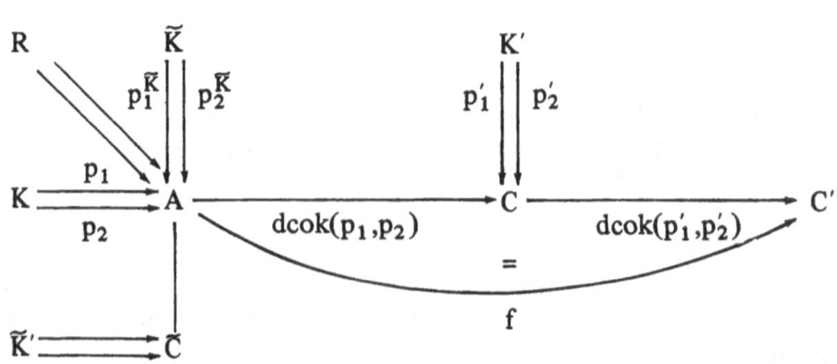

Offenbar existiert auf A die δ-Kongruenz

$\tilde{K} = (\Delta I, O\times O, \Delta S, \delta_{\tilde{K}}, \lambda_{\tilde{K}}) \overset{p_1^{\tilde{K}}}{\underset{p_2^{\tilde{K}}}{\rightrightarrows}} A$, wobei $\delta_{\tilde{K}}$ bzw. $\lambda_{\tilde{K}}$ bzw. $p_1^{\tilde{K}}, p_2^{\tilde{K}}$ durch Einschränkung von $\delta\times\delta$ bzw. $\lambda\times\lambda$ bzw. $p_1, p_2\colon A\times A \to A$ definiert sind (vgl. 4.9). Nach Voraussetzung über A existiert nun auf dem Faktorautomaten $\tilde{C} = \mathrm{DCok}(p_1^{\tilde{K}}, p_2^{\tilde{K}})$ eine Kongruenz $\tilde{K}' \rightrightarrows \tilde{C}$ mit $\tilde{K}'_S \neq S(\tilde{C})\times S(\tilde{C})$ und $\tilde{K}' \neq \Delta\tilde{C}$, wegen $|O(\tilde{C})| = 1$ also $\tilde{K}'_I \neq \Delta I(\tilde{C}) = \Delta I$ oder $\tilde{K}'_S \neq \Delta S(\tilde{C}) = \Delta S$. Mit $K_I := \tilde{K}'_I$, $K_O := O\times O$ und $K_S := \tilde{K}'_S$ existiert dann auch eine δ-Kongruenz $K \overset{p_1}{\underset{p_2}{\rightrightarrows}} A$ auf A, da die δ-Verträglichkeit erhalten bleibt und die λ-Verträglichkeit trivial ist.

Für den Faktorautomaten $C = \mathrm{D\,Cok}(p_1, p_2)$ gilt nun wegen $K_I \neq \Delta I$ oder $K_S \neq \Delta S$ $|I(C)| + |S(C)| < |I| + |S|$, und wegen $K_S \neq S\times S$ und $|S| \geqslant 2$ gilt $|S(C)| \geqslant 2$, und $I \neq \phi$ liefert $I(C) \neq \phi$. Damit muß nach Wahl von A eine δ-Kongruenz $K' \overset{p_1'}{\underset{p_2'}{\rightrightarrows}} C$ auf C mit $K'_S \neq S(C)\times S(C)$ so existieren, daß für den Faktorautomaten $C' = \mathrm{D\,Cok}(p_1', p_2')$ die Eigenschaften gelten, die im Satz für C formuliert worden sind. Nun ist das Kernpaar $R \rightrightarrows A$ von $f := \mathrm{dcok}(p_1', p_2') \circ \mathrm{dcok}(p_1, p_2)$ eine δ-Kongruenz auf A mit Faktorautomat C', denn nach 3.6 und 4.18 stimmen in $\underline{A}$ Differenzencokerne mit Epimorphismen überein, und da Epimorphismen kompositionsabgeschlossen sind (vgl. 1.18), ist f Differenzencokern und damit nach 3.33 Differenzencokern seines Kernpaares $R \rightrightarrows A$ (existiert nach 4.10).

Wegen $K'_S \neq S(C)\times S(C)$ gilt aber $|S(C')| > 1$ und damit $R_S \neq S\times S$. Weiter gilt $R_O = O\times O$ wegen $|O(C')| = 1$, wobei letzteres aus $K_O = O\times O$ und damit $|O(C)| = 1$ folgt. Damit ist $R \rightrightarrows A$ eine δ-Kongruenz mit $R_S \neq S\times S$ auf A, derart daß für den Faktorautomaten C' die Eigenschaften des Satzes erfüllt sind, im Widerspruch zur Wahl von A. q.e.d.

6.26 Definition

Automaten, die die Eigenschaften des Faktorautomaten in 6.25 haben, werden wie in [19] S. 91 *prim* genannt.

6.27 Bemerkung

Mit $A' := A$ und $m' := 1_A$ ist die δ-Kongruenz in 6.25 eine Überdeckungskongruenz auf A.

6.28 Satz (1. Zerlegungssatz)

Zu jedem endlichen Automaten $A \in |\underline{A}|$ mit $|S| > 1$ und $I \neq \phi$ existieren Automaten $A_1', \ldots, A_r' \in |\underline{A}|$, $r \geqslant 1$, mit folgenden Eigenschaften:

a) $V\,(m\in \mathrm{Mor}\underline{A}(I,O)\,(A'_r\circ\ldots\ldots\circ A'_1,A))$

$V\,(n\in \mathrm{Mor}\underline{A}(I,O)\,(A,A'_r\circ\ldots\circ A'_1))\,(mn = 1_A)$

d. h.: A wird bis auf retraktive Reduktion durch Hintereinanderschaltung der A'_i dargestellt.

b) Zu jedem A'_i existiert ein primer Automat A''_i und ein δ-Epimorphismus $f_i\in \mathrm{Mor}\underline{A}(A'_i,A''_i)$ mit $f_i^S = 1_{S'_i}$.

6.29 Bemerkung

In 6.28 gibt der Teil b) an, inwiefern die A'_i „einfach" strukturiert sind: Sie unterscheiden sich nur durch mehr Eingabeelemente von den A''_i, bei denen die Zustandskomponente einer beliebigen Kongruenz stets trivial ist.

Beweis zu 6.28: Gäbe es Automaten, für die der Satz nicht gilt, dann gibt es unter diesen einen Automaten A, der bezüglich der Zustandszahl minimal ist. Sei dann $K \underset{p_2}{\overset{p_1}{\rightrightarrows}} A$ die nach 6.25 auf A existierende δ-Kongruenz, $f := \mathrm{dcok}(p_1,p_2)$ der Differenzencokern der Projektionen dieser Kongruenz und $A_1 = \mathrm{DCok}(p_1,p_2)$. Damit ist A_1 prim und $f: A\to A_1$ δ-Epi, und gemäß 6.20 existieren $A'_1,A'_2 \in |\underline{A}|$, $m_1\in \mathrm{Mor}\underline{A}(I,O)\,(A'_2\circ A'_1,A)$ und $n_1\in \mathrm{Mor}\underline{A}(I,O)\,(A,A'_2\circ A'_1)$ mit $m_1n_1 = 1_A$.

Wegen $K_S \neq S\times S$ und $S_1 = S'_1$ (vgl. 6.20) ist $|S'_1| \geqslant 2$. Daraus folgt, daß $1 \leqslant |S'_2| = |f_S^{-1}[\![s_O]\!]| < |S|$ wegen $f_S: S\to S_1$ surjektiv und $|S_1| \geqslant 2$.

Wegen $K_O = O\times O$ ist $|O_1| = 1$. Es existiert von jeder Menge genau eine Abbildung e auf O_1. $(f_I,e,1_{S_1})$ ist dann wegen $1_{S_1}\,\delta'_1 = \delta'_1 = \delta_1(f_I\times 1_{S_1})$ ein δ-Epimorphismus von A'_1 auf A_1. Damit gilt b) für A'_1.

Wäre $1 = |S'_2| = |f_S^{-1}[\![s_O]\!]|$, so wäre f_S bijektiv und damit $f: A\to A_1$ ein δ-Epi mit $f_S = 1_S$, weil f_S natürliche Abbildung ist. Im Widerspruch zur Annahme wäre dann mit $m = 1_A$ 6.28 für A gültig, weil A_1 prim ist.

Nach Wahl von A und wegen $1 < |S'_2| < |S|$ gilt 6.28 für A'_2, es existieren also $A''_2,\ldots, A''_r\in|\underline{A}|$ und $m_2\in \mathrm{Mor}\underline{A}(I'_2,O'_2)\,(A''_r\circ\ldots\circ A''_2,A'_2)$ und $n_2\in \mathrm{Mor}\underline{A}(I'_2,O'_2)\,(A'_2,A''_r\circ\ldots\circ A''_2)$ mit $m_2n_2 = 1_{A'_2}$. Außerdem erfüllen $A''_2,\ldots, A''_r$ die Aussage b). Ferner gilt nach Konstruktion gemäß Aussage a):

$O'_1 = I'_2 = I''_2 = I(A''_r\circ\ldots\ldots\circ A''_2)$, d. h. $A''_r\circ\ldots\ldots\circ A''_2\circ A'_1$ und damit $H(m_2,1_{A'_1}) \in \mathrm{Mor}\underline{A}(A''_r\circ\ldots\circ A''_2\circ A'_1,A'_2\circ A'_1)$ ist erklärt und nach 6.17 eine retraktive Reduktion und damit auch $m_1\circ H(m_2,1_{A'_1}) \in \mathrm{Mor}\underline{A}(I,O)\,(A''_r\circ\ldots\circ A'_1,A)$.

A erfüllt also im Widerspruch zur Annahme die Aussagen des Satzes. q.e.d.

6.30 Bemerkung

Aus dem Beweis folgt: Für die A'_i in 6.28 a) gilt: $|S'_i| < |S|$ $(i=1,\ldots,r)$.
Für autonome Automaten sind die Faktoren dieser Zerlegung sogar 2-Zustands-Reset- oder Permutationsautomaten (vgl. 6.33), deren Transitionsmonoid eine einfache Gruppe ist.

Das liegt hauptsächlich daran, daß der Faktorautomat bezüglich der δ-Kongruenz in 6.25 dann eine besondere Eigenschaft besitzt, die in der Literatur „einfach" genannt wird.
Allgemein in 6.25 einen einfachen Faktorautomaten zu fordern, führt aber nicht zu der gewünschten Permutations-Reset-Zerlegung; denn in diesem Fall hätte dieser Faktorautomat eventuell nur einen Zustand, so daß der Automat A'_2 aus dem Zerlegungslemma nicht weniger Zustände hätte.

6.31 Bemerkung

Für jede andere Überdeckungskongruenz läßt sich entsprechend ein Zerlegungssatz beweisen, wenn

a) der Automat A'_2 aus dem Zerlegungslemma weniger Zustände als A hat,
b) A'_2 selbst nach dem Zerlegungssatz zerlegbar ist und
c) der Automat A'_1 die im Satz geforderten Eigenschaften besitzt oder wie A'_2 weiter zerlegt werden kann.

6.32 Definition

Eine Abbildung $f \in \mathrm{Mor}\underline{\mathrm{Me}}(M,M)$ heißt *Reset*, wenn $f = 1_M$ gilt oder f konstant ($|f(M)| = 1$) ist.

6.33 Definition

a) Ein Automat A heißt *Reset-Automat*, wenn die Elemente seines Transitionsmonoids $T(A) := [\![\delta(w,-) : S \to S \mid w \in I^*]\!]$ Resets sind.
b) Ein Automat heißt *Permutations-Automat*, wenn die Elemente seines Transitionsmonoids Permutationen sind.
c) Ein Automat heißt *Permutations-Reset-Automat (PRA)*, wenn die Elemente seines Transitionsmonoids Resets oder Permutationen sind.

6.34 Satz

Zu jedem endlichen Automaten A existiert eine Überdeckungskongruenz $(K \underset{p_2}{\overset{p_1}{\rightrightarrows}} A) = (K \underset{p'_2}{\overset{p'_1}{\rightrightarrows}} A' \overset{m'}{\rightrightarrows} A')$, so daß $D := \mathrm{Dcok}\,(K \underset{p'_2}{\overset{p'_1}{\rightrightarrows}} A')$ ein Permutations-Reset-Automat (PRA) ist.
Beweis: 1. Fall: A ist ein PRA. Dann setze $A' = A$, $K = (\Delta I, O \times O, \Delta S)$ und $m' = 1_A$.

2. Fall: A ist kein PRA. Dann setze:

I) $A' := (I,O,S' = \coprod_{s_O \in S} S\backslash[\![s_O]\!],\delta',\lambda')$, wobei δ' und λ' folgendermaßen definiert sind:

(Im folgenden soll die Schreibweise $(s,S\backslash[\![s_O]\!])\in S'$ bedeuten, daß $s\in S$ als Element der Komponente $S\backslash[\![s_O]\!]$ von S' betrachtet wird.)

a) $\Lambda(x\in I)\ \Lambda((s,S\backslash[\![s_O]\!])\in S')\ \ (\lambda'(x,(s,S\backslash[\![s_O]\!])) = \lambda(x,s))$

b) gilt für $x\in I : \delta[[\![x]\!]\times S] = S$, dann wird definiert:
$\Lambda((s,S\backslash[\![s_O]\!])\in S')$
$\delta'(x,(s,S\backslash[\![s_O]\!])) = (\delta(x,s),\delta[[\![x]\!]\times(S\backslash[\![s_O]\!])])$

c) gilt für $x\in I : \delta[[\![x]\!],S] \neq S$, dann existiert $s_1\in S$, so daß $\delta[[\![x]\!]\times S] \subseteq S\backslash[\![s_1]\!]$. In diesem Fall definiert man:
$\Lambda((s,S\backslash[\![s_O]\!])\in S')\ (\delta'(x,(s,S\backslash[\![s_O]\!])) = (\delta(x,s),S\backslash[\![s_1]\!]))$
Die Auswahl von s_1 erfolgt nur in Abhängigkeit von x.
Es soll nun ein $m' : A' \to A$ und eine δ-Kongruenz $K \rightrightarrows A'$ definiert werden.

Sei $m' := (1_I,1_O,m'_S)$ mit:
$\Lambda((s,S\backslash[\![s_O]\!])\in S')\ (m'_S(s,S\backslash[\![s_O]\!]) = s)$
und $K := (\Delta I,O\times O,K_S,\delta_K,\lambda_K)$ mit
$\Lambda(((s,S\backslash[\![s_O]\!]),(s',S\backslash[\![s'_O]\!])) =: (z,z')\in S'\times S')\,((z,z')\in K_S \Leftrightarrow s_O = s'_O)$, und δ_K bzw. λ_K seien durch Einschränkungen von $\delta'\times\delta'$ bzw. $\lambda'\times\lambda'$ definiert.

II) Es gilt:

a) $\Lambda(x\in I)\ \Lambda((s,S\backslash[\![s_O]\!])\in S')$
$\lambda'(x,(s,S\backslash[\![s_O]\!])) = \lambda(x,s) = \lambda(x,m'_S(s,S\backslash[\![s_O]\!]))$
Für alle $x\in I$ mit $\delta[[\![x]\!]\times S] = S$ gilt:

b) $\Lambda((s,S\backslash[\![s_O]\!])\in S')$
$m'_S\delta'(x,(s,S\backslash[\![s_O]\!])) = m'_S(\delta(x,s),\delta[[\![x]\!]\times(S\backslash[\![s_O]\!])]) =$
$= \delta(x,s) = \delta(x,m'_S(s,S\backslash[\![s_O]\!]))$

c) Für $((s,S\backslash[\![s_O]\!]),(s',S\backslash[\![s_O]\!])) = (z,z')\in K_S$ ist
$\delta'(x,z) = (\delta(x,s),\delta[[\![x]\!]\times(S\backslash[\![s_O]\!])])$ und
$\delta'(x,z') = (\delta(x,s'),\delta[[\![x]\!]\times(S\backslash[\![s_O]\!])])$; also ist
$(\delta'(x,z),\delta'(x,z'))\in K_S$

Für alle $x \in I$ mit $\delta[[\![x]\!] \times S] \subseteq S \setminus [\![s_1]\!]$ gilt:

d) $\bigwedge ((s, S\setminus[\![s_O]\!]) \in S')$

$m'_S \delta'(x,(s,S\setminus[\![s_O]\!])) = m'_S(\delta(x,s), S\setminus[\![s_1]\!]) = \delta(x,s) =$

$= \delta(x, m'_S(s,S\setminus[\![s_O]\!]))$

e) Für $(z,z') \in K_S$ entsprechend c) ist

$\delta'(x,z) = (\delta(x,s), S\setminus[\![s_1]\!])$ und $\delta'(x,z') = (\delta(x,s'), S\setminus[\![s_1]\!])$, also ist

$(\delta'(x,z), \delta'(x,z')) \in K_S$

III) Aus IIa),b) und d) folgt, daß $m' \in \mathrm{Mor}\underline{A}(I,O)\,(A',A)$ ist, und aus IIc) und e), daß K eine δ-Kongruenz auf A' ist (vgl. 4.9 und 6.18).

Sei D der Faktorautomat zu K, dann gilt für $x \in I$ mit $\delta[[\![x]\!] \times S] = S$, d. h. mit $\delta(x,-) : S \to S$ surjektiv, also bijektiv, und $z, z' \in S(D)$ mit

$z = [(s, S\setminus[\![s_O]\!])] \neq [(s', S\setminus[\![s'_O]\!])] = z'$ $s_O \neq s'_O$ und damit

$U := \delta[[\![x]\!] \times (S\setminus[\![s_O]\!])] \neq \delta[[\![x]\!] \times (S\setminus[\![s'_O]\!])] =: U'$, also auch

$\underline{\delta_D(x,z)} = \delta_D(x,[(s,S\setminus[\![s_O]\!])]) = [\delta'(x,(s,S\setminus[\![s_O]\!]))] =$

$= [(\delta(x,s),U)] \neq [(\delta(x,s'),U')] = [\delta'(x,(s',S\setminus[\![s'_O]\!]))] =$

$= \delta_D(x,[(s,S\setminus[\![s'_O]\!])]) = \underline{\delta_D(x,z')}.$

Somit ist das dem x zugeordnete Element $\delta_D(x,-) : S(D) \rightarrowtail S(D)$ im Transitionsmonoid von D eine Permutation.

Für $x \in I$ mit $\delta[[\![x]\!] \times S] \subseteq S\setminus[\![s_1]\!]$ und für alle $z, z' \in S(D)$ gilt:

$\delta_D(x,z) = \delta_D(x,[(s,S\setminus[\![s_O]\!])]) = [\delta'(x,(s,S\setminus[\![s_O]\!]))] =$

$= [(\delta(x,s), S\setminus[\![s_1]\!])] = [(\delta(x,s')), S\setminus[\![s_1]\!])] = \delta_D(x,z')$

Somit ist das dem x zugeordnete Element $\delta_D(x,-)$ im Transitionsmonoid von D ein Reset.

Da für ein beliebiges Element $\delta_D(w,-)$ $(w \in I^*)$ des Transitionsmonoides von D $\delta_D(w,-) = \delta_D(x_n,-) \circ \ldots \circ \delta_D(x_1,-)$ gilt, ist auch $\delta_D(w,-)$ Permutation oder Reset und damit D ein PRA (Permutations-Reset-Automat). q.e.d.

6.35 Satz (2. Zerlegungssatz)

Zu jedem endlichen Automaten A existieren Permutations-Reset-Automaten (PRA) $A_1, \ldots, A_r$ $(r \geqslant 1)$ und eine Reduktion $m^* \in \mathrm{Mor}\underline{A}(I,O)\,(A_r \circ \ldots \circ A_1, A)$.

Beweis:

1. Fall: A ist ein PRA. Dann setze $r=1$, $A_1 = A$ und $m = 1_A$.

2. Fall: A ist kein PRA. Dann existieren nach 6.34 ein Automat A', eine Reduktion $m' \in \mathrm{Mor}\underline{A}(I,O)\,(A',A)$ und eine δ-Kongruenz K auf A', deren Differenzencokern D PRA ist.

Sei f der natürliche Morphismus von A' auf D. Dann existieren gemäß dem Zerlegungslemma 6.20 Automaten A_1', A_2' und eine Reduktion $m \in \mathrm{Mor}\underline{A}(I,O)\,(A_2' \circ A_1', A')$.

Wegen $K_I = \Delta I$ ist $f_I = 1_I$, also unterscheiden sich nach Konstruktion in 6.20 A_1 und A_1' nur bezüglich der Ausgabe, so daß wegen $A_1 = D$ auch A_1' PRA ist.

Nach Konstruktion in 6.34 gilt für alle $s_1 \in S_1$: $|S_2'| = |f_S^{-1}[\![s_1]\!]| = |S \setminus [\![s_1]\!]| = |S| - 1$.

Gäbe es Automaten, für die der Satz nicht gilt, und ist A unter diesen bezüglich $|S|$ minimal gewählt, dann gilt für A_2' der 2. Zerlegungssatz:

Es existieren also PRA $A_2, \ldots, A_r$ und eine Reduktion $m'' \in \mathrm{Mor}\underline{A}(I_2, O_2)\,(A_r \circ \ldots \circ A_2, A_2')$.

Dann ist aber auch $H(m'', 1_{A'}) \in \mathrm{Mor}\underline{A}(A_r \circ \ldots \circ A_2' \circ A_1', A_2' \circ A_1')$ eine Reduktion, sowie $m' m\, H(m'', 1_{A_1'}) \in \mathrm{Mor}\underline{A}(I,O)\,(A_r \circ \ldots \circ A_1, A)$.

Dann erfüllt mit $A_1' = A_1$ und $m^* = m' m\, H(m'', 1_{A_1'})$ auch A die Behauptung des Satzes, und dies ist ein Widerspruch zur Annahme. q.e.d.

6.36 Bemerkung

Permutations-Reset-Automaten lassen sich weiterzerlegen in 2-Zustands-Reset- und Permutationsautomaten, deren Transitionsmonoid eine einfache Gruppe ist (vergleiche etwa [20]).

Eine solche Zerlegung wird in der Literatur „Krohn-Rhodes-Zerlegung von Automaten“ genannt.

Bezeichnungen

Allgemeine Bezeichnungen

$\bigwedge$	Allquantor, „für alle“
$\wedge$	„und“
$\bigvee$	Existenzquantor, „es existiert“
$\dot{\bigvee}$	„es existiert eindeutig“, „es existiert genau ein(e)“
$\vee$	„oder“
[1]	Literaturhinweis, vgl. Seite 166
$[\![\ ]\!]$	Mengenklammern
$\setminus$	mengentheoretische Differenz
ϕ	leere Menge oder leere Abbildung
$\times$	kartesisches Produkt
$\lvert M \rvert :=$ card M	vgl. 1.24
Δ	Diagonale, vgl. 3.19
Äk	Äquivälenzkern, vgl. 3.21
A/R	Quotientenmenge, vgl. 3.22 (sonst 4.14)
nat	natürliche Abbildung, vgl. 3.22 (sonst 4.13)
$\overline{R}$	erzeugte Äquivalenzrelation, vgl. 3.24 (sonst 3.51)

Bezeichnungen zur Kategorietheorie

$\underline{K}$	Kategorie, vgl. 1.2
$\lvert \underline{K} \rvert$	Objektklasse von $\underline{K}$, vgl. 1.2
$\mathrm{Mor}\underline{K}(A,B) = \underline{K}(A,B)$	Morphismenmenge, vgl. 1.2
$g \circ f$	Komposition von Morphismen, vgl. 1.3 (sonst 6.13)
$\underline{K}^0, F^0, a^0$	duale Kategorie, Formel, Aussage vgl. 1.12, 1.14, 1.18

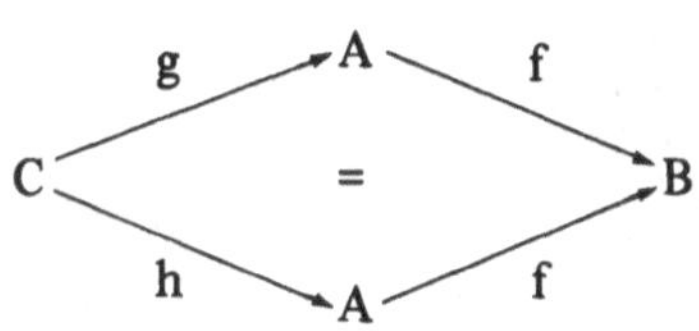

kommutatives Diagramm, vgl. 1.7

$\underline{Me}$, $\underline{Gr}$, $_R\underline{Mod}$, $\underline{Top}$, $\underline{N}$, $\underline{N_0}$, $\underline{Graph}$	vgl. 1.6, 1.29, 1.41
$\underline{A}$, $\underline{A}(I,O)$	Kategorie von Automaten, vgl. 2.26, 2.27, 4.25
$\underline{Cat}$	Kategorie der kleinen Kategorien, vgl. 5.27
$\underline{\mathrm{Funkt}}(\underline{S},\underline{K})$	Funktorkategorie, vgl. 5.28

Dker, dker	Differenzenkern, vgl. 3.3
Dcok, dcok	Differenzencokern, vgl. 3.3
$\prod_I$, $\prod$	Produkt, vgl. 3.13, 3.14
$\coprod_I$, $\coprod$	Coprodukt, vgl. 3.13, 3.14
$(f_i)_I$	induzierter Morphismus, vgl. 3.14
$[f_i]_I$, $[h_1,h_2]$	Familie bzw. Paar von Morphismen, vgl. 3.15, 3.33
$\bigcap_I m_i$	Durchschnitt von Monomorphismen, vgl. 3.49
KP	Kernpaar, vgl. 3.28, 4.27
Mor$\underline{K}$, Mor$\underline{K}$(–,–)	Mor-Funktor, vgl. 5.19
Mor$\underline{K}$(A,–), Mor$\underline{K}$(–,A)	Partialfunktoren des Mor-Funktors, vgl. 5.20
Z, $Z_{\underline{K}}$	Zuordnungsfunktor, vgl. 5.30, 5.38
ZK	konstanter Funktor, vgl. 5.30
$(L(D),\ell(D)) = (\mathrm{LimD},\mathrm{limD})$	Limes von D, vgl. 5.31
$(C(D),c(D)) = (\mathrm{ColimD},\mathrm{colimD})$	Colimes von D, vgl. 5.31

Bezeichnungen zur Automatentheorie

$\underline{A}$, $\underline{A}(I,O)$	Kategorie von Automaten, vgl. 2.27, 4.25
$A_k = (I_k,O_k,S_k,\delta_k,\lambda_k)$	Automat, vgl. 2.1, 2.2
I^*, $\square$	freies Monoid mit leerem Wort $\square$, vgl. 2.7
δ^*, λ^*	Fortsetzung von δ und λ, vgl. 2.10
$f = (f_I,f_O,f_S)$	Automatenmorphismus, vgl. 2.22
A/K	Faktorautomat, vgl. 4.13, 4.14 (sonst 3.22)
nat	natürlicher Morphismus, vgl. 4.13 (sonst 3.22)
$\equiv$	Äquivalenz von Zuständen, vgl. 4.31
H(A)	Abbildungsfamilie von A, vgl. 4.33
R(A)	Reduktionskongruenz auf A, vgl. 4.39
$A_2 \circ A_1$	Hintereinanderschaltung von A_1 und A_2, vgl. 6.13
PRA	Permutations-Reset-Automat, vgl. 6.33, c

Literatur

zur Kategorietheorie

[1] *Ehresmann*, Catégories et Structures, Paris 1965

[2] *Ehrig*, Übertragung von universellen und speziellen Problemen in F-Morphismendarstellung, Dissertation, Berlin 1971

[3] *Freyd*, Abelian Categories, New York–London, 1964

[4] *Herrlich*, Topologische Reflexionen und Coreflexionen, Lecture Notes in Mathematics 78, 1968

[5] *Kan*, Adjoint Functors, Trans AMS 87, 1958

[6] *Mitchell*, Theory of Categories, New York–London, 1965

[7] *Pareigis*, Kategorien und Funktoren, Stuttgart 1969

[8] *Pfender*, Kongruenzen, Konstruktion von Limites und Cokernen und algebraische Kategorien, Dissertation, Berlin 1971

[9] *Schubert*, Kategorien I und II, Berlin–Heidelberg–New York, 1970

zur Automatentheorie

[10] *Arbib* (Hrsg.), Algebraic Theory of Machines, Languages, and Semigroups, New York, 1968

[11] *Böhling-Indermark*, Endliche Automaten I, Mannheim, 1969 (BI 703)

[12] *Böhling-Schütt*, Endliche Automaten II, Mannheim, 1970 (BI 704)

[13] *Brauer*, Zur Kaskadezerlegung endlicher Automaten, Seminarbericht, GMD Bonn, 1969

[14] *Eilenberg-Wright*, Automata in general algebras, Inform. and Contr. 11, 1967, S. 452–470

[15] *Ginsburg*, An Introduction to Mathematical Machine Theory, Reading (Mass.), 1962

[16] *Ginzburg*, Algebraic Theory of Automata, New York, 1968

[17] *Gluschkow*, Theorie der abstrakten Automaten, Berlin, 1963

[18] *Hotz-Walter*, Automatentheorie und formale Sprachen I, Mannheim 1968 (BI 821/821a)

[19] *Hotz-Walter*, Automatentheorie und formale Sprachen II, Mannheim 1969 (BI 822/822a)

[20] *Nelson*, Introduction to Automata, New York 1968

[21] *Starke*, Abstrakte Automaten, Berlin, 1969

Sachregister

FSC
www.fsc.org
MIX
Papier | Fördert
gute Waldnutzung
FSC® C083411

Zeitfracht Medien GmbH
Ferdinand-Jühlke-Straße 7
99095 Erfurt, Deutschland
produktsicherheit@kolibri360.de